MikroComputer-Praxis
DISKETTEN

Bielig-Schulz/Schulz: **3D-Graphik in PASCAL**
>Diskette für Apple II; UCSD-PASCAL Empf. Preis DM 48,–
>Diskette für IBM-PC; MS-DOS, TURBO-PASCAL Empf. Preis DM 48,–

Duenbostl/Oudin/Baschy: **BASIC-Physikprogramme 2**
>Diskette für Apple II Empf. Preis DM 52,–
>Diskette für C 64 / VC 1541, CBM-Floppy 2031, 4040; SIMON'S BASIC
>Empf. Preis DM 52,–

Erbs: **33 Spiele mit PASCAL**
>... und wie man sie (auch in BASIC) programmiert
>Diskette für Apple II; UCSD-PASCAL Empf. Preis DM 46,–

Fischer: **COMAL in Beispielen**
>Diskette für C 64 / VC 1541; CBM-Floppy 4040, COMAL-80 Version 0.14 Empf. Preis DM 42,–
>Diskette für CBM 8032, CBM-Floppy 8050, 8250; COMAL-80 Version 0.14 Empf. Preis DM 42,–
>Diskette für Schneider CPC 464 / CPC 664 / CPC 6128; COMAL-80 Version 1.83
>Empf. Preis DM 48,–

Glaeser: **3D-Programmierung mit BASIC**
>Diskette für Apple II e, II c und II plus Empf. Preis DM 48,–
>Diskette für C 64 / VC 1541, CBM-Floppy 2031, 4040 Empf. Preis DM 48,–

Grabowski: **Computer-Grafik mit dem Mikrocomputer**
>Diskette für C 64 / VC 1541; CBM-Floppy 2031, 4040 Empf. Preis DM 48,–
>Diskette für CBM 8032; CBM-Floppy 8050, 8250; Commodore-Grafik
>Empf. Preis DM 48,–

Grabowski: **Textverarbeitung mit BASIC**
>Diskette für CBM 8032; CBM-Floppy 8050, 8250 Empf. Preis DM 44,–
>Diskette für IBM-PC; MS-DOS Empf. Preis DM 44,–

Hainer: **Numerik mit BASIC-Tischrechnern**
>Diskette für C 64 / VC 1541; CBM-Floppy 2031, 4040 Empf. Preis DM 48,–
>Diskette für IBM-PC; DOS 2.0 Empf. Preis DM 48,–

Holland: **Problemlösen mit micro-PROLOG**
>Diskette für Apple II; CP/M; micro-Prolog 3.1 Empf. Preis DM 42,–
>Diskette für IBM-PC; MS-DOS; micro-Prolog 3.1 Empf. Preis DM 42,–

Hoppe/Löthe: **Problemlösen und Programmieren mit LOGO**
>Ausgewählte Beispiele aus Mathematik und Informatik
>Diskette für Apple II; IWT-LOGO Empf. Preis DM 42,–
>Diskette für C 64 / VC 1541; CBM-Floppy 2031, 4040 Empf. Preis DM 42,–

Koschwitz/Wedekind: **BASIC-Biologieprogramme**
>Diskette für Apple II; DOS 3.3 Empf. Preis DM 46,–
>Diskette für C 64 / VC 1541; CBM-Floppy 2031, 4040 Empf. Preis DM 46,–

Lehmann: **Fallstudien mit dem Computer**
>Markow-Ketten und weitere Beispiele aus der Linearen Algebra
>und Wahrscheinlichkeitsrechnung
>Diskette für Apple II; UCSD-PASCAL Empf. Preis DM 44,–
>Diskette für IBM-PC; DOS, TURBO-PASCAL Empf. Preis DM 44,–

Lehmann: **Lineare Algebra mit dem Computer**
>Diskette für Apple II; UCSD-PASCAL Empf. Preis DM 46,–
>Diskette für IBM-PC; DOS, TURBO-PASCAL Empf. Preis DM 46,–

Lehmann: **Projektarbeit im Informatikunterricht**
>Entwicklung von Softwarepaketen und Realisierung mit PASCAL
>**Projekt „ZINSY"** (Zeitschriften-Informationssystem)
>Diskette für Apple II; UCSD-PASCAL Empf. Preis DM 46,–
>Diskette für IBM-PC; DOS, TURBO-PASCAL Empf. Preis DM 46,–
>**Projekt „Mucho"** (Multiple Choice-Test)
>Diskette für Apple II; UCSD-PASCAL Empf. Preis DM 46,–
>Diskette für IBM-PC; DOS, TURBO-PASCAL Empf. Preis DM 46,–

Menzel: **BASIC in 100 Beispielen**
>Diskette für Apple II; DOS 3.3 Empf. Preis DM 42,–
>Buch mit Beilage Diskette für CBM-Floppy 8050, 8250 DM 62,–
>Diskette für C 64 / VC 1541; CBM-Floppy 2031, 4040 Empf. Preis DM 42,–

Fortsetzung auf der 3. Umschlagseite

MikroComputer–Praxis

Herausgegeben von
Dr. L. H. Klingen, Bonn, Prof. Dr. K. Menzel, Schwäbisch Gmünd
und Prof. Dr. W. Stucky, Karlsruhe

TURBO-PASCAL
aus der Praxis

Von Prof. Henning Mittelbach, München
und Prof. Dr. Gisbert Wermuth, München

Mit zahlreichen Programmen
und Programmbausteinen

 B. G. Teubner Stuttgart 1987

CIP-Kurztitelaufnahme der Deutschen Bibliothek

Mittelbach, Henning:
TURBO-PASCAL aus der Praxis : mit zahlr.
Programmen u. Programmbausteinen / von Henning
Mittelbach u. Gisbert Wermuth. – Stuttgart :
Teubner, 1987.
  (Microcomputer-Praxis)

   ISBN 978-3-519-02544-3   ISBN 978-3-322-94675-1 (eBook)
   DOI 10.1007/978-3-322-94675-1

NE: Wermuth, Gisbert:

Gesamtherstellung: Druckhaus Beltz, 6944 Hemsbach / Bergstraße
Umschlaggestaltung: M. Koch, Reutlingen

VORWORT

Das vor Ihnen liegende Buch ist kein systematisches Lehrbuch für TUR-
BO-Pascal; davon gibt es etliche gute. Es soll auch nicht das Handbuch
ersetzen. Die Zielsetzung der beiden Autoren ist eine andere:

Ziel dieses Buches ist es, an nützlichen, und damit nicht trivialen Beispielen die Besonderheiten von TURBO-Pascal darzustellen. Dabei soll
besonders auf die vielen Vorteile eingegangen werden, die das Programmieren mit dem Sprachsystem TURBO bietet: Fragen der Bildschirmgestaltung, Umgang mit Dateien, Erstellen komplexer Programme durch das
Einbinden bereits vorhandener Programm-Module bzw. von Programmbibliotheken. Darüber hinaus muß natürlich die besondere "Programmierumgebung" behandelt werden, also die Einbettung von TURBO in das jeweilige Betriebssystem, und nicht zuletzt die "Benutzeroberfläche", wobei
vor allem der schnelle Wechsel zwischen Editor (Erstellen von Quelltexten), Compiler (Übersetzung des Quelltextes in ein Maschinenprogramm)
und Programmausführung (Run-Time) typisch für das Sprachsystem ist.

Es ist daher selbstverständlich, daß im vorliegenden Buch diese Eigen-
heiten von TURBO angesprochen und erklärt werden, der Leser also ausreichend Hilfestellung im Umgang mit dem Sprachsystem erhalten wird.
Dies bedeutet beispielsweise, daß auch die Systeminstallation mit den
erworbenen TURBO-Disketten im Anhang besprochen wird, und daß z.B.
auf die besonderen Probleme beim Laufwerkswechsel unter CP/M näher
eingegangen wird. Wie sonst sollte der TURBO-Anfänger (nicht der Pro-
grammieranfänger, für ihn ist dieses Buch nicht geschrieben) den Einstieg am häuslichen Arbeitsplatz finden? Unsere Erfahrung mit einigen
Anfängerkursen in TURBO-Pascal an der Fachhochschule München (seit
Herbst 1984) kommt dieser Absicht - so hoffen wir jedenfalls - unmittelbar entgegen.

Aus dieser Erfahrung resultiert auch das Bestreben, Anweisungen weniger in ihrer Syntax zu beschreiben (das tun die Handbücher für den
Geübten sehr gut, für den Anfänger kaum verständlich), sondern viel-
mehr in der nicht-trivialen Anwendung lauffähiger Programme darzustellen. Dann helfen Abänderungen und eigene Fehlersuche weiter als das
Studium verzwickter Beschreibungen und primitiver Beispiele.

Der Leser dieses Buches sollte bereits elementare Programmierkenntnisse
mitbringen und mit einem Personal-Computer ein wenig Erfahrung haben
(vielleicht von BASIC her). Sollte die Grundstruktur der Sprache Pascal
nicht bekannt sein, so empfiehlt es sich, anfangs parallel ein Lehrbuch
über Pascal oder speziell über TURBO (siehe Anhang C) zu benutzen.
Das Vorhandensein des TURBO-Handbuches setzen wir voraus.

Das erste Kapitel ist dem TURBO-Anfänger gewidmet. Es führt in die
Handhabung des TURBO-Sprachsystems ein, und es erläutert den Umgang
mit Editor und Compiler so weit, daß erste eigene Programme geschrieben werden können. Anhand einer Reihe fertiger Programme kann der
Leser seinen Vorrat an Anweisungen erweitern und typische Sprachmu-
ster erlernen, mit denen sich schon recht anspruchsvolle Algorithmen in
übersichtlicher Struktur verwirklichen lassen. Gleichzeitig erfährt er et-
liches über eine gefällige Bildschirmgestaltung (Menüs, Eingabemasken),
bequeme Dateneingabe und Stringbearbeitung, und nicht zuletzt über
sicheren Run-Time-Betrieb (ein Programm darf auch bei Bedienungsfeh-
lern nicht "abstürzen"). Er ist dann schon in der Lage, kleine Datenver-
waltungsprogramme für einfache Ansprüche selbst zu schreiben (oder das
vorgegebene Programm leicht modifiziert zu benutzen).

Das zweite Kapitel wendet sich in erster Linie an den versierteren Pascal-Programmierer. Er wird vielleicht erst hier tiefer einsteigen, der "Fast-Anfänger" hingegen wird deutlich langsamer vorankommen oder diesen Abschnitt erst nach einer gewissen Übungsphase in Angriff nehmen. Im Vordergrund stehen hier nicht mehr elementare TURBO-Anweisungen, sondern Planungsmethoden, die es ermöglichen, bei komplexen Programmen die Sprach- und Datenstruktur in den Griff zu bekommen. Deshalb heben sich auch die vermittelten Inhalte bewußt von den elementaren Beispielen der meisten Lehrbücher ab, die häufig nur geringe Aussagekraft haben und sich Transferversuchen hartnäckig widersetzen. Ganz nebenbei entsteht in diesem Kapitel ein lauffähiges Datenverwaltungsprogramm, das der Leser als Gerüst für eine leistungsfähige Datenbank verwenden kann. Auch auf den weiteren Ausbau der Beispielprogramme sind genügend Hinweise gegeben.

Das dritte Kapitel führt in die TURBO-Grafik ein, die leider nur auf sogenannten IBM-kompatiblen Rechnern unter den Betriebssystemen PC-DOS und MS-DOS verfügbar ist. Hier beschränken wir uns im wesentlichen auf demonstrierende Beispiele zum Anweisungsvorrat und auf grundlegende Grafik-Algorithmen (wie etwa das Zeichnen mit "hidden lines" oder die verschiedenen Projektionen räumlicher Körper auf eine Zeichenfläche).

TURBO-Pascal ist eine Sprache, die in hohem Maße "modulares Programmieren", also das Einbinden fertiger Programm-Module in das eigene Programm erlaubt (vorwiegend mit Hilfe der INCLUDE-Anweisung). Dieses Konzept wird vom Hersteller (BORLAND International Inc.) durch eine Sammlung themenbezogener Modulbibliotheken unterstützt, die unter dem Oberbegriff "TOOLBOX" vertrieben werden. Im abschließenden Kapitel wird in diesem Buch auf die verschiedenen Bibliotheken eingegangen, insbesondere auf "TURBO-GRAPHIX", eine Sammlung von Grafikroutinen, und "TURBO-EDITOR", eine Modulbibliothek zum Aufbau leistungsfähiger Editoren.

Im Anhang A werden Hinweise zur Installation von TURBO-Pascal auf CP/M-Rechnern gegeben, während Anhang B dasselbe Thema für MS-/PC-DOS behandelt. Das Literaturverzeichnis (Anhang C) ist im Gegensatz zu den üblichen Gepflogenheiten etwas anders aufgebaut. Es ist keine willkürliche Aufzählung einschlägiger Bücher, sondern wir geben nur Literatur an, die wir auch selbst durchgearbeitet haben, dafür allerdings mit näheren Inhaltsangaben. Wir hoffen, daß der Leser daraus mehr Nutzen zieht, als aus einer simplen Aufzählung. Auch das "Stichwortverzeichnis" (Anhang E) ist nach diesem Prinzip aufgebaut: Es ist keine Auflistung der Seiten, auf denen ein bestimmtes Stichwort vorkommt, sondern eine Zusammenstellung, die nähere Angaben darüber enthält, in welchem Abschnitt ein bestimmtes Thema behandelt wird.

Wir danken allen, die durch Diskussionen zur Gestaltung dieses Buches beigetragen haben, und dem Teubner-Verlag für die gute Zusammenarbeit.

Friedberg, Kaufering, Herbst 1986

Henning Mittelbach, Gisbert Wermuth

Inhaltsverzeichnis

1 EINFÜHRUNG IN DAS SPRACHSYSTEM

1.1 Einstieg in den Editor

Legen Sie die Systemdiskette (hergestellt nach den Hinweisen in Anhang A bzw. B in diesem Buch) in das Laufwerk A: ein und schalten Sie den Rechner an. Nach der Meldung des Betriebssystems mit A> (zuvor können noch einige Routinen ablaufen) tippen Sie TURBO <RETURN> (d.h. Eingabetaste betätigen) und beantworten Sie die nachfolgende Frage, ob Sie Fehlermeldungen später mit erklärendem Text haben wollen, vorläufig mit Y)es ohne <RETURN>. Alsbald zeigt der Bildschirm das sog. Hauptmenü von TURBO:

```
L)ogged drive: A
A)ctive directory: \

W)ork file:
M)ain file:

E)dit      C)ompile   R)un   S)ave
eX)ecute   D)ir       Q)uit  compiler O)ptions

Text: ... bytes (Adressen)
Free: ... bytes (Adressen)
```

> Kommandoeingabe ... hier ohne <RETURN>, z.B. W

Je nach Betriebssystem erscheinen die abgetrennten Buchstaben .) normal und der restliche Text invers oder es werden verschiedene Helligkeitsstufen eingesetzt. Das Kommando X für "execute" (Ausführen eines compilierten Programms) ist nur bei CP/M-80 verfügbar. Es fehlt unter MS-DOS bzw. PC-DOS. Umgekehrt lassen nur MS- bzw. PC-DOS die Wahl A) für verzweigte Inhaltsverzeichnisse zu.

In der obersten Zeile wird das derzeit aktive Laufwerk A: gezeigt, es ist "angemeldet". Besitzt Ihr Rechner mehrere Laufwerke, können Sie mit L) ein anderes anfordern, einfach durch Angabe des Kennbuchstabens, in TURBO im Gegensatz zum Betriebssystem ohne Doppelpunkt. Von diesem Laufwerk können Sie lesen; unter CP/M kann auf ein anderes als das Startlaufwerk nur geschrieben werden, wenn Sie den Status vorher (!) auf $R/W umgestellt haben. Wird das vergessen, besteht die Gefahr, beim Abspeichern eines Files vom EDITOR aus die Daten zu verlieren. Lesen Sie dazu die Tips im Anhang A!

Von den beiden Möglichkeiten WORKFILE bzw. MAINFILE (d.h. also die Kommandos W) bzw. M) interessiert uns zunächst nur W. Das WORKFILE ist jener Quelltext in TURBO Pascal, mit dem man sich gerade beschäftigen möchte, sei es mit Änderungs- oder Ergänzungsarbeiten, sei es zur Neuerstellung. Zunächst muß man mit W) einen Namen für das zu bearbeitende File eingeben. Mit E) geht man dann in den EDITOR ("Schreibmaschinenmodus"). Ruft man vor der Namenseingabe E) auf, so fragt TURBO von sich aus nach einem Filenamen.

Alle in Pascal üblichen Namen sind zulässig, ein Suffix .PAS wird automatisch angehängt und charakterisiert ein File als Pascal-Quelltext.

Existiert später ein File NAME.PAS auf der Diskette, so wird es schon
beim Aufruf NAME als WORKFILE geladen, doch sollte man sicher sein,
daß es im EDITOR als Text interpretierbar ist. So könnte man beispielsweise einen Brief von Anfang an ausdrücklich als WORKFILE BRIEF.TXT
generieren, mit dem selbstgewählten Suffix .TXT. - Hierzu später anhand
eines kleinen Textverarbeitungsprogramms in diesem Buch mehr. Die Filetypen .PAS, .BAK, .COM, .BAS, .SYS und je nach Betriebssystem etliche
andere haben vorgegebene Bedeutung und sollen nicht willkürlich gewählt werden, da sie das Betriebssystem definiert "versteht". Gibt es
auf der Diskette ein File BRIEF.TXT, so muß es ausdrücklich mit diesem
Namen geladen werden. Mit dem Aufruf BRIEF allein sucht TURBO nach
BRIEF.PAS und meldet dann NEW FILE.

Nach dem Ebenenwechsel in den EDITOR erscheint dessen "Statuszeile"
mit Angaben zur Cursorposition (Zeile und Spalte), dem gewählten
Schreibmodus INSERT (d.h. Zwischenschreiben mit "Weiterrücken" bereits
vorhandenen Textes) oder OVERWRITE (d.h. Überschreiben mit Löschen
des Textes darunter, Umschalten mit <CTRL> V) und der Erinnerung an
aktives Laufwerk und Filename. Ein Laufwerkswechsel ist nur vom Hauptmenü aus möglich, d.h. nach Verlassen des EDITORS. Schreiben Sie nun
ein ganz kleines Programm und machen Sie sich dabei mit Kommandos
auf der EDITOR-Ebene vertraut:

```
program beispiel;
var i : integer;
begin
for i := 1 to 10 do
writeln('Zeile ', i, ' Quadrat = ', i * i : 5)
end.
```

Der Name BEISPIEL dieses Programms muß nicht der Name des zugehörigen WORKFILEs sein; BEISPIEL steht nur im Quelltext als Gedankenstütze
für den Benutzer, während das WORKFILE seinerseits für die elektroni-
sche Bearbeitung (wie Speichern auf und Lesen von Diskette) zuständig
ist!

Wenn der obige oder ein anderer Quelltext "steht", verlassen Sie mit
dem vereinbarten Kommando den EDITOR; dann erscheint wieder das
Hauptmenü. Vermutlich müssen Sie es durch Betätigen der Leertaste
erst wieder "herholen".

Mit C) können Sie den Programmentwurf nunmehr compilieren, d.h. in
Maschinencode übersetzen lassen. Falls der Quelltext Fehler enthält,
geht es nach einem Zwischenstop (mit Hinweisen zur Art des Fehlers)
mit <ESC>) unmittelbar in den EDITOR an die Fehlerstelle oder doch in
deren Nähe zurück, und der Fehler kann sogleich verbessert werden. Sodann startet man einen erneuten Compilierversuch. Verläuft die Übersetzung jetzt erfolgreich, so generiert das Sprachsystem im Arbeitsspeicher das zugehörige Maschinenprogramm, das mit R ausgeführt werden
kann. Mit R) direkt ohne C werden Compilieren und RUN zusammengebunden, sofern das Übersetzen erfolgreich abläuft. Das Compilieren kann
übrigens mit der Leertaste unterbrochen und dann wieder mit Y)es gestartet werden.

Noch ein Hinweis: Machen Sie es sich zur Angewohnheit, den Quelltext
vor jedem Compilieren vom Hauptmenü aus mit S) abzuspeichern! Bleibt
das System nämlich einmal hängen, so ist wenigstens die Schreibarbeit

(u.U. mit Fehlern) gerettet. Denn dieser Text kann nach dem erforderlichen Neustart wieder eingelesen werden, während er sonst verloren wäre! Bei jedem Abspeichern wird der jeweils ältere Text in *.BAK umbenannt, die BACK-UP-Kopie. Der neuere Text wird als *.PAS auf der Diskette gespeichert. Nach zweimaligem Aufruf von S) gibt es also zwei ähnliche oder gar identische Files, von denen im Notfall wenigstens eines verwendbar sein wird. (*.BAK kann man bei nicht mehr lesbarem *.PAS in *.PAS umbenennen.)

Nach diversen Arbeiten am Quelltext kommt schließlich der Wunsch, auch das Maschinenprogramm (dauerhaft) abzuspeichern. Hierzu bietet das TURBO-Hauptmenü die Option O). In einem kleinen Menü ist dann der Compiler von M) (Compilieren in den Arbeitsspeicher) auf C)ompilieren auf Diskette umzustellen; Rückkehr mit Q). Wenn Sie jetzt den Compiler vom Hauptmenü aus aufrufen, erfolgt der Übersetzungslauf auf Diskette und erzeugt dort ein File *.COM.

Unter CP/M-80 kann man dieses Programm noch mit der Option X) von TURBO aus starten, unter MS-DOS nicht, es sei denn, Sie stellen den Compiler über O) wieder auf M) zurück. Normalerweise (und das ist der Grund für diese Konstruktion) wird man jetzt TURBO mit Q) verlassen, denn die Arbeit ist beendet. Ein *.COM Programm kann vom Betriebssystem aus jederzeit direkt gestartet werden, ohne daß TURBO zur Verfügung steht. Nutzeffekt: Ein lauffähiges File *.COM kann ohne Quelltext eingesetzt und weitergegeben werden. Diesen behält man für sich; das Maschinenprogramm kann dann Vermerke zum Copyright u.a. enthalten und kann ohne tiefere Kenntnisse der Maschinensprache nicht verändert werden.

Nur für CP/M-80: Mit der Option X) des Hauptmenüs kann jedes File vom Typ COM gestartet werden, wobei TURBO anschließend wieder geladen wird. Das ist beispielsweise nützlich zum Einsatz diverser Systemkommandos wie STAT und PIP. Ohne die ansonsten überflüssige Datei TURBO.OVR ist diese Option aber nicht verfügbar!

Bleibt noch kurz der Zugriff auf das Inhaltsverzeichnis der Disketten zu erklären. Mit L) wird bei Bedarf das notwendige Laufwerk aktiviert. Ansonsten gibt man unmittelbar D) ein. Wie vom Betriebssystem aus kann im Inhaltsverzeichnis mit "Wildcards" gesiebt werden, etwa mit *.PAS. Jetzt werden nur Files angezeigt, die Pascal-Quelltexte darstellen (sollten). Beantwortet man die Frage nach der "Maske" hingegen mit <RETURN> allein, so erhält man die gesamte "Directory" der Diskette. Identisch damit wäre die Maske *.*. Von Programmen aus kann die Directory nicht unmittelbar aufgerufen werden; man benötigt hierzu eine eigene Prozedur.

Will man schließlich TURBO ordnungsgemäß verlassen, so ist vom Hauptmenü aus die Option Q) einzugeben. Das System fragt dann meist noch nach, ob man das im EDITOR stehende File zur Sicherheit abspeichern will. Wurde S) bereits einmal benutzt, so entsteht spätestens jetzt ein File *.BAK, wie oben besprochen.

Sollte einmal der Fall eintreten, daß ein an sich vorhandenes File vom Typ *.PAS nicht mehr geladen werden kann, so tauft man *.BAK unter dem Betriebssystem um oder lädt ausdrücklich *.BAK als WORKFILE. Es läßt sich ebenfalls bearbeiten und compilieren sowie in Kopie sichern. (Zudem kann man *.BAK mit BLOCK READ auf ein neu eröffnetes File gleichen Namens *.PAS in den EDITOR einlesen, was noch genauer erklärt wird.)

Ein sehr praktischer, BASIC-Fans willkommener Vorteil von TURBO liegt darin, daß jedenfalls bei kleineren Programmen außer Quelltext und Maschinenprogramm das gesamte Sprachsystem TURBO im Speicher gleichzeitig gehalten werden kann, was erst den schnellen Wechsel der Ebenen von EDITOR und Compiler (mit RUN-Modus) möglich macht. Zwischen beide Modi ist die Fehlerdatei TURBO.MSG eingebaut, die beim Laden von TURBO wahlweise angefordert werden kann. Sie benötigt nur wenig Speicherplatz und ist für den Anfänger ganz nützlich, aber für das effektive Arbeiten mit TURBO bald entbehrlich und zudem bei komplexeren Programmen oft irreführend.

Die Option M) für MAINFILE brauchen Sie am Anfang nicht. Sie wird weiter unten kurz erklärt. CP/M-80 Benutzer sollten jedoch einen Hinweis im Anhang A zur Option BLOCK READ auf EDITOR-Ebene im Hinblick auf den gefürchteten BDOS ERROR beachten. - Die Unterzeilen Text und Free des Hauptmenüs geben Informationen zum belegten und noch freien Speicherplatz; dieser wird vorläufig für alle Übungen ausreichen. Im Zusammenhang mit M) lassen sich eventuelle Grenzen der Rechnerkapazität ausweiten (siehe unten).

Die Systemdiskette enthält noch ein Programm TLIST.COM oder auch LISTER.PAS (ab TURBO-Version 3.0) zum Auslisten von Quelltexten. TLIST wird vom Betriebssystem aus aufgerufen (oder mit X), sofern vorhanden) und verlangt nach dem Starten die Angabe des gewünschten Files mit vollem Namen *.PAS. Auch ein File BRIEF.TXT (nach dem Beispiel von weiter vorne) kann damit zum Drucker gesendet werden. Vor dem Drucken werden drei Wahlmöglichkeiten L bzw. M bzw. LM (oder nur <RETURN> allein) angeboten: Der Quelltext erhält dann Zeilennummern zur Orientierung, Pascal-Wörter werden bei Bedarf markiert oder beides (oder eben nichts dergleichen). Durch Betätigen irgendeiner Taste kann man das Drucken jederzeit beenden, beispielsweise bei fehlerhaftem Papiereinzug. Man muß also keinen "Nothalt" des Systems provozieren. - LISTER.PAS ist die neuere "Billigversion" des Druckprogramms, die erst compiliert werden muß.

Das Auslisten erfolgt mit "defaults", Voreinstellungen. Eine individuelle Druckgestaltung ist mit Kommentaren möglich, die in den Quelltext eingestreut werden. Beantwortet man bei TLIST die Frage nach dem zu druckenden File mit einem Fragezeichen (?), so erhält man Auskunft über die vorhandenen "Direktiven". - Beispielsweise kann der linke Rand des Listings mit dem Kommando .PO10 auf 10 Leerfelder gesetzt werden. Solche Direktiven müssen im Quelltext in eine eigene Zeile ganz links gesetzt werden. Der vorangestellte Punkt kennzeichnet eine solche in Pascal nie vorkommende Zeile als Kommando an den Drucker (was zur Folge hat, daß eine derartige Zeile nicht druckbar ist). Mit entsprechenden Direktiven kann der Seitenvorschub (new page) nach einer gewünschten Anzahl von Zeilen bewirkt werden und dergleichen mehr. Wir werden ein solches Programm später übungshalber selbst erstellen und damit ganz persönlich gestaltbar machen.

Einige Anmerkungen zur Schreibung von PASCAL-Quelltexten: Beim Drucken (Printer oder Monitor) von Klartexten mit der WRITE-Anweisung werden (soweit auf der Tastatur vorhanden) Groß- und Kleinbuchstaben unterschieden, auch beim Listen von Programmen. Im Quelltext können beide gleichermaßen verwendet werden, d.h. WRITELN bzw. writeln sind gleichwertig. Wir werden alle Programme aber stets mit Kleinbuchstaben schreiben. In Abschnitt 2.5 werden wir ein TURBO-Pascal-Programm entwickeln, das automatisch alle reservierten Wörter so umwandelt, daß sie in Großbuchstaben erscheinen. Dadurch wird die Lesbarkeit der Programme verbessert. Einrückungen und "blanks" ignoriert der Compiler im allgemeinen; sie können also zur übersichtlichen Quelltexterstellung sinnvoll eingesetzt werden mit einer Ausnahme: Die Zuordnung ... := ... muß mit zwei Anschlägen geschrieben werden, gilt aber als ein Zeichen. Also ist ... : = ... falsch! Gerne verwechselt wird auch die Null 0 mit dem Großbuchstaben O ...

Beim Abarbeiten in RUN-TIME wird - z.B. bei der Eingabe von Buchstaben in einer Menüverzweigung - durchaus Groß und Klein unterschieden. Ein Programm kann also scheinbar "hängen", weil man zur Eingabe hätte auf "CAPS LOCK" umschalten müssen: Die UPCASE-Anweisung verhindert solche Pannen. Schließlich sei daran erinnert, daß die deutschen Umlaute zwar in Klartexten (write('Übung') ...) verwendet werden dürfen, nicht aber im eigentlichen Pascaltext z. B. in Variablenbezeichnern. Da der ASCII-Zeichensatz bzw. der deutsche Zeichensatz vom Drucker unterschiedliche DIP-Schalter-Stellungen verlangen, können Umlaute und "ß" beim Auslisten eines Programms nach amerikanischem Code seltsame Zeichen bewirken, obwohl das Programm am Bildschirm wunschgemäß und leserlich abläuft. Beim Umschalten auf deutschen Zeichensatz sind dann plötzlich die eckigen Klammern verschwunden ...

Die ebenfalls zum EDITOR führende Option M)AINFILE dient dazu, in einen auf diese Weise als "Hauptdatei" generierten Quelltext mit der Option (*$I name *) oder {$I name } ein bereits auf Diskette vorhandenes File 'name' passenden Typs als sog. INCLUDE-File einzubinden. Die Klammer wird einfach an der richtigen Stelle im MAINFILE eingefügt. Auf diese Weise kann z.B. ein an sich zu langes WORKFILE mit der Option W) in Teilen zerlegt geschrieben und abgespeichert werden, ehe es beim Compilieren zusammengebunden wird. In Kapitel 2 wird bei Programmbibliotheken reichlich Gebrauch von der INCLUDE-Technik gemacht. Natürlich kann auch ein normales Programm ohne INCLUDE über M) erstellt werden. In der CP/M-Version von TURBO wird ein diesbezügliches Beispiel mitgeliefert.

Schließlich sei noch erwähnt, daß nur das File TURBO.COM auf der Systemdiskette sein muß (neben dem Betriebssystem CP/M oder MS-DOS usw.); bei Platzmangel kann man also alle anderen Systemfiles (so insbesondere TURBO.MSG und TURBO.OVR) löschen, freilich unter Verzicht auf die explizite Fehlerdatei und eventuelle Druckprogramme. Der Begriff "active directory" wird im DOS-Handbuch erklärt; man kommt anfangs auch gut ohne Untergliederung der Inhaltsverzeichnisse auf den Disketten aus.

Die nachfolgende Liste der EDITOR-Kommandos zeigt die "defaults" in TURBO, kompatibel mit dem bekannten Textverarbeitungssystem WORD-STAR. Eventuelle Änderungen (die über das mitgelieferte Hilfsprogramm TINST bewirkt werden) können Sie als Gedächtnishilfe eintragen. In der ersten Übungsphase sollten Sie sich vor allem die Kommandos zur Cursor-Steuerung einprägen und vieles ausprobieren: Wie verläßt man den Editor, was ist Zeilensicherung?

Die Block-Kommandos dienen dazu, einen beliebigen Programmteil mit Marken für Anfang und Ende zu versehen und dann zu verschieben, zu löschen oder abzuspeichern. Sind beide Marken gesetzt, so wird der Block mit LOWVIDEO (reduzierte Helligkeit) unterlegt. Dieses Signal kann annulliert werden. BLOCK READ wird im Anhang für CP/M erläutert; man kann damit über den EDITOR in ein dort stehendes Programm zusätzliche Files (z.B. ergänzende Prozeduren) "von Hand" einbinden.

"Default"-Liste der Editor-Kommandos in TURBO - Pascal.

Der Cursor-Steuerung (d.h. seiner Bewegung) dienen:

Um ein Zeichen nach links ... ^S	nach rechts ... ^D
Alternative .... ^H	
Um ein Wort nach links ...... ^A	nach rechts ... ^F
Um eine Zeile nach oben ..... ^E	nach unten .... ^X
Rollen nach oben .... ^W	nach unten .... ^Z
Eine Seite nach oben .... ^R	nach unten .... ^C
Auf der Zeile: Anfang .... ^Q^S	Ende .... ^Q^D
Seite: oberer Rand .... ^Q^E	unterer Rand .. ^Q^X
Datei: an den Anfang .... ^Q^R	an das Ende ... ^Q^C
Block: an den Anfang .... ^Q^B	an das Ende ... ^Q^K
An die letzte Cursorposition ^Q^P	

Einfügen und löschen kann man mit:

Overwrite/Insert an/aus ..... ^V	
Zeile einfügen .... ^N	löschen .... ^Y
Löschen bis Zeilenende ...... ^Q^Y	Nur Wort rechts ^T
Zeichen unter Cursor löschen ^G	
Zeichen links löschen	Alternative ...

Zum Bearbeiten von Blöcken gibt es:

Markieren Blockanfang .... ^K^B	Blockende ..... ^K^K
Verdecken/Zeigen Markierung . ^K^H	(NORMVIDEO/LOWVIDEO)
Markieren eines Wortes ...... ^K^T	
Block verschieben .... ^K^V	Block kopieren ^K^C
Block löschen .... ^K^Y	
Block von Disk lesen .... ^K^R	abspeichern ^K^W

Weitere Kommandos sind:

Editor verlassen .... ^K^D	(von jeder Stelle aus!)
Autotabulator an/aus .... ^Q^I	Tabulator ...... ^I
Zeile sichern .... ^Q^L	(wenn nicht gelöscht!)
Finden .... ^Q^F	(folgt Frage: was?)
Finden und Ersetzen .... ^Q^A	Wiederholung ... ^L
Kontrollzeichen-Präfix ...... ^P	

Anmerkung: Das Zeichen ^ symbolisiert die <CTRL>-Taste

1.2 Die ersten Programme

Wir beginnen nun mit einigen Programmen, die nach und nach jene wichtigen Anweisungen und Standardprozeduren einführen, in denen sich TURBO von anderen Pascal-Versionen unterscheidet. Dabei sei vorausgesetzt, daß der Leser die skalaren Standardtypen INTEGER, REAL, CHAR und BOOLEAN kennt, mit den Schleifenstrukturen FOR ... DO, REPEAT ... UNTIL und WHILE ... DO elementar umgehen kann und außerdem Felder (ARRAYs) in einfacheren numerischen Fällen einzusetzen weiß. - Bekannt sein sollte auch noch die CASE-Anweisung; READ(LN) und WRITE(LN) kommen ohnehin in jedem Programm vor.

Bereits das erste Programm BIGNUMBER ist nicht mehr trivial: Es gestattet die exakte Berechnung von Fakultäten nahezu beliebiger Größe, also auch jenseits der durch die INTEGER-Rechnung gezogenen Grenze von 32 768 (Zweierpotenz 2^{16}, die mit zwei Byte gerade nicht mehr dargestellt werden kann). In der vorgelegten Fassung mit grenze = 110 läuft das Programm bis zu 55! schon über eine Bildschirmzeile hinaus. Mit grenze = 501 und der Abänderung div 3 statt div 2 in der FOR-Schleife (wegen der immer größeren Faktoren) ergibt sich dann 167!. Im kommentierenden Text ist angemerkt, wie sehr große Zweierpotenzen leicht ausgerechnet werden können. Mit einigem Geschick kann man das Programm durch Einführen weiterer Felder so ausbauen, daß auch noch sehr große Ganzzahlen exakt miteinander multipliziert werden können.

Ein besonderer Vorzug von TURBO ist die einfache und effektive Handhabung von Zeichenketten mit dem Datentyp "STRING". Mit der Typenvereinbarung CHAR kann jedes Zeichen der Tastatur angesprochen werden, was Strings gerade für Eingaben sehr wichtig macht, wenn man von vornherein Fehlermeldungen verhindern will. Die in einem solchen String benötigte Maximallänge wird dazu im Deklarationsteil des Programms in eckigen Klammern angefordert und kann 255 betragen. Ist z.B. VAR WORT: STRING[10] vereinbart, so werden bei Eingabe und Verarbeitung bis zu 10 Zeichen in einer solchen Kette akzeptiert; ein überschießender Rest wird ohne Fehlermeldung unterdrückt. Die Länge von WORT kann also dynamisch von 0 (das ist einfach <RETURN>) bis 10 variieren. - Auch die Leertaste ist ein Zeichen, denn sie hat in Texten ihren Sinn! Die allereinfachste Operation ist die Verkettung zweier Strings mit "+" entsprechend SATZ := WORT1 + WORT2;, was schon drei Variablen notwendig macht. SATZ sollte dabei mindestens so lang wie WORT1 und WORT2 zusammen vereinbart werden. Der sehr einfache Umgang mit "+" macht das ebenfalls implementierte CONCAT(..., ...) entbehrlich.

TURBO bietet (außerdem) folgende Standardprozeduren zur Stringbehandlung an, die wir in einleuchtender Weise untypisch (d.h. mit unüblicher Syntax) notieren:

```
delete( <in> string, position <wo>, anzahl <zeichen>);
insert( <einen> string, <in> string, position <wo>);
str( <gibt> zahl, <auf> stringvariable <wenn möglich>);
val( <eines> string, <auf> zahl, <?> prüfcode);
```

Diese Prozeduren haben meist drei, im dritten Fall nur zwei Parameter, die ihrerseits als Variablen passend deklariert werden müssen. Die folgenden Funktionen führen Zuweisungen auf Variable vom Typ STRING bzw. INTEGER aus:

```
stringrest := copy( <aus> string, <ab> position, anzahl);
integerzahl := length( <von> string);
lagezahl := pos( <zu suchender> string, <in> zielstring);
```

Das nächste Programm ZEICHEN demonstriert die meisten dieser Prozeduren und Funktionen, kurz Anweisungen. Es enthält weiter noch CLRSCR
(CLeaRSCReen, wie HOME in BASIC) und UPCASE zur Umwandlung eventueller Klein- in Großbuchstaben (hier gleich bei Eingabe). Schließlich
kommt erstmals die wichtige Anweisung GOTOXY(x,y); vor, mit welcher
der Cursor auf jede gewünschte Stelle des Bildschirms geführt werden
kann. Die linke obere Ecke hat dabei die Koordinaten x = 1 und y = 1.
x zählt die Spalten und y die Zeilen. GOTOXY ist für eine ansprechende
Bildschirmgestaltung später unentbehrlich.

Ehe wir zum dritten Programm GEHEIM kommen, wollen wir noch festhalten, daß in TURBO-Pascal die allgemeine Pascal-Regel über die Abfolge
der Variablennennungen im Deklarationsteil des Programms nicht gilt:
VAR und so weiter dürfen durchaus mehrmals vorkommen, man kann also
später noch Erklärungen "nachschieben" bzw. beim Eintragen von Files
mit der EDITOR-Option BLOCK READ (siehe 1.1) durch Verschieben von
Blöcken über Diskette viel Umbauzeit sparen, wenn es auf die Optik des
Programms zunächst nicht ankommt.

GEHEIM hat als neue Anweisungen LOWVIDEO und NORMVIDEO (aber auch
HIGHVIDEO funktioniert entsprechend), die je nach Betriebssystem etwas
unterschiedlich ausfallen. - Der interessante Kern des Programms aber
ist die Prozedur CODEPRUEFUNG, die wir nur mit lokalen Variablen wie
ein eigenes Programm formulieren, damit sie leicht in andere Programme eingetragen werden kann. - In der zentralen READ-Anweisung wird
mit kbd vor dem Komma "Keyboard" angesprochen, die Tastatur. kbd
unterdrückt das Bildschirmecho von testeingabe, macht also die Eingabe
für einen Beobachter unsichtbar. Im Deklarationsteil ist string[4] auf
die Länge des Codeworts abgestimmt, so daß <RETURN> nicht betätigt
werden darf; allerdings kann ein Unbefugter immerhin erkennen, wieviele
Zeichen dieses Wort hat, das mit Großbuchstaben zu schreiben ist!

Unter CP/M können Sie stattdessen READLN(KBD, TESTEINGABE) etwa mit
string[10] für das Codewort ausprobieren. Jetzt bleibt auch die Wort-
länge geheim. Zur sinnvollen Verwendung dieser Prozedur gehört es natürlich, daß ein fertiges Programm nur als *.COM-File weitergegeben
wird und das Codewort einmal "installiert" ist. Raffinierte "Hacker"
werden das Codewort im Maschinenprogramm suchen oder löschen die
ganze Prozedur. Ihnen wird das Leben recht sauer gemacht, wenn man
die Prozedur GEHEIM neutral benennt, nicht an den Anfang des Programms setzt und unter Umständen später modifiziert wiederholt. GEHEIM
kann weiter dazu benutzt werden, in Dateien nur das Lesen, aber nicht
das Verändern zu ermöglichen, also verschiedene "Benutzer-Level" ein-
zuführen.

Für eine "absturzsichere" Programmführung sind diverse Eingabesiche-
rungen unverzichtbar. Im Programm WANDLER wird isoliert vorgeführt,
wie man eine beliebige Eingabe durch Wiederholung "hinhalten" kann, bis
sie wunschgemäß reell (oder auch ganzzahlig) vorliegt. Das Programm
"steigt also nicht aus", wenn ein falscher Datentyp angeboten wird.
Entsprechende Routinen sind bei Anwenderprogrammen unentbehrlich.

Im Programm VORGABE ist anstatt einer solchen Funktion eine entsprechende Prozedur für den Fall unbedingt ganzzahliger Eingaben angeboten. VORGABE ist noch aus einem anderen Grund interessant: Das Pro-

gramm demonstriert, wie sog. "defaults" bewahrt werden können, d.h. wie ein Programm immer wieder durchlaufen werden kann, ohne daß man alle Variablen neu eingeben muß. Bei einer längeren Liste von Parametern spart man viel Zeit und gewinnt Überblick bei nur geringfügigem Austauschen weniger Werte. - Neu ist noch die Standardprozedur CLREOL (CLeaR End Of Line), deren Wirkung direkt im Programm zu beobachten ist.

Das Programm SUBZEILE zeigt das Prinzip von Kommandoleisten, d.h. die Möglichkeit, in ein Programm an (fast) jeder Stelle mit ververeinbarten "Eintasten"-Funktionen ohne <RETURN> steuernd einzugreifen. Als Beispiel ist eine einfache Animation mit Bewegungseffekt gewählt, die ohne Grafikroutinen auskommt. Wesentlich neue Programmschritte kommen nicht vor. Das Verfahren ist jedoch ganz raffiniert und kann anderweitig eingesetzt werden. Hierbei wird zentral die BOOLEsche Standardfunktion "KEYPRESSED" benutzt, die feststellt, ob (zwischenzeitlich) eine Taste auf der Konsole gedrückt worden ist oder nicht.

Die mehrfach erwähnte EDITOR-Option BLOCK READ wird etwa so eingesetzt: Man bewegt im Editor den Cursor an jene Stelle des derzeit vorliegenden Programms, an der ein zusätzlicher Text aus einem anderen Programm eingetragen werden soll. Dann ruft man BLOCK-READ (Standard: <CTRL> KR) auf und nennt das gewünschte File (von derselben oder einer anderen Diskette; unter CP/M muß dieses File entweder auf der zum Start verwendeten Diskette in A: vorliegen oder von einer Diskette im zweiten Laufwerk B; aufgerufen werden, also B:...PAS). Nach Eintrag des Files löscht man LOWVIDEO (<CRTL> KH) und kann wie gewohnt weiterarbeiten. Teile des übertragenen Blocks können gelöscht oder mit Blockroutinen verschoben werden, wobei im Deklarationsteil des entstehenden Programms Mehrfachnennungen von VAR, TYPE etc. wie schon erwähnt in TURBO zulässig sind.

Auf den folgenden Seiten sind die Listings der angesprochenen Programme BIGNUMBER, ZEICHEN, GEHEIM, WANDLER, VORGABE und SUBZEILE mit erläuternden Kommentaren vorgestellt.

Sie können sie einfach abschreiben und ausprobieren; sinnvoller für die weitere Arbeit mit diesem Buch ist es aber, die jeweils typischen Routinen herauszufinden, zu variieren und in eigene Aufgaben zu übertragen. Bei späteren Programmen werden wir ab und zu auf diese Programme zurückverweisen, insbesondere im Kapitel über Grafik.

```
PROGRAM bignumber;

                     (* berechnet Fakultaeten bis ca. grenze/2 exakt *)

CONST   grenze = 110;
VAR   i, k, s : integer;
        feldar : ARRAY[0..grenze] OF integer;

BEGIN

FOR i := 0 TO grenze - 1 DO feldar[i] := 0;       (* feldar auf 0 *)
feldar[grenze] := 1;                              (* Initialisierung *)

writeln; writeln('Fakultaeten bis ', grenze DIV 2);
writeln; writeln('*****************');
writeln;

FOR i := 1 TO grenze DIV 2 DO BEGIN
    write(i:2, '! = ');
    FOR k := grenze DOWNTO 1 DO feldar[k] := i * feldar[k];

                                    (* folgt Zehneruebertrag *)
    FOR k := grenze DOWNTO 1 DO BEGIN
        feldar[k-1] := feldar[k-1] + feldar[k] DIV 10;
        feldar[k] := feldar[k] - 10 * (feldar[k] DIV 10)
                            END;

    k := 1;                    (* fuehrende Nullen unterdruecken *)
    REPEAT
      IF feldar[k] = 0 THEN s := k;
      k := k + 1
    UNTIL feldar[k] > 0;

    FOR k := s + 1 TO grenze DO write(feldar[k]);
    writeln
                            END

(* wird in der Schleife stets mit 2 statt mit i multipliziert,  *)
(* so ergeben sich die  Zahlen 2^n aus dem Schachbrettproblem.  *)

END.
```

(* Eine grundsaetzliche Bemerkung ...

- Wir werden in allen Programmen - soweit sinnvoll - fuer die
Variablen Namen waehlen, die die jeweilige Bedeutung ausdruecken.
Insbesondere sollen diesen Namen noch zusaetzlich Endungen wie
z.B. -ar, -rec, -typ, -fil u.a. angehaengt werden, wenn es sich
laut Deklaration um Felder, Records, Typenvereinbarungen oder
Files handelt. So werden Programme uebersichtlicher und leichter
lesbar. Fehlermeldungen bei falschen Zuweisungen verraten sich
schon am Namen!
-- *)

```
PROGRAM zeichen;
                               (* Demo fuer Stringbearbeitung *)
                               (* weitere im Programm wandler *)
VAR platz, zahl, code : integer;
                 wert : real;
              eingabe : string[10];
               auszug : string[11];
                 ziel : string[44];
                  ant : char;
BEGIN

ant := 'A';              (* da die WHILE-schleife abweisend ist! *)
WHILE ant <> 'E' DO BEGIN

clrscr; ziel := '';                                  (* Verkettung *)

FOR zahl := 1 TO 4 DO BEGIN
               write('Eingabe  ', ZAHL, ': '); read(eingabe);
               gotoxy(40, zahl);
               writeln('Stringlaenge: ', length(eingabe));
               ziel := ziel + eingabe + ' ';
                  END;
               delete(ziel, length(ziel), 1); writeln;
               write('Die Verkettung >', ziel, '< hat ');
writeln(length(ziel), ' Zeichen.');
                                      (* Zeichensuche *)
                          writeln; write('Die gesuchte
                          Zeichenfolge >>> ');
                          read(eingabe); IF pos(eingabe,
                          ziel) = 0
  THEN writeln(' ... kommt nicht vor.')
  ELSE writeln(' ... liegt ab Position ', pos(eingabe, ziel),'.');

                                      (* Zerlegung *)
                          writeln; writeln('Zerlegung bei
                          den "Blanks":'); writeln;
eingabe := ' ';                       (* Suchstring blank *)
FOR zahl := 1 TO 3 DO BEGIN
           auszug := copy(ziel, 1, pos(eingabe, ziel));
           write(auszug, ' **** ');
           delete(auszug, length(auszug),1);   (* blank abziehen *)
           delete(ziel, 1, length(auszug)+1);  (* einschl. blank *)
                  END;
writeln(ziel); writeln;

write('Weiter (Leertaste, Eingabe E: Ende) ... '); read(kbd, ant);
                  ant := upcase(ant)
                     (* mit upcase ist die Programmbedienung *)
                     (* unabhaengig vom Buchstabenmode ... ! *)

                  END                        (* OF WHILE *)

(* wird die Schleife mit REPEAT ... UNTIL konstruiert, wird
   die Initialisierung ant := 'A'  eingangs ueberfluessig. *)

END.
```

```
PROGRAM geheim;

                                  (* Startprozedur mit Erlaubnispruefung *)

VAR   spalte, zeile: integer;

PROCEDURE codepruefung;              (* ohne Referenz konstruiert, *)
                                (* also in jedem Programm einsetzbar. *)
CONST        code = 'TEST';
VAR   testeingabe : string[4];
          versuch : integer;

BEGIN                 (* das Codewort z.b. 'test' startet nicht! *)
clrscr;
write ('     Programmstart:  ');
lowvideo;
writeln('Codewort ohne <RETURN> eingeben... ');
writeln; versuch := 0;

REPEAT
   versuch := versuch + 1;     (* unter CP/M mit z.B. string[10] *)
   gotoxy(4, 4);                       (* auch readln(kbd, ...) *)
   write(versuch:2, '. : ', 'Versuch ... ');
   read(kbd, testeingabe)
UNTIL ((versuch = 3) OR (testeingabe = code));

normvideo; clrscr; writeln('COPYRIGHT: HORCH UND GUCK ');
writeln;
IF testeingabe <> code THEN              BEGIN
                   writeln('     Nicht befugt!'); writeln;
                   writeln('Programmnutzung illegal!');
                   writeln('========================');
                   write(ln(0))     END

        (* programmierter Absturz wegen ln(0): nicht definiert *)
        END;

BEGIN (* --------------------------------- zu sicherndes Programm *)
                                (* am Beispiel einer Tabelle *)
                             codepruefung;
writeln; writeln(' WURZELTABELLE 0 ... 99 ');
writeln(' Zeilen/Spalten: Zehner/Einer ');
writeln;
lowvideo; write('  ');
FOR spalte := 0 TO 9 DO write(spalte:7);
writeln; writeln('  '); normvideo;
FOR zeile := 0 TO 9 DO BEGIN
   lowvideo; write(zeile:2); normvideo;
   FOR spalte := 0 TO 9 DO
      write(sqrt(10 * zeile + spalte):7:3);
      writeln
                   END                      (* OF FOR *)
END.
```

```
PROGRAM wandler;

     (* prueft/verwandelt alle Eingaben korrekt in reelle Zahlen *)

TYPE   worttyp = string[10];
VAR    eingabe : worttyp;
         a, b : real;        (* Demovariable b reell  gewuenscht *)
          ant : worttyp;
         code : integer;
      ergebnis : real;

                   (* man beachte, dass in TURBO die Variablenlisten *)
                   (* nicht nach Typen sortiert sein muessen, mithin *)
                   (* real usw. mehrfach vorkommen koennen ...       *)
                   (* Ausserdem kann die global deklarierte Variable *)
                   (* code zugleich lokal erklaert sein. Es ist also *)
                   (* leicht, korreal in jedes Programm einzutragen: *)
                   (* Block abtrennen, speichern, irgendwohin laden! *)

  FUNCTION korreal(VAR wert: worttyp): real;

    VAR kopie: real;   (* da im Hauptprogramm reell erforderlich *)
        code: integer;

    BEGIN
    REPEAT read(wert);                             (* fester Teil *)
      val(wert, kopie, code);
      IF code <> 0 THEN write('? : ')
    UNTIL code = 0; korreal := kopie
    END;

BEGIN (* ------------------------------- Demo Hauptprogramm *)

clrscr;
write('Eingabe von A ... '); a := korreal(eingabe);
writeln;
write('... und von B ... '); b := korreal(eingabe);
writeln; writeln;
writeln('Eingabe-Echo von a ', a);
writeln('... und von b ...  ', b);
writeln;
writeln('Mit beiden kann jetzt korrekt gerechnet werden: ');
writeln; write('Arithmetisches Mittel ...  ', (a+b)/2 : 10:5);
writeln; writeln;
writeln('Eingabe eines Strings ... ');
write('... der ein Zahlenwert sein  k a n n ... '); readln(ant);
val (ant, ergebnis, code);
writeln;
IF code = 0 THEN writeln(ergebnis)
           ELSE writeln('Ohne Bedeutung ...');

END. (* -------------------------------------------------- *)
```

```
PROGRAM vorgabe;

                                 (* haelt "defaults" zur Verfuegung *)
CONST   ende = 4;
TYPE worttyp = string[10];

VAR        i : integer;
   vorgabear : ARRAY[1..ende] OF integer;
     eingabe : worttyp;
     antwort : char;
  produkt, b : integer;

PROCEDURE oberzeile;
   BEGIN
   write('Startwert(e) des Programms ..');
   writeln(' und .... Neue Werte oder <RETURN>'); writeln
   END;

PROCEDURE korrint(VAR zahl: integer);      (* call by reference *)
VAR  kopie, code: integer;
        eingabe: string[10];
BEGIN
   REPEAT
     gotoxy(40, i+2); clreol; read(eingabe);
     val(eingabe, kopie, code)
   UNTIL code = 0;
   gotoxy(40, i+2); clreol;
   IF eingabe <> '' THEN zahl := kopie;
   gotoxy(40, i+2);
   writeln(zahl)
END;

BEGIN  (* -------------------- Demo fuer eigentliches Programm *)
REPEAT
   clrscr;
   oberzeile;
   FOR  i := 1 TO ende DO BEGIN
                         write( i:2, '. Variable .....   ');
                         writeln(vorgabear[i]:4);
                         END;
   FOR i := 1 TO ende DO korrint(vorgabear[i]);
   writeln; write('Eingabe endgueltig (Y/N) ... ');
   readln(antwort); antwort := upcase(antwort)
UNTIL antwort = 'Y';

produkt := 1;     (* Beispiel: Nutzung innerhalb eines Programms *)
FOR i := 1 TO ende DO produkt := produkt * vorgabear[i];
writeln; writeln('Produkt ..... ', produkt);
writeln; write('Leertaste ... '); read(kbd, antwort);
clrscr; writeln('Einzelaufruf ...');
oberzeile; i := 2;
write('B = ...........'); korrint(b);
writeln; writeln('Quadrat ', sqr(b))
END.
```

```
PROGRAM subzeile;

                (* demonstriert die Verwendung von Kommandoleisten *)

VAR       k : integer;
 steuerung : SET OF 'A' .. 'Z';
      tipp : char;
         b : boolean;

PROCEDURE textzeile;

BEGIN               gotoxy(23,24);
write(' nach '); lowvideo; write(' O)'); normvideo; write('ben ');
write(' nach ');lowvideo; write(' U)'); normvideo; write('nten ');
lowvideo; write(' E)'); normvideo; write('nde ');
END;

BEGIN                                         (* Hauptprogramm *)

steuerung := ['O', 'U', 'E'];              (* drei Kommandos: O,U,E *)
clrscr; textzeile;

lowvideo;                                            (* Rahmen *)
FOR k := 1 TO 20 DO BEGIN gotoxy(20,k); write('*') END;
FOR k := 1 TO 20 DO BEGIN gotoxy(60,k); write('*') END;
gotoxy(20,1);   write('************************************');
gotoxy(20,20); write('************************************');

normvideo; tipp := 'O';                       (* Animation *)
    REPEAT
    IF tipp = 'U' THEN k := 2 ELSE k := 19;
    REPEAT
        gotoxy(21,k);
        write('#######################################');
        b := keypressed;
        (* IF b THEN ...               unter CP/M eintragen *)
                REPEAT
                gotoxy(60,24);
                read(kbd, tipp);
                tipp := upcase(tipp)
                UNTIL (tipp in steuerung);
                            (* n.b.: bel. taste = 'halt' *)
        IF tipp = 'E' THEN k := 21;
        gotoxy(21,k);
        write('                                         ');

        IF tipp = 'U' THEN k := k + 1
                    ELSE IF tipp <> 'E' THEN k := k - 1

    UNTIL (k = 20) OR (k = 1) OR (tipp = 'E')
    UNTIL tipp = 'E'
END.
```

1.3 Programme und Files

Während im vorigen Abschnitt die Wirkungen von Programmen nur am Bildschirm zu beobachten waren, sollen nunmehr Zugriffe auf die Peripherie des Rechners besprochen werden, die über die Kommandoebene (d.h. DIR, SAVE und dgl.) hinausgehen.

Zunächst: Wie erreicht man eine Ausgabe auf dem Drucker? Man fügt in allen Schreibanweisungen die "Kanalangabe" lst hinzu:

> write(lst, ausgabe); bzw. ebenso writeln(lst, ausgabe);.

Kommen in einem Programm viele derartige Anweisungen vor, wird die Schreibarbeit beträchtlich. Dazu kommt: will man nicht ausdrucken, so muß man alle 'lst' wieder löschen! Möchte man die Ausgabe gar parallel am Bildschirm und am Drucker vornehmen, muß man alle Anweisungen doppelt schreiben. Eine bessere Lösung werden wir aber noch in diesem Abschnitt angeben. Das universellste Verfahren zur Behandlung der Ein- und Ausgabe ist dann im Abschnitt 1.4 beschrieben.

Zunächst jedoch interessiert uns die Frage, wie jene Kommandos an den Drucker gesendet werden können, mit denen man laut Drucker-Handbuch diverse Einstellungen (Schriftart, Seitenvorschub und dgl.) gegenüber den "defaults" verändern kann.

Da solche Kommandos immer sog. "nicht druckbare Zeichen" (nämlich in der Regel ESCAPE-Sequenzen) sind, genügt die WRITE-Anweisung mit Kanalangabe lst. Beispiel: Soll das Signal "ESC A" zum Drucker geschickt werden, so lautet die entsprechende Anweisung

> write(lst, chr(27) + chr(65));

In chr(...) wird der dezimale Code des verlangten Zeichens gemäß ASCII-Zeichensatz-Tabelle eingetragen. So steht 27 für ESC und 65 für den Buchstaben A. Das recht nützliche Programm DRUCKER am Ende dieses Abschnitts demonstriert beispielhaft für den Matrix-Drucker 8510 A von ITOH-BINDER eine solche Dienstleistungs-Routine. In den Startvorgaben des Programms sind Voreinstellungen angegeben, die man unmittelbar übernehmen oder individuell ändern kann. Die u.U. herstellerspezifischen "defaults" entsprechen jenen beim Einschalten des Druckers ohne weitere Signale. Die Anpassung des Programms an den eigenen Drucker muß nur beim "Zeichensatz" für die dann zu übertragenden Sequenzen vorgenommen werden. Das Menü kann natürlich ausgebaut, insbesondere verlängert werden.

Beim Ausdruck von Texten, Dateien und dergleichen sind Signalsequenzen für "neue Zeile", "neue Seite/page" und dergleichen von Interesse. Man findet alle im Drucker-Manual in einer Liste zusammengestellt. Immer ist

> chr(13) + chr(10)

Wagenrücklauf + Zeilenvorschub, also der Anfang einer neuen Zeile. Analog gilt chr(12) als Signal für eine neue Seite; der Drucker geht also mit write(lst, chr(12)); nach T.O.F. (Top Of Format oder FF: Form Feed genannt).

Das Programm DRUCKER enthält - nur zur Demonstration, mit einer repeat...until-Schleife ist die Lösung besser - einen Rücksprung mit GOTO, wenn die Antwort ant im Menu nicht verarbeitet werden kann. GOTOs sind in Pascal strukturstörend, man vermeidet diese nie notwendige Anweisung besser.

Zugriffe auf das Diskettenlaufwerk erfolgten bisher nur betriebssystemgesteuert bei Lade- und Speichervorgängen. Zum Lesen und Schreiben auf Diskette per Programm stellt TURBO Standardprozeduren zur Verfügung, die sich von jenen in Pascal etwas unterscheiden. Grundsätzlich besteht eine Datei (File) aus einer Folge von Komponenten gleichen Typs wie z.B. ganzen Zahlen (integer), Wörtern (string) usw. Im Deklarationsteil des Programms muß eine entsprechende Vereinbarung angeführt sein, die die Dateivariable in diesem Sinne näher charakterisiert.

Dieser rechnerintern (im Arbeitsspeicher) benutzte Dateiname filename muß mit der Anweisung (genauer gesagt: mit der TURBO-Standardprozedur) ASSIGN(..., ...) jenem Namen diskname zugeordnet werden, der auf der Diskette (physikalisch) als Dateiname benutzt wird, also später in der Directory sichtbar auftritt.

    assign(filename, diskname);

schafft diese Zuordnung, wobei diskname als Name eines Files wie üblich ein String mit bis zu 8 signifikanten Zeichen sein darf, der den bekannten Regeln unterliegt (also keine Ziffer am Anfang und dgl.). Wird diskname im Programm explizit genannt, so muß die Bezeichnung folglich in '...' stehen, etwa 'DISKTXT1'. Man kann diskname zusätzlich mit einer Typenbezeichnung versehen, so etwa 'DISKTXT1.TXT' oder ähnlich, insgesamt bis zu 12 Zeichen.

Nun sind die beiden Fälle zu unterscheiden, ob das angesprochene File auf der Diskette schon existiert, also nur gelesen werden soll, oder aber, ob man es erst herstellen, "generieren" will:

    reset(filename);

öffnet das (physikalische) File diskname zum Lesen, während

    rewrite(filename);

das File diskname zum Beschreiben anspricht. Gibt es diskname noch nicht, so wird es jetzt erzeugt und in die Directory eingetragen. Existiert diskname bereits, so wird es bei dieser Gelegenheit (in der alten Fassung) überschrieben, also gelöscht! Sind alle notwendigen Operationen mit dem File diskname via filename im Programm erledigt, so wird die Arbeit abgeschlossen mit

    close(filename);.

Es sei betont, daß verschiedene Programme mit ganz unterschiedlichen "filename" auf ein und dasselbe File "diskname" zugreifen dürfen und können, eben über die Zuordnung assign(..., ...). Auch kann ein Programm mit mehreren Diskfiles gleichzeitig arbeiten. Dann muß es entsprechend viele ASSIGN- und RESET/REWRITE-Prozeduren geben. - Der jeweils gewünschte Einzelkontakt wird über die READ- und WRITE-Routinen so hergestellt, wie es unsere beiden Programmbeispiele SCHREIBEDISK und LIESDISK zeigen. - READ/WRITE (und nicht READLN/WRITELN !) erhalten jeweils einen zusätzlichen Parameter, den filename. (In der Schreibweise wird erkennbar, daß beispielsweise der Drucker lst ebenfalls als File behandelt wird, in writeln(lst, ausgabe);).

Das Programm SCHREIBEDISK erzeugt auf der Diskette übungshalber einen Datensatz vorgegebener Länge, der aus Einzelwörtern mit bis zu 20 Zeichen besteht. Der Name "kennung" ist frei wählbar, darf aber auf der Diskette noch nicht vorkommen! Rechnerintern heißt das File "scriptfil".

Das Programm LIESDISK liest den mit SCHREIBEDISK erzeugten Datensatz von der Diskette bis zum Ende EOF (d.h. End Of File) wieder in den Rechner ein. Die Zuordnung geschieht auf das File LIESDISK, das natürlich auch anders heißen dürfte, insbesondere (wenn auch wenig sinnvoll) SCRIPTFIL.

LIESDISK weist anfangs eine repeat...until-Schleife einfacher Konstruktion auf, die Fehlermeldungen für den Fall verhindert, daß der (physikalische) Filename aus der Directory falsch angegeben wird: Ist die Eingabe für "kennung" nicht richtig, d.h. gibt es auf der Diskette keine Datei mit diesem Namen, so hat IORESULT einen von Null verschiedenen Wert. IORESULT = 0 ist also eine BOOLEscher Ausdruck, der Eingabewiederholungen erzwingt, bis der Wert "true" vorliegt. Ohne die repeat...until-Schleife bricht das Programm bei illegalen Eingaben zusammen, wie man leicht ausprobieren kann. Entsprechende Abbrüche mit Fehlermeldung wären in einer Dateiverwaltung nicht akzeptabel.

Die RESET-Anweisung ist durch zwei "Hinweise" an den Compiler eingeklammert, sog. Compiler-Befehle, die im nächsten Programmbeispiel erklärt werden. Gegenwärtig schreibt man sie eben einfach ab (oder man läßt sie aus, dann Vorsicht in RUN-TIME!).

Wird worttyp abgeändert, kann man beide Programme unmittelbar zum Schreiben und Lesen von Datensätzen ganzer oder reeller Zahlen oder anderer Datentypen einsetzen. Das spätere Programm INHALTSVERZEICHNIS arbeitet analog mit Records als Komponenten eines Files. Dateien der hier besprochenen Art heißen "random access files"; wir haben sie zwar von Anfang bis Ende gelesen und hinausgeschrieben, aber in der Speicherkopie in einzelnen Komponenten bearbeitet. Es gibt jedoch auch Suchroutinen zum Finden einzelner Komponenten (SEEK), da längere Dateien nicht im Ganzen im Speicher gehalten werden können. Vergleichen Sie dazu Abschnitt 1.6 (Programm BINAERSUCHE) sowie das folgende Kapitel.

Das Programm COMPILERBEFEHLE benutzt einen rekursiven Funktionsaufruf. Unter CP/M geht das nicht ohne weiteres:

Der TURBO Compiler arbeitet von Haus aus mit einer Reihe von eingestellten "defaults", sog. Befehlen an den Compiler, die den üblichen Benutzergewohnheiten entgegenkommen. Welche Befehle vorhanden und wie sie voreingestellt sind, kann dem Handbuch entnommen werden. Veränderungen werden dem System mitgeteilt, indem man im Pascaltext das entsprechende Kürzel in Kommentarklammern setzt, und zwar unmittelbar hinter die geschweifte Klammer (oder ersatzweise (*... *), mit vorangestelltem $-Zeichen. Dem Kürzel folgt ein "-" oder "+". So besagt z.B. {$U+}, daß ein laufendes Programm mit <CTRL> C abgebrochen werden kann, eine in der Testphase sehr brauchbare Version. Mit der Voreinstellung {$U-} ist das Programm allerdings etwas schneller.

Unter CP/M können rekursive Funktionsaufrufe, die meist enormen Speicherplatz erfordern (siehe die Variable aufrufzahl!), nur nach Umstellung des Compilers auf {$A-} bewerkstelligt werden. Die Voreinstellung ist also {$A+}. - Die meisten Compilerbefehle können im laufenden

Pascaltext wieder "zurückgestellt" werden, manche sind aber - einmal
vorgenommen - dann für das ganze Programm gültig. Das Programm
LIESDISK enthält einen solchen Compilerbefehl mit sofortiger Rückstel-
lung zum "default": Mit {$I-} (sog. passiver Modus) werden Abbrüche im
Programm als Folge gewisser Fehler unterbunden, bis (hier) die Eingabe
korrekt ist. Näheres findet man im TURBO-Handbuch unter I/O-Fehlerrou-
tinen.

Kommen wir nun zum Programm ZUFALL, das seinen Namen von der Einführung des Zufallsgenerators herleitet. Das (einzige) Hauptmenü zeigt
die Möglichkeiten des Programms:

Man kann sich den ASCII-Zeichensatz, der über die Option Z = 90 "fen-
sterartig" eingeblendet wird, ansehen, und zwar durch reichlichen Gebrauch von GOTOXY-Anweisungen; eine echte "window"-Technik ist auch
mit TURBO nur durch relativ hohen Aufwand erzielbar.

Weiter kann man einen Zufallstext erzeugen, der aus insgesamt 400 Wörtern mit jeweils vier Buchstaben besteht. Wir verwenden diesen Text
später für Sortierübungen. Da er "echt" zufällig ist, also statistisch
"unordentlich", ohne erkennbares Bildungsgesetz, ist der entsprechende
Datensatz auf Diskette (mit dem willkürlichen Namen 'disktext') gerade
das Richtige. Dies ist die Option D, im Programm tatsächlich die Wahl
68 der CASE-Verzweigung.

Doch kehren wir zum Zufallsgenerator in TURBO zurück:

    int := random(n);

weist der ganzzahligen Variablen int bei natürlichem Argument n eine
ganzzahlige Zufallszahl von 0 bis n-1 zu. random(26) ergibt also ir-
gendeine ganze Zahl von 0 bis einschließlich 25. Fügt man demnach
additiv 65 hinzu, so ergeben sich Zahlen ab 65 bis 90, und die sind mit
der Funktion chr(n) exakt als Buchstaben des Alphabets A ... Z interpretierbar. Mit der schon eingeführten Stringverknüpfung "+" entstehen
damit kuriose Wörter aus vier Buchstaben.

Die Option S (d.h. 83) von ZUFALL gestattet es, diesen Text erst einmal anzusehen, und zwar durch "Blättern" über die einzelnen "Seiten"
des Textes hinweg, damit der Bildschirm nicht rollt. Zum Ausdrucken
des Textes könnte man einige WRITE(LN) - Anweisungen (keineswegs alle!) der Option 83 vorübergehend mit "lst" erweitern (und eben genau
diese Liste, keine andere, dann abspeichern!). Wer später das Sortieren
exakt überprüfen will, könnte das auch nachholen. - Das Abspeichern
erfolgt auf die eingelegte Diskette, von der aus i.a. dieses Programm
ausgeführt worden ist. Wollen Sie auf ein anderes Laufwerk schreiben,
so wäre dieses extra anzugeben, vielleicht: 'B:DISKTEXT'. CP/M Benutzer
könnten auf diese Weise BDOS-Fehlermeldungen erhalten. Lassen Sie daher das Programm auf die gerade benutzte Diskette schreiben und kopieren Sie das File 'disktext' später bei Bedarf um, d.h. auf jene Diskette, auf der das Sortierprogramm steht (ein entsprechender Hinweis
wird nochmals gegeben werden). 'DISKTEXT' oder auch 'disktext' ist der
Name des Files auf der Diskette, rechnerintern wird dagegen der Name
'listefil' benutzt, dies zur Wiederholung.

Mit dem bisherigen Vorrat an Anweisungen und Standardprozeduren sind
wir in der Lage, eine einfache Dateiverwaltung aufzubauen, die immerhin schon alle wesentlichen Merkmale eines solchen Programms aufweist,
das heißt:

- Einzelsätze erzeugen, ändern und löschen.
- Den gesamten Datensatz (die Datei) abspeichern.
- Den gesamten Datensatz wieder einlesen.

Es muß ihn anfangs nur schon geben. Daß man dann wieder ändern kann und so weiter, ist natürlich auch realisiert. Man erkennt alle diese Möglichkeiten im (sehr kurzen) Hauptprogramm am Ende des Listings von INHALTSVERZEICHNIS. Der Programmname ist im Hinblick auf die Struktur eines einzelnen Satzes gewählt; diese wird in der Prozedur NEU erkennbar, aber auch schon im Deklarationsteil des Programms.

Wir möchten einen längeren Text (bis 30 Zeichen) eingeben, dann einen kurzen Text (bis 3 Zeichen, in der Bedeutung einer ganzen Zahl), zusammen z.B. ein Stichwortverzeichnis erstellen. Wer mehr möchte - ein Telefon- oder Adressenverzeichnis - , kann dies ganz leicht durch Erweitern des Records satzrec erzielen. Alles andere bleibt unverändert.

In der Startphase des Programms muß der Dateiname (des Files auf der Diskette also) eingegeben werden. Dann gibt es zwei Möglichkeiten: Existiert ein entsprechendes File bereits, so wird es automatisch eingelesen. Gibt man hingegen einen neuen Namen ein (oder vertippt man sich), so wird eine neue Datei eröffnet, was sinnvoll und sicher ist. Ein bestehender Datensatz wird jedenfalls nicht zerstört. Das leistet die leicht verständliche Prozedur LESEN mit der schon bekannten I/O-Fehlerbehandlungsroutine. Sie enthält noch eine Zählvariable fini, damit die Länge einer eventuell gefundenen Datei für später bekannt ist.

Das Ende des Programms wird durch die Eingabe antwort = 'E' angesteuert: Jetzt wird die einfache Prozedur ABLAGE das File mit dem rechnerinternen Namen listefil genau auf die Datei hinauskopieren, die zum anfangs aufgerufenen (oder fallweise neu erstellten) Namen gehört.

Es ist sinnvoll, Programm und Datei(en) auf einer gemeinsamen Diskette zu haben, doch sind auch Dateinamen wie "B:ADRESSE" möglich, wenn das Programm vom Laufwerk A: aus "gefahren" wird. Vorsicht wie immer unter CP/M-80 mit BDOS-ERROR-Meldungen erst am Ende der Arbeit! Man kann die Datei auch vergeblich eintippen ...

Die Prozeduren LESEN und ABLAGE sind Anwendungen der früher besprochenen Programme LIESDISK und SCHREIBEDISK. Die zunächst zur Dateneingabe benötigte Prozedur NEU steht "im Zentrum" der Verwaltung: Sie ist etwas länger.

NEU beginnt mit einer Vorabfrage, ob überhaupt noch Einträge in die Datei möglich sind (fini ist die tatsächliche Länge, die wegen der Benutzung eines Feldes inhaltar höchstens c sein darf). c ist für Übungszwecke sehr kurz gehalten, also für Anwendungen bei Bedarf hinreichend zu verlängern. Übrigens ist es ohne weiteres möglich, bei Erreichen von fini = c zunächst alle bearbeiteten Daten abzuspeichern, dann c im EDITOR zu verlängern und danach mit dem neuen Programm das alte File einzulesen und weiterzuarbeiten!

NEU schreibt praktischerweise auf inhaltar[0], einen Feldplatz, der nur hilfsweise benutzt wird, aber in der Datei sonst nicht vorkommt. Ist man mit der Eingabe fertig, so wird über die Prozedur SORT sogleich einsortiert; Kriterium ist satzrec.eins, also der Text der Eingabe. Das Sortieren ist sehr primitiv, aber hier ausreichend: Die bereits existierenden (und also sortierten) Datensätze werden von hinten nach vorne soweit durchgelesen, bis die richtige Stelle gefunden ist. Dort wird inhaltar[0] eingetragen. Alle "späteren" Sätze sind schon um einen Platz nach hinten geschoben worden; fini ist zuvor um Eins größer gesetzt.

Ein wichtiger Hinweis zu SORT: Der richtige Platz im Feld wird in der WHILE-Schleife mit "<" gesucht. Schreibt man versehentlich "<=", so ergibt sich beim praktischen Arbeiten mit der Datei fast immer irgendwann einmal eine "tote" Schleife, ein "Hängen" des Programms, das nur gewaltsam beseitigt werden kann und jedenfalls die vorher geleistete Eingabearbeit zunichte macht!

Die Prozedur SUCHE benützt ebenfalls inhaltar[0]; sie vergleicht einen eingetragenen "Suchstring" in den ersten fünf Zeichen mit dem existierenden File und bietet bei Vorhandensein eines solchen Textes mit einem kleinen Menü die Option "Löschen" oder aber das "Weitersuchen" (für den Fall übereinstimmender Satzanfänge) an.

Für den Fall des Löschens wird in die Prozedur NEU gewechselt, wo der Strich "-" das Auslöschen des Satzes (zugleich Ende der Bearbeitung bei Neueinträgen) bewirkt. Will man nicht löschen (also nur ändern), so schreibt man den Text neu und kommt über SORT und SUCHE wieder in das Hauptmenü zurück.

Schließlich gibt es noch die Prozedur ZEIGEN, d.h. die Datei anschauen. Zum "Blättern" ist nach jeweils 20 Zeilen eine "Bremse" eingebaut. Wichtiger aber ist die Möglichkeit, die Datei wahlweise zum Monitor oder Drucker zu schicken. Beide "Empfänger" sind unter TURBO Standardfiles vom Typ TEXT. Im Deklarationsteil des Programms wird daher ein File "ausgabe" definiert, dem wahlweise 'lst:' oder 'con:' mittels einer ASSIGN-Prozedur zugeordnet werden kann. Man beachte den Doppelpunkt (wie z.B. bei den Laufwerken): 'con:' ist sozusagen der Filename der Konsole. Damit es keine RUN-TIME-Fehler gibt, muß der Drucker vor Wahl der Option P unbedingt eingeschaltet werden, und zwar ONLINE!

Das Programm INHALTSVERZEICHNIS ist noch nicht sonderlich elegant; die Prozeduren arbeiten alle mit den Variablen des Hauptprogramms, dienen also nur der Ausgliederung der entsprechenden Routinen, so daß insgesamt eine eher primitive Unterprogrammtechnik realisiert ist, die gehobenen BASIC-Ansprüchen gleichkommt. Der Anfänger wird aber damit eher zum Erfolg kommen, vor allem bei eigenem Ausbau. Ändern Sie satzrec ab, vielleicht hin zu einem Eingabemenü für eine komplette Adresse mit einer kleinen Maske zum bequemen Eintippen. Immerhin ist das Programm für kürzere Listen recht brauchbar; man kann aber c ohne weiteres auf 100 oder mehr stellen. Eine Frage stellt sich schon jetzt: Wie könnte man im Menü oder doch wenigstens auf Anforderung die Directory der Diskette einblenden, um die existierenden Dateien zu sehen? Die Antwort bleibt (noch) offen. Wir geben später (Abschnitt 1.7) und im Programm SUPERTEXT eine Antwort.

Wer die Prozeduren aus INHALTSVERZEICHNIS universeller einsetzen möchte, sollte sie mit Übergabeparametern formulieren, am besten mit möglichst vielen lokalen Variablen.

```pascal
PROGRAM drucker;

          (* Druckereinstellungen: Beispiel: BINDER /ITOH 8510 A *)

LABEL 100;                                (* Demo fuer goto's ... *)

VAR   i,k, code : integer;
          instar : ARRAY[1..10] OF integer;
           fixar : ARRAY[1..10] OF char;
               r : string[5];
             ant : string[1];
BEGIN
                              (* Voreinstellungen des Menus *)
                              instar[1] := 1; instar[5] := 1;
                              instar[7] := 1; instar[9] := 0;


REPEAT
100:;     clrscr;                                (* Sprungmarke *)
writeln('DRUCKERPROGRAMM BINDER 8510 A');
writeln('================'); writeln;
writeln('PICA ............................... (1) ');
writeln('ELITE .............................. (2) ');
writeln('KOMPRIMIERT ........................ (3) ');
writeln('PROPORTIONAL ....................... (4) ');
writeln('    In Schriftart NORMAL ........... (5) ');
writeln('                  FETT ............. (6) ');
writeln('    und Schrifttyp SCHMAL .......... (7) ');
writeln('                  BREIT ........... (8) ');
FOR k := 1 TO 8 DO BEGIN
                    gotoxy(44,k+3);
                    IF instar[k] = 1 THEN write('*')
                    END;
writeln;
write('Linker Rand bei .................... (9)  ');
writeln(instar[9]); writeln;
write('Uebernahme (0), sonst (1) bis (9) ...  '); readln(ant);
val(ant, k, code);
IF code <> 0 THEN GOTO 100;       (* GOTO ist in Pascal verpoent! *)
                                  (* nur innerhalb BLOCK erlaubt! *)
CASE k OF                             (* Pascal ist kein BASIC! *)

1,2,3,4: BEGIN
         FOR i := 1 TO 4 DO instar[i] := 0;  instar[k] := 1
         END;
5, 6:    BEGIN
         instar[5] := 0; instar[6] := 0; instar[k] := 1
         END;
7, 8:    BEGIN
         instar[7] := 0; instar[8] := 0; instar[k] := 1
         END;
9:       BEGIN
         writeln;
         write('Linker Rand auf Position ...........      ');
         readln(instar[9])
         END
    END                                      (* OF CASE *)
UNTIL k = 0;
```

```
(* ------------- Beispiel: Druckerinstallation fuer BINDER/ITOH *)

(* ------------- chr(27) = ESC, benoetigte Zeichen sind ...     *)

fixar[1] := chr(78); fixar[2] := chr(69); fixar[3] := chr(81);
fixar[4] := chr(80); fixar[5] := chr(34); fixar[6] := chr(33);
fixar[7] := chr(15); fixar[8] := chr(14);

r := chr(27) + chr(76) + chr(48) + chr(48 + trunc(instar[9]/10))
            + chr(48 + instar[9] - 10* trunc(instar[9]/10));

writeln;
lowvideo;
writeln('Drucker einschalten!');
normvideo;
write('Dann Leertaste ... '); read(kbd, ant);
writeln;
                                    (* Signale an den Drucker *)
FOR i := 1 TO 6 DO
   IF instar[i] = 1 THEN write(lst, chr(27) + fixar[i]);

FOR i := 7 TO 8 DO
   IF instar[i] = 1 THEN write(lst, fixar[i]);

write(lst, r);

(* ---------------------  ---------------------- Druckprobe ... *)

writeln(lst, 'DRUCKPROBE: ');
writeln(lst, 'Rand gesetzt auf ', instar[9], '.');
writeln(lst, 'ABCDEFGHIJKLMNOPQRSTUVWXYZ');
writeln(lst, 'abcdefghijklmnopqrstuvwxyz');
writeln(lst, '1234567890:-!"#$%&+()0*=<>');
writeln(lst, 'Druckprobe ENDE.'); writeln(lst);

                                    (* Bildschirm: Hinweis *)

 writeln; writeln('Diese Einstellungen bleiben am Drucker,');
 writeln('bis er abgeschaltet oder neu installiert wird!')

END.
```

```
PROGRAM schreibedisk;
                                (* erstellt File aus Einzelwoertern *)
TYPE worttyp = string[20];
VAR         tippe : worttyp;
          kennung : string[12];
  zaehler, anzahl : integer;
        scriptfil : FILE OF worttyp;
BEGIN
REPEAT
   clrscr; write('Wie soll das File auf Diskette heissen? ');
   readln(kennung);
   write('Wieviele Woerter sollen eingegeben werden? ');
   readln(anzahl);
   write('Aenderungen erwuenscht (Y/N) ? '); readln(tippe);
   tippe := upcase(tippe)
UNTIL tippe = 'N';
clrscr;
assign(scriptfil, kennung);
rewrite(scriptfil);
FOR zaehler := 1 TO anzahl DO BEGIN
    lowvideo; write(' Name Nr. ', zaehler, ' ... ');
    normvideo; write(' '); readln(tippe);
    write(scriptfil, tippe)
                                END;
close(scriptfil)
END.




PROGRAM liesdisk;
              (* fuers erste passend zu Schreibedisk und Zufall *)
TYPE worttyp = string[20];
VAR  anzeige : worttyp;
     kennung : string[12];
     zaehler : integer;
     liesfil : FILE OF worttyp;

BEGIN
REPEAT                 (* REPEAT...UNTIL: siehe Compiler-Befehle *)
   clrscr;
   write('Name des Diskfiles ... '); readln(kennung);
   assign(liesfil, kennung);
(*$I-*)   reset(liesfil) (*$I+*)              (* I/O - Routine *)
UNTIL (ioresult = 0);

writeln; writeln('Ausgabe des Diskfiles ', kennung, ':');
writeln; zaehler := 0;
WHILE NOT eof(liesfil) DO
                   BEGIN
                      zaehler := zaehler + 1;
                      read(liesfil, anzeige);
                      write('   Nr.: ', zaehler:3, ' ', anzeige);
                      IF zaehler MOD 4 = 0 THEN writeln
                   END;
close(liesfil);
END.
```

```
PROGRAM compilerbefehle;

                (* demonstriert Compiler-Befehle: defaults $U- / $A+ *)
(*$U+*)            (* Benutzerunterbrechung IN RUN-TIME mit CTRL-C *)
(*$A-*)              (* erlaubt rekursive Aufrufe unter CP/M 80 *)
                       (* ein weiterer Befehl ist im Programm *)
                         (* liesdisk bzw. inhalt vorgefuehrt. *)

VAR   lauf, ende: integer;
         hofar: ARRAY[0..1000] OF integer;
VAR   aufrufzahl: integer;         (* nachgesetzt, in TURBO erlaubt *)

FUNCTION rekur(num: integer): integer;

   (* diese Funktion ist als 'Hofstaetter-Funktion' bekannt ... *)
   BEGIN
   aufrufzahl := aufrufzahl + 1;
   IF (num = 0) OR (num = 1) THEN rekur := 1
                       ELSE rekur :=
       rekur(num - rekur(num - 1)) + rekur(num - rekur(num - 2))
   END;

BEGIN                             (* Berechnung mit ARRAY hofar *)

clrscr;
write('Hofstaetter-Folge bis ( <1000 ) ... '); readln(ende);
writeln('Berechnung ueber Feld ..., ');
hofar[0] := 1; hofar[1] := 1;
writeln;
write(hofar[1]:4);
FOR lauf := 2 TO ende DO BEGIN
    hofar[lauf] :=
    hofar[ lauf - hofar[lauf-1] ] + hofar[ lauf - hofar[lauf-2] ];
    write(hofar[lauf]:4);
    IF(lauf MOD 20 = 0) THEN writeln
                      END;

writeln;
write('<RETURN>-Taste ... >>'); readln; clrscr;
writeln('Rekursive Berechnung bis n = 20 durch Funktionsaufruf:');
writeln('Wenn es zu lange dauert ... CTRL-C ...');
writeln;

FOR lauf := 1 TO 20 DO BEGIN            (* Berechnung rekursiv *)
    aufrufzahl := 0;
    write('Nr. ', lauf:2, ' = ');
    writeln(rekur(lauf):3, '          Aufrufe:', aufrufzahl:8)
                    END
END.
```

```
PROGRAM zufall;

                       (* erzeugt u.a. Zufallstext fuer Sortieruebungen *)
                            CONST c = 400;
                    TYPE worttyp = string[4];
VAR i, k, wahl, zeile, spalte : integer;
                      feldar : ARRAY[1..c] OF worttyp;
                antwort, a : char;

                      scriptfil : FILE OF worttyp;
                                       (* lesbar mit lies.com *)
                                  BEGIN

                 (* das Hauptmenu bindet das gesamte Programm ein *)
                 wahl := 1;
WHILE wahl <> 69 DO BEGIN                     (* chr(69) = 'E' : Ende *)
     clrscr;
     writeln('Moegliche Optionen sind derzeit ....');
     writeln('-<--------------------------------');
     writeln;
     writeln('Zeichensatz vorfuehren .......... Z'); writeln;
     writeln('Zufallstext generieren .......... G'); writeln;
     writeln('Erzeugten Text ansehen (nach G).. S'); writeln;
     writeln('Text auf Disk ablegen ........... D'); writeln;
     writeln('Programm beenden ................ E'); writeln;
     writeln('--------------------------------');
     write  ('Ich wuensche ................>>>   ');
     read(kbd, antwort);
     antwort := upcase(antwort); wahl := ord(antwort);

CASE wahl OF

90: BEGIN                                        (* Zeichensatz *)
     gotoxy(29,2);
     write(' ###########################################');
     gotoxy(29,3);
     write(' #   Zeichensatz 33 ... 127    eingeblendet  #');
     gotoxy(29,4);
     write(' #                                           #');
     gotoxy(29,5); write(' #');
     FOR i:= 33 TO 127 DO BEGIN
                    write(i:4, ' = ',   chr(i), ' ');
                    IF (i-2) MOD 5 = 0 THEN BEGIN
                                        write(' #');
                                        gotoxy(29, (i-5) DIV 5);
                                        write(' #')
                                       END
                    END;
            write('###########################################');

                    gotoxy(1,19);
                    writeln('Alle diese Zeichen sind');
                    writeln('mit writeln(chr(i); vom');
                    writeln('Keybord her erreichbar!');
                    writeln; writeln;
                    write('Zurueck zum Menu ...... ');
                    read(kbd, a)
```

```
                          (* die Option 90 = Z simuliert eine Einblendung *)
        END;

71: BEGIN                                             (* Text erzeugen *)
        gotoxy(40,6);
        write(c, ' Woerter werden gebildet ... Warten!');
        FOR i := 1 TO c DO BEGIN
            feldar[i] := '';
            FOR k := 1 TO 4 DO
                    feldar[i] := feldar[i] + chr(random(26) + 65)
                        END;               (* 0 <= random(26) <= 25 *)
        END;                               (* und chr(65) = 'A' *)

83: BEGIN                                         (* Text anschauen *)
        zeile := 10; spalte := 15;               (* Ausgabefenster *)
        k:= 1; i := 1;                       (* mit k weiterblaettern *)
        REPEAT                               (* i ist der feldarplatz *)
        clrscr;
        writeln('Erzeugtes Zufallstextfeld ...'); writeln;
        writeln('Blatt ', k, ':'); writeln;
        REPEAT
            write(feldar[i], ' ');
            IF i MOD spalte = 0 THEN writeln;
            i := i + 1;
        UNTIL ((i > c) OR ((i-1) MOD (zeile * spalte ) = 0));
        writeln;
        writeln; write('Weiter ... '); read(kbd, a);
        k := k+1
        UNTIL (zeile *  spalte * (k-1) > c);
        END;

68: BEGIN                                        (* Text abspeichern *)
        gotoxy(42, 10); write('Bitte warten ... ');
        assign(scriptfil, 'disktext');
        rewrite(scriptfil);
        FOR i := 1 TO c DO write(scriptfil, feldar[i]);
        close(scriptfil);
        END;
            (* das FILE heisst 'disktext'; es kann z.b. mit lies.com *)
             (* vorlaeufig angeschaut werden; disktext wird spaeter *)
                (* als Datensatz fuer Sortieruebungen eingelesen ... *)

END                                              (* OF CASE *)

END;                                             (* OF WHILE *)

    clrscr; writeln('Ende ...')
END.
```

```
PROGRAM inhaltsverzeichnis;
                                         (* erstellt, sortiert,
                      speichert, aendert und druckt Verzeichnisse *)

          CONST c = 5;                    (* in Anwendung c >> 5 *)
     TYPE worttyp = string[30];
          zahltyp = string[3];

          satzrec = RECORD          (* RECORD aus Wort und Zahl *)
                    eins: worttyp;   (* beliebig modifizierbar *)
                    zwei: zahltyp
                    END;

VAR   i,k,s,r, fini : integer;              (* diverse Zaehler,
                                                und Indizes *)
          inhaltar : ARRAY[0..c] OF satzrec;
          antwort : char;
               c1 : string[1];
             name : string[8];
          listefil : FILE OF satzrec;
          ausgabe : text;              (* via Druck oder Schirm *)

PROCEDURE lesen;
   BEGIN
   writeln; write('Name des Files ... '); readln(name);
   writeln; writeln('Bitte etwas  w a r t e n ...!');
   assign(listefil, name);
   (*$I-*)                          (* siehe Compiler-Befehle *)
   reset(listefil);
   (*$I+*)
   IF (ioresult = 0) THEN BEGIN
   fini := 0;
   WHILE NOT eof(listefil) DO BEGIN
                        fini := fini + 1;
                        read(listefil, inhaltar[fini])
                        END;
   close(listefil)
                           END
                           ELSE
                           BEGIN
                           fini := 0; writeln;
                           writeln('Neues File generiert ...');
                           writeln('Leertaste ...');
                           read(kbd, antwort)
                           END
   END;

PROCEDURE ablage;
   BEGIN
   writeln;
   writeln; writeln('Bitte etwas  w a r t e n ...!');
   assign(listefil, name);
   rewrite(listefil);
   FOR i := 1 TO fini DO write(listefil, inhaltar[i]);
   close(listefil)
   END;
```

```
PROCEDURE sort;
   BEGIN                           (* durch sofortiges Einsortieren *)
   fini := fini + 1; k := fini;
   WHILE inhaltar[0].eins < inhaltar[k-1].eins DO BEGIN
         inhaltar[k] := inhaltar[k-1]; k := k-1
                                                  END;
   inhaltar[k] := inhaltar[0]
   END;

PROCEDURE neu;
   BEGIN c1 := '+';
   WHILE c1 <>  '-' DO BEGIN
     IF fini = c THEN BEGIN
                   writeln; writeln('Kein Platz mehr frei ...');
                   writeln('Eventuell Programm beenden ...?');
                   write('Weiter ...'); read(kbd, antwort);
                   c1 := '-'
                   END
                 ELSE BEGIN
                     clrscr;
                     WITH inhaltar[0] DO BEGIN
                     write('Text Nr. ', fini+1:4);
                     write(' <= .. EINGABEENDE  MIT - .. =>');
                     writeln('                        ===');
                     write('                        '); read(eins);
                     c1 := copy(eins,1,1);
                     IF c1 <> '-' THEN BEGIN
                     FOR k := 1 TO 40 - length(eins)
                     DO write(' ');
                     write('Seite ? .. '); readln(zwei);
                     sort
                                           END
                           END              (* OF WITH *)
                     END                     (* OF ELSE *)
                     END                     (* OF WHILE *)
   END;

PROCEDURE suche;
   BEGIN  clrscr;
   write('Gesuchter Text ... '); readln(inhaltar[0].eins);
   s := 1;
   FOR s := 1 TO fini DO BEGIN
       IF copy(inhaltar[0].eins,1,5) = copy(inhaltar[s].eins,1,5)
          THEN BEGIN
          writeln;
          writeln(inhaltar[s].eins, '     ', inhaltar[s].zwei);
          writeln;
          writeln('       Loeschen/Aendern ......... L');
          writeln('       Weiter ............ <RETURN>');
          write('       Wahl .................... ');
          read(kbd, antwort);
          antwort := upcase(antwort);
          IF antwort = 'L' THEN BEGIN
           FOR r := s TO fini - 1 DO inhaltar[r] := inhaltar[r+1];
           fini := fini - 1; neu
                    END
              END                            (* OF THEN *)
                  END                        (* OF FOR s *)
   END;
```

```
PROCEDURE zeigen;
   BEGIN clrscr;                                    (* Zwischenmenu *)
   writeln('Ausgabe am Drucker ....... P'); writeln;
   writeln('oder Bildschirm ... <RETURN>'); writeln;
   lowvideo; writeln;
   writeln('Gegebenenfalls Drucker einschalten!');
   normvideo; writeln;
   write('Wahl ................... '); readln(antwort);
   antwort := upcase(antwort);
   clrscr;

   IF antwort = 'P' THEN assign(ausgabe, 'lst:')
                    ELSE assign(ausgabe, 'con:'); rewrite(ausgabe);

   FOR i := 1 TO fini DO BEGIN
                  write(ausgabe, inhaltar[i].eins, ' ');
        FOR k := 1 TO 35 -
              (length(inhaltar[i].eins) + length(inhaltar[i].zwei))
                                         DO write(ausgabe, '.');
                  writeln(ausgabe, ' ',inhaltar[i].zwei);
                  IF i MOD 20 = 0 THEN read(kbd, antwort)
                        END;
   writeln; write('Weiter ? ... '); read(kbd, antwort)
   END;

BEGIN (* --------------------------------------- Hauptprogramm *)
name := ''; antwort := 'A';
clrscr;
lesen;

WHILE antwort <> 'E' DO BEGIN                       (* Menuanfang *)
      clrscr;
      writeln('Neueingabe von Text (NEW) ........... N'); writeln;
      writeln('Im Text suchen/aendern .............. X'); writeln;
      writeln('Text sortiert ausdrucken (PRINT) .... P'); writeln;
      writeln('Programmende ........................ E'); writeln;
      write ('Gewuenschte Option .................. ');
      readln(antwort);
      antwort := upcase(antwort);

      CASE antwort OF

'N':   BEGIN neu END;                               (* Text eingeben *)
'X':   BEGIN suche END;                             (* Text suchen *)
'P':   BEGIN zeigen END;                            (* Text vorzeigen *)

      END (* OF CASE *)

                        END;  (* OF WHILE *)        (* Menuende *)

ablage        (* erfolgt in dieser Version stets bei Programmende *)
                              (* eventuell eigens im Menu anfordern *)
END.
```

1.4 Ein-/Ausgabe-Umlenkung

Es kommt in Anwenderprogrammen häufig vor, daß Rechenergebnisse oder Texte gleichzeitig auf dem Bildschirm und auf dem Drucker oder alternativ auf einem von beiden ausgegeben werden müssen. Man kann dazu natürlich z.B. schreiben:

```
....
write('Dies ist ein Beispiel');
write(lst,'Dies ist ein Beispiel');
....
```

und der Text "Dies ist ein Beispiel" wird auf beiden Ausgabemedien erscheinen. Weil dabei aber alle Befehle doppelt geschrieben werden müssen, ist die zusätzliche Schreibarbeit bei umfangreichen Ausgaben sehr lästig. Als Anwender würde man sich wünschen, daß man alle Befehle nur einmal schreiben müßte, um dann im Programm einen "Umschalter" zwischen Bildschirm und Drucker zu haben.

Im vorhergehenden Abschnitt wurde beschrieben, wie man eine Umlenkung der Ausgabe dadurch erzielen kann, daß man eine Datei deklariert, die man dann mit ASSIGN(...,...) dem Bildschirm oder dem Drucker zuweist.

TURBO-Pascal bietet aber für unser Problem eine noch elegantere Lösung, die im Handbuch leider so unzureichend beschrieben ist, daß man sich mit dem inneren Aufbau von Betriebssystemen schon sehr gut auskennen muß, um selbst darauf zu kommen.

Zum Verständnis dieser Methode muß man etwas weiter ausholen:

TURBO-Pascal kann standardmäßig sechs externe Geräteeinheiten bedienen, nämlich CON:, TRM:, KBD:, LST:, AUX: und USR:. Die Bedeutung dieser Geräteeinheiten ist im Handbuch beschrieben.

Da in Pascal externe Geräte genau so wie Diskettendateien behandelt werden (man spricht hier auch von "Kanälen"), ist es nur logisch, daß es für jedes dieser Geräte eine Standarddatei gibt, die nicht extra definiert werden muß: Con, Trm, Kbd, Lst, Aux und Usr.

Bei einer Ausgabe auf den Drucker hat der Druckbefehl die gleiche Syntax wie ein Schreibbefehl auf eine Diskettendatei, wobei man statt des Dateinamens eben "lst" einsetzt, also z.B.

```
write(lst,'Dies ist ein Beispiel');
```

Zusätzlich gibt es noch die beiden Standarddateien Input und Output, die in der Grundeinstellung (Compilerbefehl {$B+}) die gleiche Wirkung haben wie Operationen mit der Datei "Con". Mit {$B-} kann man Input und Output der Datei "Trm" zuordnen. Man darf in beiden Fällen zur Vereinfachung "Input" und "Output" weglassen und kann statt

```
write(Output,'Test');
```

auch verkürzt schreiben:

```
write('Test');
```

Ideal wäre für unsere Eingabe/Ausgabe-Umlenkung eine Zuweisung, die so ähnlich wie "Con := Lst" aussähe. Leider sind Wertzuweisungen zwischen

Dateivariablen (und das sind "Con" und "Lst") nicht gestattet. Aber es gibt in TURBO-Pascal eine Möglichkeit, genau diesen Effekt zu erreichen.

Die Ein-Ausgabetreiber sind Programme, die an irgendeiner Stelle im Speicher stehen. Diese Stelle ist dem TURBO-Compiler bekannt. In TURBO-Pascal gibt es nun für jede Ein- oder Ausgabedatei einen vordefinierten Zeiger (pointer), der auf die entsprechende Adresse des Treiberprogramms zeigt. Dieser "Zeiger", der ohne Deklarierung in Programmen verwendet werden kann, ist vom Typ "INTEGER" und darf nicht mit dem Zeigertyp in Pascal-Anwender-Programmen verwechselt werden. Es gibt einige Zeiger für Eingaben, und einige für Ausgaben.

Zeiger für Eingaben	Zeiger für Ausgaben
ConInPtr	ConOutPtr
AuxInPtr	AuxOutptr
UsrInPtr	UsrOutPtr
	LstOutPtr

Nach den Angaben im TURBO-Handbuch dienen diese Zeiger zum Einbinden benutzergeschriebener Einheitentreiber. Aber man kann diese Zeiger auch (und vor allem) zur Umleitung der Ein-/Ausgabe verwenden.

Die Handhabung ist ganz einfach. Mit dem Befehl

        ConOutPtr := LstOutPtr;

zeigt nun der Zeiger, welcher der Datei "Con" zugedacht ist, auf den Einheitentreiber, der den Drucker bedient. Standardausgaben, wie z.B.

        write(Con,'dies ist ein Test');

oder nur

        write('dies ist ein Test');

gelangen über den Einheitentreiber "Lst" nun an den Drucker. Analog dazu kann man natürlich auch zwischen den Eingabekanälen umschalten.

In der Praxis muß man sich freilich vor dem Umschalten den alten Wert von ConOutPtr in einem Zwischenspeicher (Merker) aufheben, damit man wieder auf Consolenausgabe zurückschalten kann. Ein kleines Beispiel ist am Ende dieses Abschnitts skizziert.

Mit derselben Anweisung "writeln(Demotest)" ohne Angabe des Ausgabekanals kann man je nach Inhalt des Zeigers "ConOutPtr" entweder auf dem Drucker oder auf dem Bildschirm schreiben.

Gegen diese Möglichkeit, in einem Programm beliebig oft den Standard-Ausgabekanal (oder auch den Eingabekanal) zu wechseln, verblaßt die im TURBO-Handbuch angegebene Methode zur I/O- Umleitung, die obendrein nur bei MS-/PC-DOS funktioniert, nämlich die Umlenkung über die Compilerdirektive {$G..}. Dieser Compilerbefehl muß nämlich am Anfang eines Programms noch vor dem Vereinbarungsteil stehen. Er gilt dann für das ganze Programm. Ein Zurückschalten innerhalb des Programms ist nicht möglich; damit ist dieser Befehl für die meisten Anwendungen nicht brauchbar. Unsere Methode hat dagegen noch den Vorteil, daß sie für MS/PC-DOS, CP/M-86 und CP/M-80 gleichermaßen anwendbar ist.

```
PROGRAM Umlenkung;

CONST Demotest = 'Dies ist ein Umschaltetest';
VAR     Merker : integer;

BEGIN

    Merker := ConOutPtr;        (* Con-Zeiger merken              *)
    ConOutPtr := LstOutPtr;     (* Ausgabekanal umschalten        *)

    writeln(Demotest);          (* Ausgabe auf Drucker            *)

    ConOutPtr := Merker;        (* Ausgabekanal zurückschalten *)
    writeln(Demotest);          (* Ausgabe auf Drucker            *)

END.
```

1.5 Listing und Textverarbeitung

Die bisherigen Dateien waren sogenannte "random access files", Dateien mit Komponenten jeweils gleichartigen Typs, wobei auf jede einzelne Komponente gezielt zugegriffen werden konnte (mit SEEK). Es gibt aber außerdem in TURBO standardmäßig Textdateien, die zwar auch aus einer Folge von Zeichen bestehen, aber wegen der Benutzung von <RETURN> in mehr oder weniger lange Zeilen gegliedert sind. Solche Dateien können nur sequentiell bearbeitet werden; eine bestimmte Position auf Diskette kann nicht gefunden werden (in der Speicherkopie geht das, siehe z.B. Kommando FIND des Editors). Textdateien sind mit <CTRL> Z als Endemarke abgeschlossen. In Pascal werden Drucker, Konsole und andere periphere Geräte wie Textdateien behandelt. Derartige sogenannte Standardtextdateien sind bereits vorgekommen, so etwa lst, con und kbd. (Siehe u.a. im Programm INHALTSVERZEICHNIS). Der Typenbezeichner für Textdateien lautet text.

Auch Pascal-Quellprogramme sind Textfiles; der TURBO-Editor kann aber ebenso jeden anderen "Klartext" als Textfile behandeln, ist also im Prinzip Baustein eines Textverarbeitungsprogramms. Mit recht bescheidenen Ansprüchen könnte man so unmittelbar z.B. einen Brief schreiben und mit TLIST (oder LISTER) ausgeben. Immerhin sind die Korrekturmöglichkeiten denen in jedem Textverarbeitungssystem gleichwertig, nur die Ausgabe ist unbefriedigend, da wir (zunächst) nur manuell Einfluß auf Format, Silbentrennung, Zeilenumbruch usw. nehmen können. Außerdem stört die Kopfzeile des mitgelieferten Programms TLIST von BORLAND, die man nicht unterdrücken kann. Vorerst soll hier eine einfache Lösung zum Listen von Quelltexten (oder "Briefen" mit dem Filetyp *.PAS, was man im Programm zu *.TXT ändern kann) vorgestellt werden:

Das Programm PROGLISTING ist sehr einfach und verwandt mit TLIST. Sein Vorteil: Es druckt ohne TLIST-Kopfzeile und gestattet den Einbau eigener Zusätze ganz nach den jeweiligen Bedürfnissen des Anwenders.

Als diskfile heißt das Programm TEUBNER, weil es zum Ausdrucken von Listings für dieses Buch verwendet worden ist, als "default-Einstellung" nämlich auf Wunsch genau 59 Zeilen je Seite durchzählt und nach dem Drucken der Seitennummer zwei Leerzeilen einschiebt. Als List-Programm wiederholt es oben rechts den Filenamen aus der Directory der Diskette, was man für Briefe herausnehmen würde.

Ein File *.PAS von der Diskette wird als Textfile in eine Variable "Puffer" gelesen, einen String der Länge 100, der aber keineswegs immer voll ausgenutzt wird. Zeichenweise wird nämlich getestet, wann chr(13) (Wagenrücklauf CR) vorgefunden wird, dem zum Zeilenende stets chr(10) (Zeilenvorschub LF) folgt. Dann wird ausgedruckt. <RETURN> wurde beim Schreiben der Programme spätestens bei Position 67 (größer ist möglich) einer Zeile im Editor gedrückt! <RETURN> ist aber chr(13) + chr(10) gemäß ASCII-Code. Man erhält so bequem ein recht ansprechendes Listing: Auf jeder neuen Seite wird oben rechts der File-Name wiederholt, die Seitennummer wird in die Mitte gedruckt und bei Bedarf kann auch eine andere kompaktere Schriftart gewählt werden. In der wiedergegebenen Ausbaustufe können auch Zeilennummern angefordert werden. Im nicht compilierten Quelltext hat man die Möglichkeit, beliebige eigene Wünsche zu realisieren.

Als "Endemarke" wurde nicht eof(sequenzfil) gesetzt, d.h. <CTRL> Z, sondern ganz anschaulich die Zeichenfolge "end." + chr(13), der ordnungsgemäße Abschluß eines Pascal-Textes. Das Programm druckt daher

Kommentare nach "end." nicht mehr aus! (Das ist aber leicht zu ändern: letzte until-Bedingung durch eof ersetzen!) Textlisting druckt demnach einen korrekt nach Satzspiegel beschriebenen Bildschirm exakt aus. Die notwendigen Änderungen zum Brief-Schreib-Programm sind einfach.

Beim Schreiben dieses Programms kam die Idee, für beliebige Texte (wie übrigens den hier stehenden!), die im TURBO-Editor erstellt worden sind, eine kleine Textverarbeitung so weit zu entwickeln, daß dem Leser der weitere Ausbau nicht mehr schwerfallen sollte, wenn ihm das vorliegende Produkt noch zu "bescheiden" erscheint. Das Programm TURBO-TEXT ist schon ziemlich leistungsfähig.

Bei seiner Benutzung kann man Texte auf zweierlei Art erstellen:

Entweder schreibt man im TURBO-Editor Texte ungefähr auf eine Zeilenlänge (60 bis 90 Zeichen), jeweils mit <RETURN> am Ende, ohne Trennzeichen bei den Wörtern. TURBOTEXT eliminiert diese CR+LF und puffert den geschriebenen Text so, daß beim Ausdrucken jeweils eine Zeile vorgegebener Länge optimal genutzt wird, und dies auf Wunsch links- oder rechtsbündig, mittig oder mit Randausgleich.

Absätze werden durch zwei unmittelbar aufeinander folgende <RETURN> erkannt und automatisch gebildet, der Seitenvorschub kann nach einer gewünschten Anzahl von Zeilen angefordert werden.

Dies gilt auch für die andere mögliche Texterstellung: Weiß man von Anfang an, wieviele Zeichen pro Zeile maximal gewünscht sind (in unserem Satzspiegel sind es genau 66), so schreibt man mit Seitenblick auf die Editor Kopfzeile und bricht spätestens an der Position z.B. 67 (!) mit <RETURN> ab, wobei zuvor das Trennzeichen "-" nach den Trennungsregeln eingesetzt werden kann. - Nach kurzer Übung klappt das ausgezeichnet, die ausgedruckten Texte erscheinen profihaft elegant. (Teile dieses Buchs wurden damit geschrieben.)

Für den Fall linksbündiger Schreibweise versteht TURBOTEXT das Zeichen "!" am Beginn einer neuen Zeile (also nach <RETURN>) als Befehl zum Einrücken um fünf Positionen:

     Dies ist ein Anwendungsbeispiel,

im Original also vorne mit "!" geschrieben. Weitere Befehle sind nach diesem Muster als Optionen zur Formatierung leicht hinzuzufügen.

Im Gegensatz zum Programm PROGLISTING wird jetzt nicht jede Zeile für sich in den Puffer geschrieben, sondern es werden ca. zwei Zeilen eingelesen; danach wird der Puffer zerlegt, wobei chr(13) zum "Angelpunkt" wird:

Folgt zwei Zeichen später ein "!", so wird Einrücken verlangt; folgt hingegen nach zwei Zeichen erneut chr(13), so steht ein Absatz bevor. In diesen beiden Fällen wird, sofern die gefundene Position nicht "zu weit hinten" ist, der vordere Teil des Puffers als Anfang an die Prozedur SCHREIBEN übergeben.

Die gewöhnliche Abfolge von chr(13)+chr(10) wird hingegen lediglich als Editor-bedingtes CR/LF interpretiert: Diese Zeichenfolge wird gelöscht und durch ein Blank ' ' ersetzt, das übliche Trennzeichen zwischen Wörtern. Von dem solchermaßen "bereinigten" Puffer wird als Anfang ein String "anfang" maximaler Länge so abgetrennt, daß er eben noch in eine Zeile paßt. Dies leistet die Prozedur ABTRENNEN. Dieser Teil wird ausgedruckt, der restliche Puffer wird bis zum Ende wieder vollgelesen und so weiter.

Die Prozedur SCHREIBEN ist leicht zu verstehen: Seitenbündigkeit wird durch Längenbestimmung des zu druckenden Strings erzielt, ebenso Mittigkeit. Für Randausgleich werden nach Bestimmung der aktuellen Länge von "anfang" so lange Leerzeichen von vorne nach hinten zwischen die Wörter eingefügt, bis die Differenz aus Länge des Strings und Zeilenlänge aufgebraucht ist.

Das Programm läuft bis eof. Ein verbleibender Rest im Puffer, der dann jedenfalls kürzer als eine vorgesehene Zeile ist, wird notfalls nachgedruckt. Es mag hie und da noch überraschende Reaktionen des Programms geben, aber insgesamt ist die Lösung für einfachere Textvorhaben ausreichend und zumindest papiersparend sowie "trendbewußt". - Außerdem ist TURBOTEXT sehr preiswert ... Im Abschnitt 1.8 werden wir noch besser!

Auf Programmebene (d.h. von TURBO aus) lassen sich Dateien auf einer Diskette auch löschen oder umbenennen. Man muß also nicht zur Betriebssystemebene "aufsteigen". Angenommen, eine Datei heißt (physikalisch, d.h. auf Diskette) 'LAUFEN.PAS'. Das Programm

```
PROGRAM dateiumtaufen;
VAR  disksatz : text;
BEGIN
  assign(disksatz, 'LAUFEN.PAS');
  rename(disksatz, 'RENNEN.PAS')
END.
```

ändert den Namen in 'RENNEN.PAS' ab. Ist 'LAUFEN.PAS' nicht vorhanden, so kommt eine Fehlermeldung, weil assign die Zuordnung nicht herstellen kann. Logisch, daß der neue Name auf der Diskette nicht schon vorkommen sollte. Sonst hat man zwei Files mit gleichem Namen. - Ein kleines Frageprogramm in dieser Hinsicht findet sich im TURBO-Handbuch. Das folgende Programm löscht ein File aus der Directory, sofern vorher existent:

```
PROGRAM dateiloeschen;
VAR name     : string[12];
    disksatz : text;
BEGIN
  write('Zu loeschendes File ... '); readln(name);
  assign(disksatz, name);
  erase(disksatz)
END.
```

Beim Verändern des Namens kann der Filetyp gewechselt werden, also vorher / nachher anders sein oder auch fehlen. Wildcards "*" jedoch sind nicht möglich, d.h. es kann immer nur ein einziges File auf der Diskette angesprochen werden. - Sicherheitshalber kann man in beiden Programmentwürfen eine I/O-Routine einbauen, wie sie schon im Programm INHALTSVERZEICHNIS vorgesehen ist.

```
PROGRAM proglisting;
(* -------nach TEUBNER-Norm bis Anschlag 66 oben rechts------> *)
(*$U+*)                                        (* wahlweise Abbruch *)
VAR   antw, lett, lieszeichen : char;
          lang, page, zeile, i : integer;
                         name : string[15];
                       puffer : string[100];
                    sequenzfil : text;
BEGIN
clrscr;
writeln('Dieses Programm listet ein DISK-FILE vom Typ *.PAS');
writeln('mit oder ohne Zeilennummern auf dem Drucker aus.');
writeln('Drucker einschalten ...!');
writeln('*****************************12345678.');
write('Name des Files ohne (!) .PAS : '); readln(name);
writeln; write('Mit Zeilennummern (Y/N) ? .... '); readln(antw);
writeln; write('Schrift ELITE 12CPI (Y/N) ? .. '); readln(lett);
writeln; write('Erste Seitennummer ........... '); readln(page);
writeln; write('Wieviele Zeilen/Seite? ....... '); readln(lang);
name := name + '.PAS'; antw := upcase(antw); lett := upcase(lett);
zeile := 1;
(* Randsteller auf 5; Schrift Elite/Pica fuer BINDER/ITOH 8510  *)
write(lst, chr(27) + chr(76) + chr(48) + chr(48) + chr(48 + 5));
IF lett =  'Y' THEN write(lst, chr(27) + chr(69))
                    ELSE write(lst, chr(27) + chr(78));
 assign(sequenzfil, name);                  (* Programm zuordnen *)
 reset(sequenzfil);                         (*    falls vorhanden *)
                   (* RUNTIME ERROR verhindern mit I/O-routine *)
REPEAT                                      (* Oberkante Seite *)
writeln(lst); writeln(lst); writeln(lst);
writeln(lst, '                            ', page);
writeln(lst); writeln(lst);

   REPEAT
      IF antw = 'Y' THEN write(lst, zeile:3, '#  ');
      puffer := '';
      REPEAT
         read(sequenzfil, lieszeichen);
         puffer := puffer + lieszeichen
      UNTIL lieszeichen = chr(13);             (* chr(13) = CR *)
                            (* also Wagenruecklauf ohne LF *)
      write(lst, puffer);                   (* Zeilenausgabe *)
      IF zeile MOD lang = 1                 (* Programmtitel *)
         THEN BEGIN
                FOR i:= 1 TO 58 - length(name) DO write(lst, ' ');
                IF antw <> 'Y' THEN write(lst, '       ');
                writeln(lst, '/', name, '/')
              END ELSE writeln(lst);        (* Zeilenvorschub *)
      zeile := zeile + 1;
      read(sequenzfil, lieszeichen)  (* chr(10) = LF ueberlesen *)
   UNTIL (zeile MOD lang = 1) OR (puffer = 'end.' + chr(13));

IF puffer <> 'end.' + chr(13) THEN write(lst, chr(12));
page := page + 1;                          (* neue Seite am Drucker *)

UNTIL puffer = 'end.' + chr(13);      (* Endemarke des .PAS FILE *)
close (sequenzfil)
END.
```

```
PROGRAM turbotext;

          (* TURBO-editor als Textsystem zum Briefschreiben etc. *)
(*$U+*)   (* <wahlweise *) (* TEXT als Workfile *.TXT generieren *)
                   (* Druckerbefehle beziehen sich auf BINDER/ITOH *)
                                      (* siehe auch Abschnitt 1.6 *)

VAR page, zeil, rand, buch : integer;
  sart, bund, zeichen, ant : char;
                    name : string[12];
         puffer, anfang : string[200];
             sequenzfil : text;                 (* Standard-FILE *)
         zv, p, i, k, z : integer;           (* diverse Zaehler *)

PROCEDURE abtrennen;
BEGIN

REPEAT                                          (* CR/LF loeschen *)
   delete(puffer, p, 2);
   insert(chr(32), puffer, p);
  p := pos(chr(13), puffer)
UNTIL (p = 0) OR (p > buch );
                                        (* Wortende ' ' suchen *)
                          k := length(puffer);

IF k > buch THEN BEGIN
             i := buch + 2;
             REPEAT
               i := i -1
             UNTIL copy(puffer, i, 1) = chr(32);
             anfang := copy(puffer, 1, i-1);
             puffer := copy(puffer, i+1, k - i + 1)
             END
             ELSE
             BEGIN
             anfang := puffer; puffer := ''
             END
END;                                          (*  abtrennen *)

PROCEDURE schreiben;

BEGIN
k := length(anfang);
IF copy(anfang, 1, 1) = '!' THEN BEGIN
                          anfang := copy(anfang, 2,k-1);
(* einruecken mit !... *)  writeln(lst, '       ', anfang)
                          END
                          ELSE
                          BEGIN

     CASE bund OF
```

```
'A': BEGIN                                        (* Randausgleich *)
     IF (k < buch) AND (k > buch - 9) THEN BEGIN
     i := buch - k;
     REPEAT
       p := pos(' ', anfang);
       write(lst, copy(anfang, 1, p), ' ');
       k := k - p; i := i - 1;
       anfang := copy(anfang, p+1, k)
     UNTIL i = 0
                                        END;   (* OF IF *)
     writeln(lst, anfang)
     END;

'L': BEGIN                                        (* linksbuendig *)
     writeln(lst, anfang)
     END;

'R': BEGIN                                        (* rechtsbuendig *)
     FOR i := 1 TO buch - k DO write(lst, ' ');
     writeln(lst, anfang)
     END;

'M': BEGIN                                        (* mittig *)
     FOR i := 1 TO trunc((buch - k)/2) DO write(lst, ' ');
     writeln(lst, anfang)
     END

END (* OF CASE *)
                             END   (* OF ELSE *)
END;

BEGIN (* ------------------------------------ Hauptprogramm Menu *)

REPEAT  clrscr;

write('Dieses Programm arbeitet als kleines Textsystem mit ');
writeln('Texten, die im TURBO-Editor');
writeln('als Files *.TXT geschrieben worden sind.'); writeln;
writeln('----------------------------------------12345678');
write('Name des Files ohne .TXT (!) ............: '); readln(name);
writeln('Formatierung:');
write('Erste Seitennummer p (p=0, kein Druck) .: '); readln(page);
write('Zeilenzahl pro Seite ...................: '); readln(zeil);
write('Zeichen pro Zeile ......................: '); readln(buch);
write('Schriftart ELITE 12 CPI (Y/N) ..........: '); readln(sart);
writeln;
writeln('Randausgleich (A) oder ...');
write('(L)inks-, (R)echtsbuendig, (M)ittig ..... '); readln(bund);
write('linker freier Papierrand 0 - 9 ..........: '); readln(rand);
writeln; write('Uebernahme okay (Y/N) .....: '); read (kbd, ant);
ant := upcase(ant);
UNTIL ant = 'Y';

name := name + '.TXT'; sart := upcase(sart); bund := upcase(bund);

                    (* Druckerrand und Schriftart einstellen *)
write(lst, chr(27) +chr(76) +chr(48) + chr(48)+ chr(48 + rand));
IF sart = 'Y' THEN write(lst, chr(27) + chr(69))
          ELSE write(lst, chr(27) + chr(78));
```

```
assign(sequenzfil, name);                    (* name.txt muss existieren *)
reset(sequenzfil);

puffer := ''; k := 0;                             (* Zeichenzaehler *)

REPEAT              (* Eroeffnung mit erster Text-Seite: Oberkante *)

   FOR i := 1 TO 3 DO writeln(lst);
   IF page = 0 THEN FOR i := 1 TO 3 DO writeln(lst)
              ELSE BEGIN
                   FOR i := 1 TO trunc(buch/2) DO write(lst, ' ');
                   writeln(lst, page);
                   writeln(lst); writeln(lst)
                    END;
   IF page > 0 THEN page := page + 1;


   z := 0;                                        (* Zeilenzaehler *)
   REPEAT                                            (* neue Zeile *)
   k := length(puffer); zv := 0;               (* zv: Absatzmarke *)
   REPEAT          (* lesen von mehr als einer Zeile unbearbeitet *)
       read(sequenzfil, zeichen);
       puffer := puffer + zeichen;
       k := k + 1
   UNTIL (k = 2*buch - 10) OR eof(sequenzfil);

   p := pos(chr(13), puffer);                    (* CR, es folgt LF *)
   IF (p <= buch) AND (copy(puffer, p+2, 1) = '!')
                   THEN BEGIN
   (* Spiegel *)    anfang := copy(puffer, 1, p-1);
                    puffer := copy(puffer, p+2, k-p-1);
                    zv := 2
                        END;
   IF (p <= buch+1) AND (copy(puffer, p+2, 1) = chr(13))
                   THEN BEGIN
                    anfang := copy(puffer, 1, p-1);
   (* Absatz *)     puffer := copy(puffer, p+4, k-p-3);
                    zv := 1
                        END;

IF zv = 0 THEN abtrennen;
schreiben;

IF zv = 1 THEN writeln(lst);                              (* Absatz *)
IF zv = 2 THEN zv := 0;
z := z + 1 + zv                                    (* Zeilenzaehler *)

UNTIL (z >= zeil) OR eof(sequenzfil);               (* neue Seite *)

                          (* Uebertragungsrest Puffer ausgeben *)
IF eof(sequenzfil) AND (puffer <> '') THEN BEGIN
                                      anfang := puffer;
                                      schreiben
                                      END;
write(lst, chr(12))                             (* Signal neue Seite *)
UNTIL eof(sequenzfil);
close(sequenzfil)

END.
```

1.6 Sortieren von Daten in Feldern

Zu den "Grundaufgaben" jeder Dateiverwaltung gehört das Sortieren in Dateien nach irgendeinem Sortierkriterium, beispielsweise nach dem Alphabet. Im Programm INHALTSVERZEICHNIS fand sich eine erste noch sehr einfache Realisierung. Wir werden uns in diesem Abschnitt ausschließlich mit Sortierverfahren befassen, bei denen die Daten im Arbeitsspeicher in einem Feld stehen. Dieses kann entweder erst erzeugt oder von einer Diskette eingelesen werden. In diesem Feld wird sortiert.

Zum Sortieren in Feldern (ARRAYS) sind viele Algorithmen entwickelt worden, die sich schematisch etwa folgendermaßen einteilen lassen:

Das Sortieren im Feld geschieht grundsätzlich durch systematische Austauschprozesse. Dabei legt man aus Gründen der Speicherplatzökonomie Wert darauf, keinen zusätzlichen Speicherplatz zu benötigen. Allerdings leidet die Schnelligkeit darunter, wie man anschaulich leicht einsieht: Es dauert länger, eine Kartei in ihrem "eigenen" Kasten durch Vergleichen, Umstecken und Verschieben zu sortieren, als die Kartei in einem anfangs leeren Kasten nach und nach durch einzelnes Einstecken von Karten aus der unsortierten Kartei aufzubauen. Ein Programm also, das ein unsortiertes Feld nach und nach leert und dabei ein neues sortiert aufbaut, ist von Haus aus schneller, aber in der Praxis für größere Dateien nicht realisierbar. In den nachfolgenden Beispielen werden wir diese Idee deswegen nicht weiter verfolgen, sondern uns nur Sortieralgorithmen zuwenden, die mit einem einzigen Feld auskommen.

Wesentlich effektiver und bei großen Dateien gerne eingesetzt werden Verfahren, die mit Hilfe von "Abbildungen", Indizierungen, die Ordnung herstellen, das eigentliche File aber in Wahrheit unsortiert lassen. Über diesen Index wird dann der interessierende Satz gesucht. Dieses Verfahren wird im Kapitel 2 ausführlicher beschrieben. - Gegen Ende des Abschnitts kommen wir auf ein recht leistungsfähiges Suchverfahren in sortierten Dateien zurück. Doch zunächst der Vollständigkeit halber ein bekannter, für kleinere Listen ganz brauchbarer Algorithmus:

Im Programm BUBBLESORT wird beispielhaft auf eine mit dem Programm ZUFALL aus 1.3 erzeugte Datei Bezug genommen. Dort wie hier kann man c (= 400) weit größer ansetzen, doch reicht für unsere Zwecke der vorgeschlagene Konstantenwert aus. Sind Datei und Programm auf verschiedenen Disketten, so schreibt man in BUBBLESORT etwa

        assign(listefil, 'B:disktext');

Auch unter CP/M-80 ist das problemlos, weil jedenfalls von B: gelesen werden kann, auch wenn A: das Systemlaufwerk (beim 'Booten') ist. 'worttyp' ist in den beiden Programmen aufeinander abgestimmt. Wer gerne ein paar längere Texte von Hand eingeben und dann sortieren lassen möchte, kann 'worttyp' vorübergehend verlängern oder das Programm INHALTSVERZEICHNIS benutzen. Jenes beginnt mit dem Sortieren bereits beim Aufbau der Datei, und das ist, wenn möglich, in jedem Fall die beste Lösung.

Der Sortieralgorithmus "Bubble" (dies ist das Geräusch beim Aufsteigen von Luftblasen im Wasser, eine Anspielung auf das Weiterrücken von sortar[i] beim "Hochsortieren") ist sehr durchsichtig. Das Feld (= die Datei) wird immer wieder von Anfang an daraufhin durchmustert, ob je zwei aufeinanderfolgende Elemente (Sätze) in falscher Reihenfolge stehen. Wenn ja, werden sie vertauscht. Es ist leicht einzusehen (und exakt beweisbar), daß dieses Verfahren schließlich zu einem Ende führt: Nach dem ersten Felddurchlauf ohne eine einzige Vertauschung (deswegen die BOOLEsche Variable b) ist man fertig. Im Beispiel wird "aufwärts" sortiert, d.h. die "kleinsten" Elemente stehen schließlich ganz vorne, die "größten" ganz hinten. Mit der Zeile

        if sortar[i] < sortar[i+1] then ...

wird entsprechend "abwärts" sortiert. Vorsicht mit "<=" oder ">=" in jener Zeile: Das kann "ewige" Vertauschungen bewirken, d.h. zu einer "toten" Schleife führen!

Das Verfahren funktioniert genauso mit Zahlenfeldern (in Dateien); man ändere nur 'worttyp' z.B. in integer ab. In unserem Beispiel werden Strings sortiert, was in Wahrheit über den ASCII-Code geregelt wird: 'A' ist chr(65), 'B' ist chr(66), also "größer". Das ist alles. Texte mit Sonderzeichen werden logischerweise ebenfalls "lexikographisch" sortiert. Wie, ist dem ASCII-Code zu entnehmen: Ein z.B. mit "#" beginnendes Wort käme ganz an den Anfang der Liste. Läßt man Kleinbuchstaben zu, deren Codierung nach 'Z' = chr(90) mit 'a' = chr(97) beginnt, so erhält man ohne UPCASE-Anweisung wirklichkeitsfremde Sortierergebnisse, es sei denn, alle Wörter sind nach einheitlichem Muster geschrieben, z.B. immer mit einem Großbuchstaben am Anfang. Probleme treten auch mit Umlauten auf, die im (von Haus aus angloamerikanischen) ASCII nicht nach unserem deutschen Verständnis berücksichtigt worden sind. Hierzu kommen in Abschnitt 2.4.4 Lösungsvorschläge. Wir sortieren fürs erste nur mit Großbuchstaben.

Das Zufallsfeld 'disktext' ist statistisch von guter Qualität: Auf- oder Abwärtssortieren dauern mit BUBBLESORT in etwa gleich lang. Gut, daß das Feld abgespeichert ist. Denn würde man es vor jedem Sortieren per Programm erzeugen, so wäre es jedesmal ein anderes, also im Blick auf verschiedene Sortierverfahren nicht mehr "vergleichsfähig".

Im Programm TEMPO nämlich werden zwei verschiedene Verfahren verglichen, "Bubblesort" (als Block über die Diskette verschieben, nicht neu tippen!) und "Stecksort", wie das andere heißen soll. Um nicht jedes Mal neu laden zu müssen, wird 'disktext' auf ein Feld kopiear eingelesen und von dort aus immer wieder auf sortar ungeordnet kopiert, denn sortar ist ja nach jedem Durchlauf sortiert. Das Verfahren Stecksort ist etwa doppelt so schnell wie Bubblesort, aber nicht mehr so durchsichtig:

Nehmen wir an, im Feld liegen vorne (bis i) Elemente bereits sortiert vor, die restlichen sind zufällig angeordnet. Dann nimmt Stecksort das Element i+1 heraus und sieht nach, an welcher Stelle es im vorderen Teil einzustecken wäre. Ist dieser Platz (k) gefunden, so werden die Elemente ab k jeweils um einen Platz nach hinten verschoben (i+1 ist ja frei!) und i+1 (als merk) wird bei k eingetragen. Es ist also ein Vertauschen - im Gegensatz zu Bubblesort - über eine größere Distanz hinweg.

Generell gilt für Sortierverfahren wie Bubblesort oder Stecksort, daß der Zeitbedarf mit dem Quadrat der Listenlänge wächst, also nicht linear zunimmt. Ist das Feld doppelt so lang, so dauert es die vierfache Zeit. Auch wenn man noch schnellere Verfahren als z. B. Stecksort entwickelt: Nur mit Vertauschen und Verschieben sind große Felder in der Praxis allein nicht sortierbar. Dazu braucht man neue Ansätze. Hier

zunächst eine Übersicht mit Zeitangaben, die von Rechner zu Rechner
zwar etwas differieren können, aber die soeben gemachten Behauptungen
erhärten:

Zeitbedarf beim Sortieren (auf APPLE II unter CP/M)

Feldlänge	Bubble	Steck	Quick	
100	8	4	-	
200	32	15	-	
400	128	60	8	(jeweils Sekunden)
....				
4000	200	90	3	(ca. Minuten !)

Im Programm TEMPO ist ein Zähler 'schritte' zum Zählen der Vertauschungen eingebaut. Wie oft wird merk benutzt? Es stellt sich empirisch
heraus (und kann auch bewiesen werden), daß bei der Feldlänge n mit
Bubblesort ungefähr n*n/4 Vergleiche anzustellen sind. Das ist ein qua-
dratisches Zeitgesetz. Das Stecksortverfahren benötigt hingegen ungefähr n Verschiebungen (etwas weniger, warum?); die Anzahl der Vergleiche kann durch andere Plazierung des Zählers gefunden werden.

Das Programm TEMPO enthält noch eine Option 'W', mit der man das
sortierte Feld - am besten für c = 400 - auf Diskette unter dem Namen
SORT400 abspeichern kann. Dieses File wird im letzten Programmbeispiel
dieses Abschnitts eingesetzt.

In der obigen Übersicht ist ein drittes Verfahren "Quick" eingetragen,
das im Programm QUICKSORT vorgestellt wird. Es gibt viele (meist
schwer zu verstehende) "Quicksortalgorithmen"; der Name bezeichnet
kein bestimmtes Verfahren. Unser Programm QUICKSORT beruht auf folgendem Trick:

Eine längere Liste wird mit einer passenden Funktion (grob etwa dem
Logarithmus ihrer Länge n) in mehrere, ca. gleichlange Abschnitte unterteilt. Diese Abschnitte werden jeder für sich sortiert. Jeder Abschnitt beginnt und endet mit Elementen, auf die je ein Zeiger vornar
bzw. hintar weist. Nach dem Sortieren der Teillisten vergleicht man
deren Listenanfänge und gibt den kleinsten aus. Dort wird der Zeiger
vornar um eine Position weitergesetzt. Die neuen Listenanfänge (von
denen sich genau einer verändert hat) werden wieder verglichen und so
weiter. Sind alle Listen geleert, so ist man fertig.

Dieser Algorithmus ist erheblich schwieriger zu programmieren. Das Beispiel zeigt jedenfalls im Prinzip, wie solche Quick-Algorithmen aussehen. Warum ist das Verfahren so viel schneller?

Wenn Bubblesort zu n = 400 Elementen z.B. 128 Sekunden braucht, so
dauert das Sortieren von 4 mal 100 Elementen in l = 4 Teillisten nur 4
mal 8 = 32 Sekunden. Hinzu kommt noch etwas Zeit für die nachfolgende
Vergleichsroutine, aber der gesamte Zeitbedarf ist deutlich geringer.
Für Stecksort gelten analoge Überlegungen; es ist von Haus aus schneller als Bubblesort und deswegen in unserem Quicksortprogramm eingetragen. Es kommt nunmehr darauf an, eine günstige Zerlegung l der Gesamtliste zu finden, was mit dem Logarithmus wie im Beispiel empirisch
realisiert worden ist.

Doch gilt auch für dieses (und andere) Quicksortverfahren, daß deutlich
längere Listen (z.B. ein Mitgliederverzeichnis eines Autoclubs, das auf
Band gespeichert vorliegt) nur noch in einem "Nachtlauf" sortiert wer-

den können, also Stunden dauern. Es sei erwähnt, daß für solche Fälle
natürlich nicht die gesamte Datei in den Speicher kopiert werden kann;
man arbeitet mit Teillisten. Beispielsweise wird die Gesamtliste von
Anfang an in "Paketen" unsortiert gesammelt, etwa nach Anfangsbuch-
staben des Alphabets. Diese Teillisten können u.U. sogar unsortiert auf-
bewahrt werden, da die Suche nach einem bestimmten Adressensatz für
Nachträge oder Änderungen dann in der Teilliste mit einem reinen Suchverfahren bewerkstelligt werden kann.

Zum Abschluß dieses Abschnitts demonstrieren wir noch ein Suchverfahren in sortierten Dateien, das ohne Einlesen in den Speicher, also ohne
Feld auskommt. Als Übungsliste kann das sortierte und auf Diskette ab-
gelegte Feld SORT400 dienen, das mit der Option 'Sortliste nach Disk'
des Programms TEMPO (für den Fall c = 400) erzeugt werden kann.

Uns interessiert, ob ein bestimmtes Element unter den 400 sortierten
vorkommt oder nicht. Man könnte dieses File einlesen und einfach mit
Hilfe eines kleinen Programms vergleichend durchsehen. Zum Einlesen
und visuellen Aussuchen von Test-Elementen für die folgende Idee paßt
das Programm LIESDISK aus 1.3 mit zusätzlichem Ausdruck auf dem
Drucker.

Und dies ist der Grundgedanke der sog. binären Suche: Man sieht in der
Mitte der (sortierten!) Datei nach, ob der gesuchte Satz vor oder hinter
dieser Stelle (oder eventuell genau dort) liegt. Im somit ermittelten
Dateiabschnitt (also entweder weiter vorne oder aber weiter hinten)
wird dieser Schritt wiederholt. Wegen der fortgesetzten Halbierung sind
damit ca. bilog(n) Schritte notwendig, wenn die Dateilänge insgesamt n
ist. Für n = 10 000 sind das rund 14 Schritte, während beim linearen
Durchlesen im Mittel um 5 000 erforderlich sind. Das Programmbeispiel
BINAERSUCHE demonstriert dieses Verfahren und führt gleichzeitig noch
drei weitere TURBO-Standardroutinen vor: FILESIZE, FILEPOS und SEEK,
jeweils mit den erkennbaren Parametern.

Das Verfahren der binären Suche ist nur über den Sortierbegriff anwendbar. Sind z.B. Records aus Namen und Telefonnummern nach Namen
sortiert abgelegt, so kann zu einer Telefonnummer der zugeordnete
Name nicht gefunden werden. Für solche Fälle gibt es dann zwei (oder
mehr) Dateien, eine geordnete Telefonnummernliste und eben die ur-
sprüngliche Namensliste nach dem Alphabet.

```
PROGRAM bubblesort;

CONST         c = 400;
TYPE     worttyp = string[4];          (* sofern disktext-Zugriff, *)
VAR      i, ende : integer;                   (* sonst auch groesser *)
          sortar : ARRAY[1..c] OF worttyp;
            merk : worttyp;
               b : boolean;
         antwort : char;
         listfil : FILE OF worttyp;
BEGIN
clrscr;
writeln('Feldeingabe per Hand ...... H');
writeln(' ... oder von Diskette .... D');

write(' ...................... >  '); readln(antwort);
antwort := upcase(antwort);
IF antwort = 'D'  THEN BEGIN     (* disktext auf sortar einlesen *)
                    clrscr; writeln('Einlesen ...');
                    write('Wieviele Woerter?  '); readln(ende);
                    IF ende > c THEN ende := c;
                    assign(listfil,'disktext');
                    reset(listfil);
                    writeln;
                    writeln('Abschlussmeldung abwarten ...!');
                    FOR i := 1 TO ende DO read(listfil, sortar[i]);
                    close(listfil); writeln('Fertig ... ')
                    END
                  ELSE BEGIN              (* manuelle Eingabe *)
            clrscr;
            writeln('Woerter mit vier Zeichen ...');
            writeln('Eingabe-ENDE .......   ----');
            writeln; i := 0;
            REPEAT
               i := i + 1;
               write('Wort Nr. ', i:4, '  '); readln(sortar[i])
            UNTIL sortar[i] = '----'; ende := i - 1
                    END;
b := false;                                        (* sortieren *)
writeln; write('Starten: Leertaste  .... '); read(kbd, antwort);
writeln(chr(7)); writeln;                           (* Piepton *)
WHILE b = false DO BEGIN
      b := true;
      FOR i := 1 TO ende -1 DO BEGIN
            IF sortar[i] > sortar[i+1] THEN BEGIN
                  merk := sortar[i]; sortar[i] := sortar[i+1];
                  sortar[i+1] := merk;
                  b := false
                                          END
                          END
                  END;
writeln(chr(7));                 (* Ausgabe beginnt mit Piepton *)
clrscr; writeln('Sortiert ...'); writeln;
FOR i := 1 TO ende DO BEGIN
                  write(sortar[i], ' ');
                  IF i MOD 16 = 0 THEN writeln;
                  END          (* fuer kurze Woerter worttyp *)
END.
```

```
PROGRAM tempo;

                                        (* vergleicht Sortierverfahren *)
CONST            c = 400;
TYPE      worttyp = string[4];    (* mit 'real' Zahlen sortieren *)

VAR   i,k,v, ende : integer;
   kopiear, sortar : ARRAY[1..c] OF worttyp;
             merk : worttyp;
          antwort : char;
                b : boolean;
          listefil : FILE OF worttyp;
          schritte : integer;

BEGIN
clrscr;
             (* disktext von Drive A/B ... auf kopiear einlesen *)
         clrscr; writeln('Einlesen ...');
         assign(listefil, 'disktext');          (* oder 'B: ...' *)
         reset(listefil);
         writeln; writeln('Abschlussmeldung abwarten ...!');
         FOR i := 1 TO c DO read(listefil, kopiear[i]);
         close(listefil);

REPEAT                                                    (* Menu *)
clrscr;
writeln('Lesen beendet.');
writeln;
writeln('Sortieren BUBBLESORT ..... B'); writeln;
writeln('Sortieren STECKSORT ...... S'); writeln;
writeln('Ausgabe der Woerter ...... A'); writeln;
writeln('Sortliste nach Disk ...... W'); writeln;
writeln('Programmende ............. E'); writeln;
write('Wahl ....................'); read(kbd, antwort); antwort
:= upcase (antwort);
writeln('    > ', antwort); writeln;

             (* die Option Ausgabe geht vor/nach dem Sortieren *)
      (* aus dem Programm zufall kann blaettern uebernommen werden *)
      (* Sortieren ohne vorheriges Kopieren sortiert sortierte Liste *)

IF (antwort = 'B') OR (antwort = 'S') THEN BEGIN
   write('Wieweit (max. ', c, ') ? .... '); readln(ende)
                                     END;
gotoxy(40,7);
IF antwort <> 'E' THEN write('Bitte  W A R T E N !   ');

CASE antwort OF

'B': BEGIN                                        (* bubblesort *)
                          (* per Blockverschiebung uebernehmen *)

     FOR i := 1 TO c DO sortar[i] := kopiear[i];    (* kopieren *)
     writeln(chr(7)); gotoxy(70,7);                 (* Piepton *)
     schritte := 0;
     b := false;
     WHILE b = false DO BEGIN
           b := true;
```

```
        FOR i := 1 TO ende -1 DO BEGIN
            IF sortar[i] > sortar[i+1] THEN BEGIN
               merk := sortar[i]; sortar[i] := sortar[i+1];
               sortar[i+1] := merk;
               schritte := schritte + 1; b := false
                                              END
                           END (* OF FOR *)
                    END (* OF WHILE *)

   END;

'S': BEGIN                    (* sortieren durch Suchen und Schieben *)

    FOR i := 1 TO c DO sortar[i] := kopiear[i];
    writeln(chr(7)); gotoxy(70,7);
    schritte := 0;
    FOR i:= 1 TO ende -1 DO BEGIN
                  FOR k := 1 TO i DO BEGIN
                  IF sortar[k] > sortar[i+1] THEN BEGIN
                     schritte := schritte + 1;
                     merk := sortar[i+1];
                     FOR v := i+1 DOWNTO k+1 DO
                         sortar[v] := sortar[v-1];
                     sortar[k] := merk
                                              END
                                  END
              END
   END;

'A': BEGIN clrscr;                                    (* Ausgabe *)

    FOR i := 1 TO ende DO BEGIN
                 write(sortar[i], ' ');
                 IF i MOD 16 = 0 THEN writeln
                     END;
    writeln; writeln;
    writeln('Anzahl der Schritte ', schritte);
    write('Weiter (Leertaste) .. '); read(kbd, antwort);

   END;

'W': BEGIN               (* sortiertes Feld auf Disk schreiben *)

    clrscr; writeln('Bitte warten ... ');
    assign(listefil, 'SORT400');
    rewrite(listefil);
    FOR i := 1 TO ende DO write(listefil, sortar[i]);
    close(listefil)

   END

   END; (* OF CASE *)

writeln(chr(7));                               (* Piepton *)

UNTIL antwort = 'E'; clrscr                     (* Menuende *)

END.
```

```
PROGRAM quicksort;

                                    (* sortiert durch Listentrennung *)
CONST           c = 400;
TYPE            worttyp = string[4];

VAR  i,k,v,r,l, ende : integer;
     kopiear, sortar : ARRAY[1..c] OF worttyp;
      vornar, hintar : ARRAY[0..20] OF integer; (* Listenzeiger *)
                merk : worttyp;
             antwort : char;
            listefil : FILE OF worttyp;

BEGIN clrscr;
                            (* disktext auf kopiear einlesen *)
            clrscr; writeln('Einlesen ...');
            assign(listefil, 'disktext');
            reset(listefil);
            writeln; write('Abschlussmeldung abwarten ...!   ');
            FOR i := 1 TO c DO read(listefil, kopiear[i]);
            close(listefil);

REPEAT
clrscr;
writeln('VOR jedem Sortieren KOPIEREN!');
writeln('=============================='); writeln;
writeln('Kopieren .............................. K'); writeln;
writeln('Sortieren QUICKSORT .................... S'); writeln;
writeln('Ausgabe der Zwischenliste .............. Z'); writeln;
writeln('Ausgabe der Endliste (nur einmal) ...... L'); writeln;
writeln('Programmende .......................... E'); writeln;
write('Wahl ..................................');

read(kbd, antwort); antwort := upcase(antwort);
writeln ('    > ', antwort); writeln;

IF antwort = 'S' THEN BEGIN
   write('Wieweit (max. ', c, ') ? ........... '); readln(ende);
   IF ende > c THEN ende := c
                END;
writeln(chr(7)); gotoxy(60,6); write('Bitte  W A R T E N !');

CASE antwort OF

'K': BEGIN                                       (* kopieren *)
     FOR i := 1 TO c DO sortar[i] := kopiear[i]
     END;

'S': BEGIN                   (* Liste trennen und Zeiger setzen *)
     l := trunc(ln(ende) + ende/50);            (* log-Funktion *)
     FOR r := 0 TO l - 1 DO BEGIN
                    vornar[r] := trunc(r*ende/l) + 1;
                    hintar[r] := trunc((r+1)*ende/l);
                (* auf Teillisten vornar ---> hintar sortieren *)
     FOR i := vornar[r] TO hintar[r] - 1 DO BEGIN
           FOR k := vornar[r] TO i DO BEGIN
              IF sortar[k] > sortar[i+1] THEN BEGIN
                 merk := sortar[i+1];
```

```
                    FOR v := i+1 DOWNTO k+1 DO sortar[v] := sortar[v-1];
                         sortar[k] := merk
                                                        END
                                  END
                               END
                                  (* Sortieren Ende *)
                     END; (* OF r *)
          END;

  'Z': BEGIN clrscr;                                    (* Ausgabe *)
       writeln('Teilsortierte Liste ...'); writeln;
       FOR i := 1 TO ende DO BEGIN
                 FOR r := 0 TO 1-1 DO
                 IF vornar[r] = i THEN BEGIN writeln; writeln END;
                 write(sortar[i], ' ')
                          END;
       writeln;writeln;
       write('Weiter (Leertaste) ... '); read(kbd, antwort);
       END;

  'L': BEGIN clrscr;           (* aus Teillisten sortiert ausgeben *)
       clrscr;          (* dabei Listenanfaenge vornar hochsetzen *)
       writeln('Ausgabe der sortierten Gesamtliste:');
       writeln; r := 0;

       WHILE r < 1 DO BEGIN
            merk := sortar[vornar[r]]; i := r;
            FOR v := r TO 1-i DO BEGIN
                IF(hintar[v] >= vornar[v]) AND
                  (sortar[vornar[v]] < merk) THEN BEGIN
                                       merk := sortar[vornar[v]];
                                       i := v
                                                END
                      END;
                      write(merk ,' ');
                      vornar[i] := vornar[i]+1;
               r := 0;                                  (* OF FOR *)
               WHILE vornar[r] > hintar[r] DO r := r+1;
               END;                                     (* OF WHILE *)
       writeln;
       writeln; write('Weiter (Leertaste) ... '); read(kbd, antwort)
       END

       END; (* OF CASE *)

writeln(chr(7))                                         (* Piepton *)

UNTIL antwort = 'E'

END.
```

```
PROGRAM binaersuche;
(*$U+*)
                                        (* demonstriert ein Suchverfahren *)
                                        (* in sortierten Diskettenfiles *)

TYPE worttyp                     = string[4];
VAR lage, laenge, vorne, hinten : integer;
                    name, ein : worttyp;
                        liste : FILE OF worttyp;
                            i : integer;
                      antwort : char;
BEGIN
clrscr;
writeln('Binaersuche im File SORT400 ...');
writeln;
assign(liste, 'SORT400');                        (* oder 'B:SORT400' *)
reset(liste);
laenge := filesize(liste);
writeln('Laenge des Files ... ', laenge);
writeln;
write('Dies sind ein paar Saetze des Files ... ');
FOR i := 1 TO 7 DO BEGIN
                seek(liste, random(laenge));
                read(liste, ein);
                write(ein, ' ')
                END;
                                (* beachte: filepos(1. komp.) = 0 *)
REPEAT                          (* d.h. lage = 0...399 bei laenge = 400 *)
    writeln;
    gotoxy(1, 8); clreol; writeln; clreol; writeln;
    gotoxy(1, 8); write('Gesuchter String[4] ... '); read(name);
    vorne := 0; hinten := laenge - 1;

    REPEAT
        lage := round((vorne + hinten)/2);
        IF (lage > -1) AND (lage < laenge) THEN BEGIN
        seek(liste, lage);
        read(liste, ein)
                                                    END;
        IF name > ein THEN BEGIN
                        vorne := lage + 1;
                        END;
        IF name < ein THEN BEGIN
                        hinten := lage - 1;
                        END
    UNTIL (vorne > hinten) OR (name = ein) ;

IF ein = name THEN
                writeln(' steht auf Position ', filepos(liste), '.')
                ELSE
                writeln(' kommt nicht vor.');
    writeln;
    write('Leertaste oder - (fuer ENDE) ... '); read(kbd, antwort)

UNTIL antwort = '-';
close(liste);
END.
```

1.7 Directory in TURBO-Pascal-Programmen

In sehr vielen Anwenderprogrammen (auch in SUPERTEXT im nächsten Abschnitt) werden Disketten-Dateien erzeugt und wieder gelesen. Haben
sich im Lauf der Zeit viele Dateien auf einer Diskette angesammelt,
kann sich der Benutzer oft nicht mehr erinnern, welche Dateinamen er
bereits vergeben hat, bzw. wie die gerade benötigte Datei exakt heißt.

Professionelle Programme (wie z.B. WORDSTAR oder auch der TURBO-Editor) bieten deshalb die Möglichkeit, sich im Programm das Inhaltsverzeichnis (Directory) einer Diskette anzeigen zu lassen, ohne auf die
Betriebssystemebene zurückkehren zu müssen. Auch für viele unserer
selbst geschriebenen TURBO-Programme ist eine solche Möglichkeit wünschenswert.

Leider besitzt TURBO-Pascal keinen einfachen Befehl, der etwas Ähnli-
ches wie der "DIR"-Befehl von MS/PC-DOS oder CP/M bewirkt. Um das
Inhaltsverzeichnis einer Diskette auf den Bildschirm zu bringen, muß
man auf spezielle, betriebssystemnahe Funktionen von TURBO wie "BDOS"
(CP/M) oder "MSDOS" (MS-DOS) zurückgreifen. Leider steht nicht im
Handbuch zu TURBO-Pascal (und meist auch nicht im Betriebssystem-
Handbuch) welche Funktionsnummern für das Inhaltsverzeichnis zutref-
fen. Man muß spezielle Betriebssystem-Dokumentationen heranziehen. Und
auch dann weiß man noch immer nicht, welche Datenpuffer man einrichten, und welche Registerinhalte man retten muß. Um Ihnen all diese
Probleme zu ersparen, sind am Ende dieses Kapitels die entsprechenden
Prozeduren für CP/M und MS-DOS als Beispiel aufgeführt. Diese Prozeduren können Sie, eventuell auch in modifizierter Form, in Ihre Programme einbauen. Wenn Sie die Beispiele für Ihr Betriebssystem durch-
arbeiten, werden Sie die grundlegenden Erkenntnisse für andere Systemaufrufe gewinnen.

Bei MS/PC-DOS gibt es noch eine sehr einfache Methode, die Directory
verfügbar zu haben, und dies ohne Systemaufrufe. Man muß dabei nur
dafür sorgen, daß das Disketten-Inhaltsverzeichnis in einer Datei steht.
Um diese Datei zu erzeugen, benutzen wir die Fähigkeiten des Betriebssystems, Bildschirmausgaben in eine Datei umzulenken. Von unserem
TURBO-Programm aus können wir dann die Directory-Datei als normale
Datei einlesen und auswerten. Auch wenn unser Anwenderprogramm neue
Dateien erzeugt, können wir durch geeignete Programmierung das Disketten-Inhaltsverzeichnis auf dem neuesten Stand halten.

Beim manuellen Erstellen einer Directory-Datei geht man folgendermaßen
vor:

- Zunächst gibt man von der Betriebssystem-Ebene den Befehl DIR ein,
  lenkt aber die Ausgabe vom Bildschirm auf eine Datei (z.B. CAT.DIR)
  um:

      DIR >Cat.DIR

- Dann ruft man TURBO auf und startet sein Programm, das nun auf die
  Directory-Datei CAT.DIR zugreifen und deren Einträge auswerten kann.
  Dies funktioniert auch, wenn das TURBO-Programm in compilierter
  Form als *.COM-File vorliegt.

Diesen manuellen Vorgang kann man mit Hilfe einer sog. BATCH-Datei
automatisieren. Dazu ein Beispiel:

Wir wollen ein TURBO-Programm (Name: CAT.PAS) schreiben und compilieren, das ein Inhaltsverzeichnis des aktuellen Laufwerks auf dem Bildschirm ausgibt. Damit wir noch ein wenig Stringverarbeitung üben, wollen wir die Ausgabe verändern: der übliche Directory-Vorspann, der
Nachspann mit der Angabe der Disketten-Kapazität und die Datums- und
die Zeitangabe sollen wegfallen. Nach dem Compilieren hat das Programm den Namen CAT.COM.

Unsere BATCH-Datei, die wir ebenfalls mit dem TURBO-Editor erstellen,
(Name: CATALOG.BAT) enthält folgende Systembefehle:

```
DIR >CAT.DIR
CAT
```

Die erste Zeile erzeugt wie bei der Handeingabe die Directory-Datei,
während die zweite unser TURBO-Programm CAT.COM startet. Nach Eingabe von CATALOG (Aufruf der BATCH-Datei von der Betriebssystem-
Ebene aus) läuft unsere Programmfolge ab. Nun das Listing unseres kurzen Beispielprogramms CAT.PAS:

```
PROGRAM cat;

VAR datei:text;
    eingabebuffer : string[80];
    ausgabebuffer : string[12];
    i             : byte;

BEGIN
  clrscr;
  writeln('Inhaltsverzeichnis: ');
  writeln;
  assign(datei,'cat.dir');
  reset(datei);
  FOR i := 1 TO 4 DO                     (* Vorspann ausblenden    *)
  readln(datei,eingabebuffer);

  WHILE NOT eof(datei) DO
    BEGIN
      readln(datei,eingabebuffer);
      ausgabebuffer := copy(eingabebuffer,1,12);
                                    (* Nur 12 Zeichen nehmen *)
      IF (ausgabebuffer[1] <> '.') AND    (* nur gueltige Namen *)
         (ausgabebuffer[1] <> ' ') THEN (* Nachspann ausblenden *)
         writeln(ausgabebuffer);                       (* ausgeben *)
    END;

  close(datei);
  writeln;
  writeln('Ende des Inhaltsverzeichnisses ');
END.
```

Einige Dinge sind hierbei noch zu beachten:

- die BATCH-Datei und die COM-Datei dürfen nicht denselben Namen
  tragen, da beide Dateiarten ohne Angabe der Erweiterung .BAT bzw.
  .COM gestartet werden. Somit wäre keine Unterscheidung möglich.

- BATCH-Datei und COM-Datei müssen sich in der Directory befinden,
  die wir anzeigen wollen.

Falls wir das Inhaltsverzeichnis eines beliebigen Laufwerks und eines
beliebigen Unterverzeichnisses ausgeben wollen, können wir dies durch
Verändern der BATCH-Datei CATALOG.BAT erreichen. Wir schreiben dann:

```
DIR %1 >CAT.DIR
CAT
```

Statt des Parameters %1 wird nun vom DOS der zweite Eingabestring
eingesetzt (siehe MS/PC-DOS-Handbuch, "Stapelverarbeitung mit aus-
tauschbaren Parametern"). Wünschen wir z.B. das Inhaltsverzeichnis von
Laufwerk B, Unterverzeichnis "TESTS", so müssen wir eingeben:

```
CATALOG B:\TESTS
```

und die gesamte Programmfolge startet wieder, diesmal wird aber das
Unterverzeichnis B:\TESTS in die Directory-Datei kopiert.

Gerade für jemanden, der sich nicht so gut mit Registern, Systemaufru-
fen, Puffern usw. auskennt, ist die eben geschilderte Methode leichter
zu handhaben als diejenige, die sich der Systemaufrufe bedient. Das
Betriebssystem bereitet ja die Directory-Datei für einen Zugriff aus
TURBO-Pascal-Programmen heraus "mundgerecht" auf.

Nun folgen die Listings für die Prozeduren, die das Inhaltsverzeichnis
über Systemaufrufe holen. Bei CP/M haben wir die Prozedur "DIREC-
TORY" genannt, bei PC/MS-DOS heißt sie "CATALOG".

Die Handhabung von "DIRECTORY" in einem Anwenderprogramm ist im
Programm SUPERTEXT im Abschnitt 1.8 gezeigt. "CATALOG" ist in ein
kurzes Beispielprogramm CATTEST eingebettet, damit Sie erkennen, wie
es aufgerufen wird.

```
PROCEDURE directory;                                    (* unter CP/M *)

TYPE inhaltrec = RECORD
                    nummer  : integer;
                    dateiar : ARRAY[1..50] OF string[12]
                    END;

VAR diska, diskb : inhaltrec;
          durch : integer;

PROCEDURE dir (drive : char; VAR disk : inhaltrec);

VAR  eintrag : integer;
       fcbar : ARRAY[0..12] OF char ABSOLUTE $005C;
         puf : string[128];
                                    (* fcb = FILE CONTROL BLOCK *)

BEGIN
fcbar := #0'???????????'#0;
IF drive IN ['A'..'B']                 (* oder weitere Laufwerke *)
        THEN fcbar[0] := char(byte(drive) - $40)
        ELSE IF drive IN ['a'..'b']
                    THEN fcbar[0] := char(byte(drive) - $60)
                    ELSE fcbar[0] := #0;

bdos(26, addr(puf) + 1);                     (* bdos-Funktionen: *)
eintrag := bdos(17, addr(fcbar));       (* siehe CP/M - Handbuch *)
mem[addr(puf)]   := 128;
disk.nummer := 0;
WHILE eintrag < 255 DO

BEGIN
  disk.nummer :=  disk.nummer + 1;
  disk.dateiar[disk.nummer] :=
  concat(copy(puf, 2+32*eintrag, 8), copy(puf, 10+32*eintrag, 3));
  eintrag := bdos(18)
  END

END; (* OF PROCEDURE DIR *)

BEGIN                                  (* Hauptprozedur, fuer B: analog *)
clrscr;
dir('a', diska);
writeln('--> Drive A: ', diska.nummer : 3, ' Files  <--');

FOR durch := 1 TO diska.nummer DO BEGIN
    write(copy(diska.dateiar[durch],1,8), '.');
    write(copy(diska.dateiar[durch],9,3), '   ');
    IF durch MOD 5 = 0 THEN writeln
                            END
      (* zwischenspeicherung macht alphabet. sortieren moeglich *)
  END;   (* OF PROCEDURE DIRECTORY *)

(* Anwendung siehe Abschnitt 1.8 *)
```

```
PROGRAM cattest;                        (* unter MS-DOS bzw. PC-DOS *)

TYPE str64 = string[64];          (* muß im HP definiert werden *)
     str10 = string[10];

VAR suchstring : string[64];                    (* Pfadangabe *)


PROCEDURE catalog(VAR pfad:str64);  (* eigentl. Directory-Proz. *)

CONST  attribut = $20;                    (* normale Datei *)

VAR  registerrec : RECORD
                     al,ah :byte;
                     bx,cx,dx,bp,di,si,ds,es,flags : integer;
                   END;

     buffer       : str64;
     name,erw     : string[10];
     ch           : char;

PROCEDURE auswertg(VAR name,erw:str10);
   (* wertet einen in buffer zwischengespeicherten Eintrag aus. *)

VAR i : byte;

BEGIN
  i := 30;
  name := '';
  erw  := '';

  WHILE (buffer[i] <> #0) AND (buffer[i] <> '.') AND (i>13) DO
    BEGIN
      name := name + buffer[i];
      i := i+1;
    END;

  IF buffer[i] = '.' THEN

    BEGIN
      i := i+1;
      WHILE (buffer[i] <> #0) AND (i<43) DO

        BEGIN
          erw := erw + buffer[i];
          i := i+1;
        END;

    END;
END; (* OF PROCEDURE Auswertung *)

BEGIN (* PROCEDURE Catalog *)
  clrscr;
  suchstring := suchstring + '\*.*' + chr(0);
```

```
      WITH registerrec DO               (* Setzen der Pufferadresse *)
      BEGIN                             (* = MS-DOS Funktion 1A      *)

        ah := $1a;
        ds := seg(buffer);
        dx := ofs(buffer);

        msdos(registerrec);
      END;

    WITH registerrec DO                 (* Ersten Eintrag suchen *)
      BEGIN                             (* = MS-DOS-Funktion 4E  *)
        ah := $4e;
        ds := seg(pfad);
        dx := ofs(pfad)+1;
        cx := attribut;
        msdos(registerrec);
          IF al <> 0 THEN               (* AL = 0 : Eintrag gefunden *)
            BEGIN
              writeln('kein Eintrag');
              exit;
            END
            ELSE
              BEGIN
                auswertg(name,erw);
                writeln(name,'.',erw);
              END;
    END;

    WITH registerrec DO                 (* naechsten Eintrag suchen *)
      REPEAT                            (* = MS-DOS-Funktion 4F     *)
        ah := $4f;
        cx := attribut;
        msdos(registerrec);
        auswertg(name,erw);
        writeln(name,'.',erw);
      UNTIL al <> 0;                    (* AL <> 0: kein weiterer *)
    END;                                (* Eintrag vorhanden      *)


  (* Testprogramm --------------------------------------------- *)
  BEGIN
    write('pfad: '); readln(suchstring);
    catalog(suchstring);
  END.
```

1.8 Strukturiertes Programmieren

Die Programmbeispiele der bisherigen Abschnitte brachten bausteinartig verschiedene Algorithmen und Standardroutinen, vor allem jedoch Auswahlmenüs mit unterschiedlichen, nicht in jedem Einzelfall gleichermaßen ausgebauten Merkmalen:

- Eingabesicherheit, d.h. Abfangen typfremder Eingaben,
- Wiederholungsabfrage vor endgültigem Programmstart,
- eindeutige Benutzerführung mit Hinweisen an den Anwender,
- ... und Anzeigen, wenn ein Programm gerade arbeitet ...

Dazu dienten spezielle Schleifenstrukturen, in die u.U. das gesamte Programm, wenigstens aber das Menü eingebunden war. Insbesondere wurden immer wieder benutzt:

- die upcase-Anweisung,
- die Stringverwandlung in Zahlenwerte,
- die gotoxy-Anweisung,
- I/O-Fehlerroutinen,
- und in den Programmen selbst eine weitgehend anschauliche Benennung der Variablen.

Es kann nicht genug betont werden, wie wichtig die Einhaltung solcher "Spielregeln" ist. Selbst eigene Programme können nach einiger Zeit zum "Problemfall" werden, wenn man außer Übung gekommen ist. Eingabesicherheit kann auch bedeuten, daß schon an Ort und Stelle mehr als nur der richtige Typ der Eingabe (d.h. also keine reellen Zahlen, wo ganze verlangt werden usw.) abgefragt wird. Bei Zeichenketten kann man deren Länge überprüfen, bei Zahlen z.B den Wertbereich (Ober- und Untergrenzen, Ausschlußfälle) und fallweise je nach Programm noch mehr.

Bei einer längeren Liste von Eingaben, insbesondere Nachträgen in einem Programm in RUN-TIME, sollte unbedingt eine Wiederholungsmöglichkeit vor endgültiger Übernahme vorgesehen werden. Eine Anzeige der "defaults", mit denen normalerweise gerechnet wird oder beim letzten Durchlauf gearbeitet worden ist, sollte man immer dann erwägen, wenn geringfügige Abweichungen erhebliche Veränderungen in den Ergebnissen bewirken. Oft wäre man später froh, wenn man noch wüßte, mit welchen Werten man soeben gerechnet hat.

Wenn nicht ganz klar ist, welcher Art eine verlangte Eingabe ist, muß dies kommentiert werden, und zwar inhaltlich wie im Hinblick auf den Typ. Empfehlenswert kann es auch sein, daß ein laufendes Programm "Signale" gibt, wenn es arbeitet. Wir sahen schon etliche Studenten auf den Eingabezeitpunkt warten, während umgekehrt der Rechner auf den Studenten wartete ...

An kritischen Stellen können I/O-Fehlerroutinen Abbrüche verhindern. Beispiele haben wir im Zusammenhang mit dem Lesen von Diskfiles gegeben, die es tatächlich gar nicht gibt. Und schließlich sollte auch überlegt werden, wann bei Eingaben <RETURN> eingespart werden kann, also der Einsatz der read(kbd,Variable)-Anweisung mit Variable als String vereinbarter Länge (oder einstelligen Ganzzahlen) möglich ist. - Nicht eingegangen sind wir auf den Einsatz von "Masken", d.h. Bildschirmschemata zum übersichtlichen Eingeben größerer Datenmengen mit vereinbarten Strukturen (meist Records). Das wird ein eigener Abschnitt im folgenden Kapitel.

Die bisher vorgestellten Programme sind im Hinblick auf die Verwirkli-
chung sogenannten "strukturierten" Programmierens von durchaus verschiedener Qualität: Man vergleiche etwa TURBOTEXT oder TEMPO auf
der einen Seite mit INHALTSVERZEICHNIS auf der anderen. Sofern den
Leser irgendwelche Programmierdetails nicht weiter interessieren, ist
das letztgenannte Programm viel leichter lesbar, im Groben von Anfang
an besser verständlich, eben besser "strukturiert". Die Sprachstrukturen
von Pascal kommen guter Strukturierung entgegen; hierfür gibt es auch
eine nützliche Technik der Darstellung, die Struktogramme oder Diagramme nach NASSI-SHNEIDERMAN. Solche Diagramme stellen einen einfachen Programmtyp der oben genannten Art etwa folgendermaßen dar:

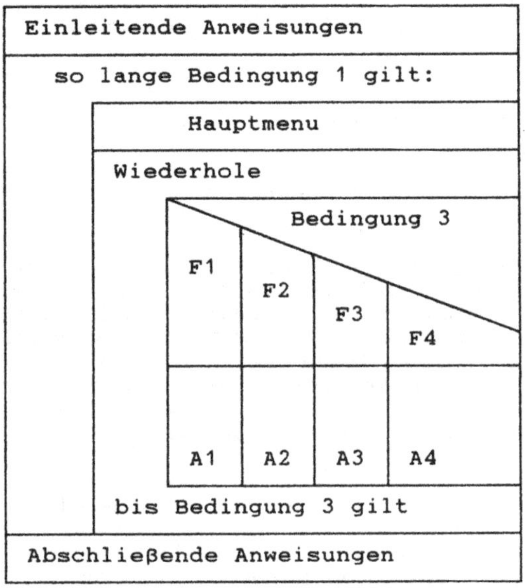

Abb. 1.8.1: Struktogramm
nach NASSI-SHNEIDERMAN

In einer Art "Pseudocode" (formale Entwurfssprache mit Elementen aus
einer natürlichen Sprache) entspricht dieses Diagramm dem

```
Programm Beispiel;
ANFANG (des Programms)
   Einleitende Anweisungen in Reihung;
   Solange Bedingung 1 gilt ...
      Wiederhole ...
      Hauptmenu
      ... bis Bedingung 2 erfüllt;
      Differenziere mit Bedingung 3 die Faelle ...
         F1: Anweisung1; ...
         F4: Anweisung4;
      Ende der Fallunterscheidung;
   Ende von "Solange ... ";
   Abschließende Anweisungen in Reihung;
ENDE (des Programms).
```

Mit etwas Phantasie erkennt man ein Pascal-Programm: Die Anweisungen 1 ... 4 sind für sich wiederum Blöcke mit den bekannten Struktur-
merkmalen, häufig Prozeduren; "Solange ..." ist genau die While-Schlei-

fe, und "Wiederhole ... bis" eine Repeat-Schleife. Als Baustein kommt noch die CASE-Anweisung vor. Im Beispiel fehlt nur die "If ... THEN ... ELSE ..."-Anweisung. Ihr entspricht

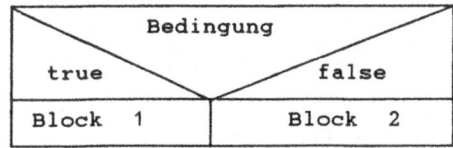

wobei beim Fehlen von ... else Block 2 "leer" ist, d.h. entfällt.

Abschließend stellen wir - sozusagen als Muster - ein Programm her, das mit bereits bekannten Bausteinen erlauben soll, Texte und Programme gemischt und fortlaufend auszudrucken. Es soll die folgenden Eigenschaften (mindestens) haben:

- 66 Zeichen pro Zeile und 59 Zeilen pro Seite,
- eine Schriftart,
- Einrückungen mit "   " bei Linksbündigkeit des Textes und
- Seitenvorschub auf Wunsch (bei angefangener Seite).

Von diesem Programm erwarten wir weiter volle Ausbaufähigkeit, also streng modularen, übersichtlichen Aufbau für Erweiterungen aller Art (z.B. die Möglichkeit, Randausgleich von früher zu übernehmen und dgl.). Mit dem oben eingeführten Pseudocode findet man etwa folgende Grobstruktur:

```
Programm supertext;
Variablenliste;
Diverse Prozeduren;
Anfang
Einleitender Text;
Initialisierungen;
Wiederhole ...
    Wiederhole ...
    entweder  zu jedem neuen File ...
                Menu mit allen Parametern;
                Seitenkopf oder Durchschuß bilden;
    oder aber Text lesen;
                fallweise Seitenkopf bilden;
                Text bearbeiten und schreiben;
                Zeilen zählen;
    ... bis Textende, volle Seite bzw.
                Programmende;
    Neue Seite wenn Seite voll;
    ... bis Programmende;
Ende.
```

Zum Programmieren beginnt man mit dem Hauptprogramm und schreibt für die gewünschten Prozeduren unmittelbar MENU, KOPF, LESEN, SCHREIBEN usw. ein. Dann sammelt man bisher vorkommende Variablen, schreibt die Prozeduren formal als z.B.

```
procedure menu;
begin
end;
```

ein und compiliert das Programm zur Aufdeckung von Strukturfehlern erstmals, obwohl es noch nicht laufen kann, denn die Prozeduren sind einstweilen leer. Beginnend etwa mit dem Eintragen des Menüs wird eine Prozedur nach der anderen formuliert und in Zwischenversuchen compiliert. Mit dieser Vorgehensweise ist das Programm in allen Entwicklungsphasen compilierbar, in seiner Struktur zu allen Zeitpunkten überschaubar und vor allem sehr ökonomisch zu bearbeiten: Beim Codieren der einzelnen Prozeduren kann man sich voll auf den Bildschirmausschnitt konzentrieren, da keinerlei Querverweise (außer dem Namen) vorkommen und die wenigen Variablen mit einprägsamen Namen im Kopf behalten werden können. Hier ist das vorläufige Ergebnis; es sollte dem Leser leichtfallen, durch zusätzliche Bausteine (Module) im Strukturgitter des folgenden Programms jede gewünschte Zusatzoption einzubauen. SUPER-TEXT hat etliche im obigen Erstentwurf nicht genannte Möglichkeiten; insbesondere haben wir die Prozedur DIRECTORY aus Abschnitt 1.7 mitgeliefert, die unter CP/M die Anzeige von Disketteninhalten gestattet, eingeblendet in das Menü. Sie greift nur auf Laufwerk A: zu, kann aber in ihrem Hauptteil ohne weiteres auf B: ausgedehnt werden.

```
PROGRAM supertext;
(*$U+*)
                        (* erlaubt fortlaufendes Drucken von Manuskripten *)

CONST                              c = 66;       (* Zeilenlaenge *)
                                  z = 59;       (* Zeilenanzahl *)
                                  (* auch variabel moeglich *)
VAR       rand, ende, form, npag,
          lauf, ein, bild, zeichen : char;
                      zeile, page : integer;
                            name : string[12];
                          puffer : string[80];          (* > c+4 *)
                      sequenzfil : text;
                        einstieg : boolean;
                         antwort : char;

PROCEDURE directory;                              (* unter CP/M *)

TYPE inhaltrec = RECORD
              nummer  : integer;
              dateiar : ARRAY[1..50] OF string[12]
              END;

VAR diska, diskb : inhaltrec;
        durch : integer;

PROCEDURE dir (drive : char; VAR disk : inhaltrec);

VAR  eintrag : integer;
     fcbar : ARRAY[0..12] OF char ABSOLUTE $005C;
       puf : string[128];
                        (* fcb = FILE CONTROL BLOCK *)
                        BEGIN
fcbar := #0'???????????'#0;
IF drive IN ['A'..'B']                    (* oder weitere Laufwerke *)
        THEN fcbar[0] := char(byte(drive) - $40)
        ELSE IF drive IN ['a'..'b']
```

```
                    THEN fcbar[0] := char(byte(drive) - $60)
                    ELSE fcbar[0] := #0;
bdos(26, addr(puf) + 1);                        (* BDOS-Funktionen: *)
eintrag := bdos(17, addr(fcbar));      (* siehe CP/M - Handbuch *)
mem[addr(puf)]   := 128;
disk.nummer := 0;
WHILE eintrag < 255 DO BEGIN
  disk.nummer :=  disk.nummer + 1;
  disk.dateiar[disk.nummer] :=
  concat(copy(puf, 2+32*eintrag, 8), copy(puf, 10+32*eintrag, 3));
  eintrag := bdos(18)
                         END
END;

BEGIN                              (* Hauptprozedur, fuer B: analog *)
clrscr;
dir('a', diska);
writeln('--> Drive A: ', diska.nummer : 3, ' Files  <--');
FOR durch := 1 TO diska.nummer DO BEGIN
    write(copy(diska.dateiar[durch],1,8), '.');
    write(copy(diska.dateiar[durch],9,3), '   ');
    IF durch MOD 5 = 0 THEN writeln
                         END
    (* zwischenspeicherung macht alphabet. sortieren moeglich *)
  END;                               (* of procedure directory *)

PROCEDURE menu;

BEGIN
gotoxy(1, 8);
write('Programmende (Y/N) .............. '); readln(ende);
ende := upcase(ende);
lowvideo; writeln; writeln('Drucker einschalten!'); normvideo;
writeln;
IF ende <> 'Y' THEN REPEAT
write('Directory der Diskette (Y/N) ..... '); readln(ein);
ein := upcase(ein); IF ein = 'Y' THEN directory;
gotoxy(1,14);
writeln('============================== 12345678.***');
write('Zu druckendes File ............... '); readln(name);
write('Typ Text (T) oder Programm (P) ... '); readln(form);
write('(P)ica, (E)lite, Pr(O)portional .. '); readln(bild);
write('(R)andausgl. oder (L)inksbuendig . '); readln(rand);
write('Derzeitig noch freie Zeilen ...... '); writeln(z+1-zeile);
write('Ist neue Seite gewuenscht (Y/N) .. '); readln(npag);
write('Parameter uebernehmen (Y/N) ...... '); readln(lauf);
form := upcase(form); npag := upcase(npag); lauf := upcase(lauf);
rand := upcase(rand); bild := upcase(bild)
                    UNTIL lauf = 'Y';

(* neue Seite ergibt Seitenvorschub und Weiterzaehlung page + 1 *)
(* diese Option soll anfangs nicht gewaehlt werden.             *)

IF form = 'T' THEN name := name + '.TXT'
             ELSE name := name + '.PAS';

write(lst,chr(27)+chr(76)+chr(48)+chr(48)+chr(48+6)); (* Rand 6 *)
                                        (* auch variabel *)
IF bild = 'E' THEN write(lst, chr(27) + chr(69));
```

```
IF bild = 'P' THEN write(lst, chr(27) + chr(78));
IF bild = 'O' THEN write(lst, chr(27) + chr(80))
                                          (* Schriftarten *)
                                 (* eventuell weitere Routinen *)
                         END;
                            (* fuer Druckersteuerung etc. *)

PROCEDURE newpage;
BEGIN
page := page + 1; write(lst, chr(12));          (* neue Seite *)
zeile := 1; gotoxy(60,23); write('Seite ', page)
END;

PROCEDURE kopf;
BEGIN
writeln(lst); writeln(lst); writeln(lst);
writeln(lst, '                          ', page);
writeln(lst); writeln(lst)
END;

PROCEDURE lesen;
BEGIN
puffer := '';
REPEAT
   read(sequenzfil, zeichen);
   puffer := puffer + zeichen
UNTIL zeichen = chr(13);                    (* wird noch gelesen *)
read(sequenzfil, zeichen)
END;

PROCEDURE schreiben;
VAR i, k, p : integer;
BEGIN
k := length(puffer) - 1;                (* puffer(k) = chr(13) *)
IF copy(puffer, 1, 1) = '!'
   THEN write(lst, '     ', copy(puffer, 2, k - 1))
   ELSE BEGIN
      IF (bild <> 'O') AND (rand = 'R') AND (k < c) AND (k > c-5)
                      AND (form = 'T')
         THEN BEGIN
            i := c - k;
            REPEAT
            p := pos(' ', puffer);
            write(lst, copy(puffer, 1, p), ' ');
            k := k - p; i := i - 1;
            puffer := copy(puffer, p+1, k)
            UNTIL i = 0;
            write(lst, puffer)
            END
         ELSE write(lst, puffer)
      END;
writeln(lst)
END;

BEGIN (* -------------------------------------- Hauptprogramm *)

clrscr;                                          (* Vorspann *)
writeln('Mit diesem Programm kann ein Manuskript aus verschie-');
```

```
writeln('denen Files fortlaufend gedruckt werden,  wenn die im');
writeln('Editor benutzte Zeilenlaenge ',c, ' nicht uebersteigt.');
writeln('Die Anzahl der Zeilen je Seite betraegt fest ', z, '.');
writeln;
REPEAT
write('Erste Seitennummer (page) ... '); readln(page);
write('Okay ? (Y/N)  '); read(kbd, antwort);
writeln;
antwort := upcase(antwort)
UNTIL antwort = 'Y';
clrscr;
zeile := 1;                                (* Initialisierungen *)
einstieg := true;                       (* d.h. FILE gewuenscht *)

REPEAT                (* Programmeinbindung ------------------- *)
   REPEAT
   IF einstieg THEN BEGIN
                   REPEAT
                       menu;
                       assign(sequenzfil, name);
                       (*$I-*)
                       reset(sequenzfil);
                       (*$I+*)
                       einstieg := (ioresult = 0);
                       IF NOT einstieg
                       THEN writeln('>>File existiert nicht!<<');
                       delay(1000)
                   UNTIL einstieg OR (ende = 'Y');

                   IF ende = 'N' THEN BEGIN
                       IF npag = 'Y' THEN newpage;
                       IF zeile > 1 THEN BEGIN   (* Durchschuss *)
                                      writeln(lst);
                                      writeln(lst);
                                      writeln(lst);
                                      zeile := zeile + 3
                                      END
                                   END        (* of if ende *)
                   END                      (* of if einstieg *)
               ELSE BEGIN
                   IF zeile = 1 THEN kopf;
                   lesen;
                   schreiben;
                   zeile := zeile + 1
                   END;
   einstieg := eof(sequenzfil)                   (* jetzt false *)
   UNTIL einstieg  OR (zeile > z) OR (ende = 'Y');
   IF zeile > z THEN newpage
UNTIL ende = 'Y'      (* Programmeinbindung ------------------- *)
END.

(* moegliche Programm-Erweiterungen:------------------------- *)
(* die Programmkonstanten menugesteuert als Variable einfuehren *)
(* je nach page (even/odd) links/rechtsbuendig abwechseln      *)
(* mit Schiebepuffer im Editor mit Zeilenueberlauf schreiben   *)
(* siehe dazu Details aus frueheren Textverarbeitungsprogrammen *)
```

1.9 Rechnen mit großen Zahlen

Das Programm BIGNUMBER aus Abschnitt 1.2 war ein erstes Beispiel zum Rechnen mit sehr großen Ganzzahlen. Dort wurde die Multiplikation auf dem Umweg über die "stellenweise" Multiplikation durchgeführt. Prinzipiell kann man nach diesem Muster mit drei Feldern beliebig große Ganzzahlen miteinander multiplizieren, erst recht addieren und subtrahieren. In allen Fällen braucht man vor der Ergebnisausgabe eine "Übertragsroutine" ("x weiter" bzw. "x gemerkt" und dergleichen). Die Division ist komplizierter. Wir illustrieren sie an einem Primzahlprogramm, das im ersten Teil auf herkömmliche Weise alle Primzahlen bis ca. 1000 durch einen Divisionsalgorithmus ermittelt und in einem Feld für spätere Benutzung ablegt. Er beruht darauf, daß eine Zahl n prim ist, wenn sie keinen Primteiler p mit $p*p <= n$ hat. $p = 2$ muß dabei nicht geprüft werden, wenn man sich auf ungerade n beschränkt.

Die letzte Bemerkung hat insbesondere zur Folge, daß mit der ermittelten Liste aller p bis 1000 dann Primzahlen bis zur Million bestimmt werden können. Im schlimmsten Fall, d.h. wenn tatsächlich eine Primzahl vorliegt, sind jedenfalls weniger als 200 Divisionsprüfungen erforderlich, einige Sekunden Zeit also. Dies ist z.B. bei der größten Primzahl unter 1.000.000 der Fall: 999.983. Diese kann aber als ganze Zahl (integer) nicht unmittelbar eingegeben und rechnerisch bearbeitet werden.

Das Programm PRIMLIST setzt daher ausgiebig Stringroutinen ein: Eine Großzahl ...hze kann bequem eingegeben werden; mit der Prozedur val wird ihr reeller Wert 'platz' für den Abbruch der Prüfschleife ermittelt; dann beginnt der Divisionsalgorithmus mit dem Ganzzahlenwert der höchstwertigen Stelle, wobei auftretende Reste jeweils mit 10 multipliziert der folgenden Stelle zugerechnet werden, wie man eben dividiert! Bei Primteilern bis 1000 ist sicher, daß bei diesem Algorithmus der INTEGER-Bereich nicht verlassen wird. - Ist der letzte Rest von Null verschieden, so liegt eine Primzahl vor, die als String ausgegeben wird.

Strings, die mehr als vier Zeichen haben, können mit val meistens nicht mehr als Ganzzahlen interpretiert werden. Für eine Intervallprüfung von Primzahlen ist aber fortlaufende Erhöhung dieser Strings um den Zahlenwert 2 erforderlich. Die entsprechende Routine trennt daher die Hunderter ab (letzte drei Zeichen), addiert dort nach Anwenden von val die 2 auf und verwandelt dann in einen String zurück, der hie und da noch mit führenden Nullen versehen werden muß. Ein eventueller Uebertrag in die Tausender wird sinngemäß ausgeführt. Anschließend wird die Zahl durch Verkettung der beiden Strings wieder aufgebaut. Beispiel:

```
STRING "79999" ---> "79" + "999", jetzt
        "999" ---> 999; 999 + 2 = 1001; 1 Tausender + 1;
        "79" ------> 79; 79 + 1 = 80; 80 ---> "80";
           1 ----> "1"; auffüllen "001";
String verketten :  "80" + "001" = "80001".
```

Das braucht freilich Zeit. Weit schneller wird das Programm, wenn diese Hin- und Herverwandlungen unterbleiben und große Zahlen positionsweise dem Dividieren mit Rest unterworfen werden. Solch ein Programm haben wir nachfolgend ebenfalls angegeben.

```
PROGRAM primzahlen;
(*$U+*)                            (* listet Primzahlen bis 1.000.000 *)

VAR i, k, pruef, rest,
       num, code, gross, zaehler : integer;
                         platz : real;
                   hdt, tsd : string[3];
                 zahl, bis : string[6];
                   primar : ARRAY[1..176] OF integer;
PROCEDURE feldaufbau;             (* baut primzahlen bis 1050 auf *)
BEGIN
primar[1] := 2; primar[2] := 3; primar[3] := 5;
pruef := 7; k := 3; i := 1; writeln('Etwas warten ... ');
REPEAT
   REPEAT  i := succ(i)
   UNTIL (sqr(primar[i]) > pruef) OR (pruef MOD primar[i] = 0);
   IF pruef MOD primar[i] <> 0 THEN BEGIN
                                  k := succ(k);
                                  primar[k] := pruef
                                  END;
   pruef := pruef + 2; i := 1
UNTIL pruef > 1050;               (* 1049 ist die 176. primzahl *)
clrscr; writeln('Die ersten 176 Primzahlen sind ...');
FOR i := 1 TO 80 DO write('=');
FOR i := 1 TO k DO write(primar[i] : 5);
FOR i := 1 TO 80 DO write('=');
writeln
END;                                        (* of Feldaufbau *)
BEGIN  (* -------------------------------------- Suchprogramm *)
feldaufbau;
zaehler := 0; writeln;
write('Beide Werte ungerade eingeben! : ');
write('Primzahlen von ... '); read(zahl);
write(' ... bis ');  readln(bis); writeln;
REPEAT
   k := 1; val(zahl,platz, code);
   REPEAT
      val(copy(zahl,1,1), num, code);
      rest := num MOD primar[k];
      FOR i := 2 TO length(zahl) DO BEGIN
              val(copy(zahl,i,1),num,code);
              rest := (rest*10 + num) MOD primar[k]
                            END;
   k := succ(k)
   UNTIL (rest = 0) OR (primar[pred(k)] > sqrt(platz));
   IF rest <> 0  THEN BEGIN                        (* prim *)
                   write(zahl : 8);
                   zaehler := zaehler + 1
                   END;
   val(copy(zahl, length(zahl)-2, 3), num, code); (* "zahl" + 2 *)
   num := num + 2;
   str(num MOD 1000, hdt);
   FOR i := 1 TO 3-length(hdt) DO hdt := '0' + hdt;
   val(copy(zahl, 1, length(zahl)-3), gross, code);
   str(gross + (num DIV 1000), tsd); zahl := tsd + hdt
UNTIL zahl > bis;
writeln; writeln; write(zaehler, ' Primzahlen.'); writeln
END.
```

```
PROGRAM maxprim;
(*$U+*)                               (*  Primzahl-Folgen bis 1.100.000 *)
VAR i, k, pruef, rest, zaehler,
               zahl1, zahl2 : integer;
             zahl, kopie, bis : real;
                      primar : ARRAY[1..176] OF integer;
                         ant : char;
PROCEDURE feldaufbau;                 (* baut Primzahlen bis 1050 auf *)
BEGIN
primar[1] := 2; primar[2] := 3; primar[3] := 5;
pruef := 7; k := 3; i := 1; writeln('Etwas warten ... ');
REPEAT
   REPEAT  i := succ(i)
   UNTIL (sqr(primar[i]) > pruef) OR (pruef MOD primar[i] = 0);
   IF pruef MOD primar[i] <> 0 THEN BEGIN
                                 k := succ(k);
                                 primar[k] := pruef
                                 END;
   pruef := pruef + 2; i := 1
UNTIL pruef > 1050;                    (* 1049 ist die 176. Primzahl *)
clrscr; writeln('Die ersten 176 Primzahlen sind ...');
FOR i := 1 TO 80 DO write('=');
FOR i := 1 TO k DO write(primar[i] : 5);
FOR i := 1 TO 80 DO write('=');
writeln
END;                                   (* of Feldaufbau *)
BEGIN  (* -------------- Suchprogramm, auch fuer Einzelpruefung *)
feldaufbau;
REPEAT                                 (* Programmeinbettung *)
zaehler := 0;
write('PRIMZAHL - Folgen bis 1.100.000  :  ');
writeln('Ersten Wert ungerade (!) eingeben ... '); writeln;
write('Primzahlen von ... '); read(zahl);
write(' ... bis ');  readln(bis); writeln;
zahl1 := trunc(zahl/1000); kopie := zahl1; (* reell umkopieren! *)
zahl2 := round(zahl - 1000*kopie);
REPEAT
   k := 1;
   REPEAT
      rest := zahl1 MOD primar[k];
      FOR i := 1 TO 3 DO rest := rest*10 MOD primar[k];
      rest := (rest + zahl2) MOD primar[k];
      k := succ(k)
   UNTIL (rest = 0) OR (primar[k] > sqrt(1000 * kopie + zahl2));
   IF rest <> 0 THEN BEGIN              (* Primzahl ausgeben *)
                     write(zahl1 : 5);
                     IF zahl2 < 100 THEN write('0');
                     IF zahl2 < 10 THEN write('0');
                     write(zahl2);
                     zaehler := zaehler + 1
                     END;
   zahl1 := zahl1 + (zahl2 + 2) DIV 1000; kopie := zahl1;
   zahl2 := (zahl2 + 2) MOD 1000
UNTIL (1000*kopie + zahl2) > bis;
writeln; writeln; writeln(zaehler, ' Primzahlen.');
writeln; write('<RETURN> oder E ... '); read(kbd, ant);
ant := upcase(ant); clrscr
UNTIL ant = 'E'
END. (* ------------------------------------------------------- *)
```

2 FORTGESCHRITTENE PROGRAMMIERTECHNIKEN

Im ersten Kapitel haben wir uns mit grundlegenden Programmiertechni-
ken befaßt. Die Listings der Beispielprogramme waren meist nur eine
oder wenige Seiten lang und deshalb überschaubar. Wir konnten, ohne
uns tiefere Gedanken über Programmstruktur, Datenstruktur, globale und
lokale Variable, Seiteneffekte und ähnliche Dinge zu machen, sofort mit
dem Erstellen des TURBO-Pascal-Quelltextes beginnen.

Bei größeren Programmiervorhaben mit oft mehreren tausend Programm-
zeilen kommt man mit dieser Methode nicht sehr weit. Vielleicht schafft
man es noch, daß das Programm irgendwie "läuft", aber es wird zumindest sehr schwer zu ergänzen oder zu ändern sein (ein großes Programmpaket wird praktisch nie "fertig"). Wir werden in diesem Kapitel
die wichtigsten Planungsmethoden anhand von Anwendungsbeispielen vorstellen, wobei begleitend weitere elementare Programmiermethoden eingeführt werden, die sinngemäß ins erste Kapitel passen würden, aber
erst im Zusammenhang mit dem Anwendungsfall anschaulich erklärt werden können.

2.1 Programmplanung (Top-Down-Technik)

Gerade bei Anfängern (und auch bei Fortgeschrittenen, die bisher viel
mit BASIC-Interpretern gearbeitet haben), findet man häufig die Methode
des "experimentellen Programmierens". Das heißt, daß ohne systematische Programmplanung sofort mit der Programmeingabe begonnen wird.
Fehler kann man ja leicht beheben, und irgendwann wird das Programm
dann schon laufen. Auch TURBO-Pascal animiert wegen seines komfortablen und schnell aufrufbaren Editors zu dieser Vorgehensweise.

Sicherlich kann und soll auch mit TURBO interaktiv programmiert werden. Allerdings darf sich diese "trial and error-Methode" nur auf über-
schaubare Programme oder Blöcke erstrecken. Dies bedeutet, daß Pro-
gramm- und Datenstruktur schon feststehen müssen (zumindest in groben
Umrissen), ehe man sich an den Rechner setzt. Gerade Strukturfehler
führen oft zu lauffähigen Programmen, die dann aber falsche Ergebnisse
liefern.

Es hat wohl wenig Sinn, nun lang und breit zu erklären, was strukturierte Programmierung ist, und wie man sie anwendet. Statt dessen wollen wir die Vorgehensweise bei der Programmerstellung an einem etwas
längeren (und damit auch komplizierteren) Programm illustrieren. Das
fertige TURBO-Programm ist am Ende dieses Abschnitts vollständig aufgelistet. Sie können die entsprechenden Teile daraus für Ihre eigenen
Programmieraufgaben (Dateneingabe) einsetzen.

Ausgangssituation

Das übliche Dialogverfahren (am Bildschirm erscheint eine Aufforde-
rung zur Eingabe von Daten, der Bediener gibt dann seine Daten ein)
weist einen schwerwiegenden Nachteil auf: Mit jeder neu eingegebenen
Zeile wandern ("rollen") alle Texte auf dem Bildschirm nach oben und
verschwinden schließlich nach Erreichen des oberen Bildschirmrandes. Es
ist aber oft von Vorteil, bestimmte Meldungen des Rechners dauernd vor
Augen zu haben und den Ein/Ausgabedialog nur auf einem Teil des Bildschirms abzuwickeln.

Besitzer eines IBM XT/AT (oder eines kompatiblen Rechners) können hierzu auf die Funktion window(x1,y1,x2,y2) zurückgreifen. Diese Funktion definiert einen Teil des Bildschirms als aktives Fenster, wobei x1,y1 die linke obere und x2,y2 die rechte untere Ecke des Fensters festlegen.

Ein auf diese Weise definiertes Fenster verhält sich so, als hätte man einen verkleinerten Bildschirm. Ein- und Ausgaben finden nur innerhalb dieses Fensters statt; der Rest des Bildschirms bleibt unverändert.

Bei allen anderen Rechnern kann man sich mit der TURBO-Standardfunktion gotoxy(x,y) behelfen, die den Cursor zur Bildschirmspalte x und zur Bildschirmzeile y schickt. Man muß dann durch geeignete Programmierung dafür sorgen, daß weder der Rechner noch der Bediener über eine noch zu definierende Fenstergrenze hinausschreiben (ein Beispiel hierfür zeigt die Funktion "feldread", die weiter unten noch erläutert wird).

Ein sehr elegantes Verfahren zur übersichtlichen Eingabe von Daten bedient sich der Bildschirmmasken. Eine solche Maske ist vergleichbar mit einem Formular, bei dem der erläuternde Text und z.B. auch Umrandungen bereits vorgedruckt sind. Der Benutzer muß dann nur noch die Lücken ausfüllen.

Wir werden in Anlehnung an ein Programmbeispiel aus [6] eine solche Maske mit Hilfe eines Editors erstellen und auf Diskette abspeichern. Die Felder, an denen später eine Eingabe erfolgen soll, werden mit einem "Platzhalter" markiert. Wir werden dazu das Zeichen "#" benutzen, man könnte aber auch andere Zeichen, die sonst nicht vorkommen, wie z.B. "&" verwenden. Das TURBO-Pascalprogramm, das sich dieser Maske bedient, liest dann die Maskendatei (ein normales Textfile) ein und analysiert sie. Dabei werden die Koordinaten und die Anzahl der Eingabefelder festgestellt und abgespeichert. Diese Daten bestimmen dann im Programm die Cursorsteuerung.

Am besten wird die Problemlösung anhand eines konkreten Beispiels deutlich.

Aufgabenstellung:

- In einer Firma soll eine Personaldatei angelegt werden. Für jede Person sollen folgende Daten gespeichert werden: Name, Vorname, Wohnort, Geburtsdatum.

- Die Eingabe der Personaldaten soll im oberen Teil des Bildschirms in einer Eingabemaske erfolgen. Dabei müssen Eingabefehler mit Hilfe einfacher Editierfunktionen ausgebessert werden können. Die Editierfunktionen innerhalb eines Eingabefeldes sind: Cursor links, Cursor rechts, Zeichen links vom Cursor löschen, ein Leerzeichen an der Cursorposition einfügen. Mit Cursor nach oben soll das vorhergehende Feld, mit Cursor nach unten oder <RETURN> das nachfolgende Eingabefeld angewählt werden. Mit der TAB-Taste soll der Maskeninhalt zur Abspeicherung freigegeben werden.

- Um das Beispielprogramm einfach zu halten (hier geht es uns in erster Linie um Masken), verzichten wir auf das an sich notwendige Vor- und Zurückblättern der einzelnen Datensätze. Deshalb kann man einmal abgespeicherte Datensätze in unserem Beispiel nicht mehr ändern.

Problemlösung:

2.1.1 Allgemeine Festlegungen

Gerade beim Programmieren muß man auf äußerste Sorgfalt und Systematik Wert legen. Sehr hilfreich ist es dabei, wenn man für sich selbst einige allgemeine Festlegungen trifft, an die man sich dann genau hält. Wir wollen in unserem Beispiel folgende Dinge beachten:

a) Dateinamen:

- Alle Unterprogramme sollen als Erweiterung (Suffix) einen Hinweis auf die Art dieses Unterprogramms tragen, also Prozeduren .pro und Funktionen .fun.

- Alle Namen von Maskenfiles tragen die Erweiterung .msk.

- Alle Programmbibliotheken haben den Zusatz .bib.

- Alle Namen von Dateien, in denen anwenderbezogene Daten gespeichert sind, werden mit .dat gekennzeichnet.

- Hauptprogramme erhalten den von TURBO automatisch zugeteilten Zusatz .pas.

b) Typen- und Variablenbezeichner:

Bei komplizierten Datenstrukturen erleichtert man sich den Überblick sehr, wenn der Typenbezeichner bzw. der Variablenname schon einen Hinweis auf die Datenstruktur enthält. Da TURBO für Bezeichner eine Länge von bis zu 127 Zeichen erlaubt, muß man sich nicht mit Abkürzungen verkünsteln. Man kann deshalb z.B. Bezeichner für ARRAY-Variable immer mit ...ar, für RECORD-Variable mit ...rec und für FILE-Variable mit ...fil enden lassen. Auch Kombinationen sind möglich: Es kann z.B. ein ARRAY OF RECORD zur Speicherung von Personendaten den Variablenbezeichner "personarrec" tragen. Ebenso können Typenbezeichner mit ...typ enden; sie sind dann sofort von Variablenbezeichnern zu unterscheiden.

c) Parameterübergabe an Unterprogramme:

In diesem Beispiel werden wir in Unterprogrammen keine globalen Variablen verwenden, sondern die Übergabe an der vorgesehenen Schnittstelle (Prozedur- bzw. Funktionskopf) vornehmen. Dadurch erzielen wir zwei Vorteile:

- Die Unterprogramme werden allgemein verwendbar. Sie können in einer Bibliothek abgelegt und später in andere Programme leicht eingebunden werden.

- Es werden Seiteneffekte vermieden, d.h. es können keine Variablen des Hauptprogramms durch ein Unterprogramm ungewollt verändert werden.

2.1.2 Programmstruktur

Nach diesen allgemeinen Festlegungen wollen wir uns mit der Programmstruktur befassen. Wenn wir uns unsere Aufgabenstellung ansehen, stellen wir fest, daß wir eigentlich zwei Aufgaben zu erledigen
haben: das Erstellen einer Maske, und deren Auswertung mit anschlie-
ßender Dateneingabe.

Damit können wir bereits ein erstes Grobstruktogramm unserer Problemlösung zeichnen:

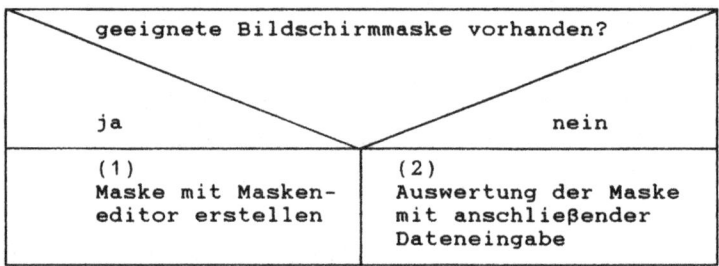

Abb. 2.1.1 Grobstruktogramm (erste Stufe)

Normalerweise würden wir mit Hilfe eines Menüs in die beiden Blöcke
(1) oder (2) verzweigen. In unserem speziellen Fall werden wir aber
etwas anders vorgehen, da wir bereits im Besitz eines hervorragenden
Maskeneditors sind: es ist der normale TURBO-Editor. Es ist etwas
schwierig, diesen Editor in ein Anwenderprogramm einzubauen, deshalb
spalten wir die beiden Blöcke (1) und (2) in zwei völlig getrennte Programme auf. (In Kapitel 4 werden wir die TURBO-Toolbox "TURBO-EDI-
TOR" kennenlernen. Die darin enthaltenen Editoren "FIRST-ED" und "MI-
CROSTAR" können im Gegensatz zum TURBO-Editor leicht in Anwenderprogramme integriert werden).

Block (1) ist praktisch TURBO-Pascal selbst. Als Endprodukt liefert es
eine normale Textdatei, die unter einem Dateinamen auf Diskette gespeichert ist.

Wir können diese Maske bereits gestalten, ohne auch nur einen einzigen Buchstaben unseres Programms geschrieben zu haben. Dazu rufen
wir den TURBO-Editor auf, nachdem wir aus dem TURBO-Menü heraus den
Maskennamen (zur Unterscheidung von echten Programmen mit der Erweiterung .msk) als workfile eingegeben haben. Dann erstellen wir die Maske nach unserem Geschmack, markieren die Eingabefelder mit "###.." und
speichern sie genau so ab, wie wir es mit einem Programm tun würden.
Dieses so erstellte Maskenfile kann später wieder von unserem noch zu
erstellenden TURBO-Programm eingelesen werden. In unserem Beispiel
soll die Maske den Namen DEMOMASK.MSK tragen und folgendermaßen
aussehen:

```
+---------------+-------------------+
! Name:         !##################!
+---------------+-------------------+
! Vorname:      !##################!
+---------------+-------------------+
! Wohnort:      !##################!
+---------------+----------+--------+
! Geburtsdatum: !##########!
+---------------+----------+




Ausgabefeld:
+----------------------------------------------------------+
!                                                          !
!                                                          !
!                                                          !
+----------------------------------------------------------+
```

Abb. 2.1.2 Beispiel einer Eingabemaske

In Block (2) wird dann diese Textdatei eingelesen und ausgewertet. Wir müssen uns von nun an also nur noch mit Block (2) befassen. Diesen Block wollen wir jetzt etwas detaillierter darstellen. Das Struktogramm könnte folgendermaßen aussehen:

(2.1) Personendatei zum Schreiben öffnen		
(2.2) Maskendatei zum Lesen öffnen		
(2.3) Maskendatei einlesen und analysieren, am Bildschirm ausgeben; Koordianten, Länge und Anzahl der Eingabefelder festhalten		
(2.4) wiederholen	(2.41) Eingabefenster der Maske löschen	
	(2.42) Daten in Maske eintragen (mit Änderungsmöglichkeit)	
	(2.43) Daten übernehmen und in Personendatei auf Diskette speichern	
bis als Name "xyz" eingegeben wird (Abbruchbedingung)		

Abb. 2.1.3 Verfeinertes Struktogramm der Maskenauswertung
        (Stufe 2)

Das Prinzip dieses Vorgehens ist nun klar: Wir stellen zunächst ein Grobstruktogramm auf, das aus wenigen klar umrissenen Blöcken besteht.

Dann nehmen wir uns einen Block nach dem anderen vor und verfeinern ihn stufenweise (daher auch der Fachausdruck "stepwise refinement") bis am Ende der TURBO-Programmtext feststeht. Das Ganze heißt auch "Top-Down-Analyse". Gerade die Programmiersprache Pascal unterstützt durch ihre Blockstruktur diese Art von Programmentwicklung.

Wir fahren nun mit dieser Methode fort und untergliedern die einzelnen Blöcke aus Abb. 2.4.1 weiter. An dieser Stelle können wir uns bereits überlegen, welche Teile dieses Struktogramms wir als Unterprogramme ausführen. Dabei soll der Grundsatz gelten, daß Programmteile, die man auch anderweitig verwenden kann, als eigenständige Prozeduren oder Funktionen geschrieben und abgespeichert werden. Ins Hauptprogramm kann man sie dann mit INCLUDE (vgl. 2.2.1) einbinden.

Es liegt nahe, Block (2.2) als eigenständiges Modul zu schreiben, da das Öffnen von Text-Dateien sehr häufig benötigt wird (Bibliothek). Block (2.1) öffnet eine sehr spezielle Art von Datei; er kann deshalb im Hauptprogramm verbleiben (natürlich kann man ihn aus Gründen der Übersichtlichkeit auch in einer Prozedur unterbringen).

Auch alle Blöcke, die sich mit der Auswertung oder der Bearbeitung von Bildschirmmasken befassen, sollte man im Hinblick auf eine Programmbibliothek als selbständige Prozedur oder Funktion schreiben. In unserem Fall sind dies die Blöcke (2.3) und (2.42).

Die restlichen Blöcke (2.4), (2.41) und (2.43) sollten im Hauptprogramm verbleiben, da sie ganz speziell von unserer Aufgabenstellung abhängen, die ohnehin unvollständig ist.

Zum Block (2.42) ist noch zu erwähnen, daß diese Prozedur **mehrere** Eingabefelder editiert. Sie sollte deshalb wiederum eine Prozedur aufrufen, in der das Bearbeiten eines **einzigen** Eingabefeldes behandelt wird (beide eignen sich für eine Programmbibliothek).

Es folgen nun die Feinstruktogramme für die einzelnen Blöcke. Dabei können wir bereits Namen erfinden, die später die Prozeduren bzw. Funktionen bezeichnen.

Block (2.1): OPENREAD

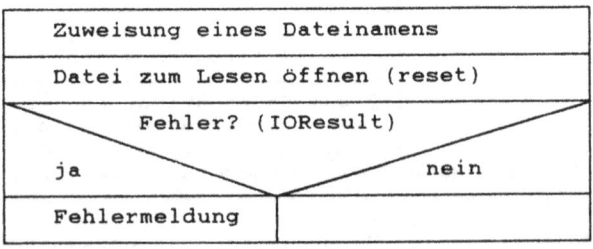

Abb. 2.1.4: Struktogramm für das Öffnen einer Textdatei

Block (2.3): ANALYSE

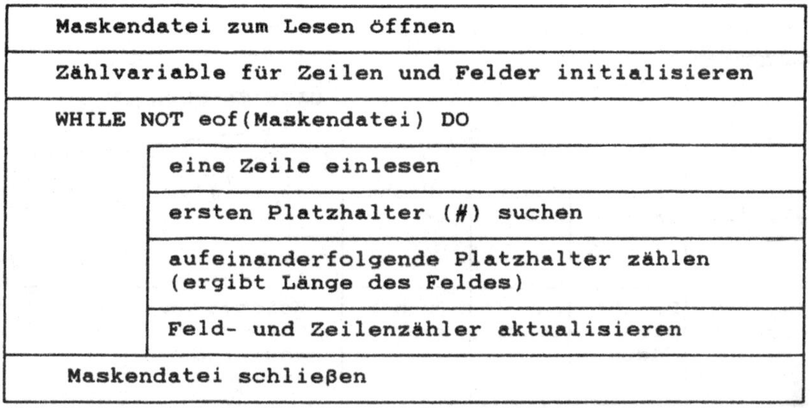

Maskendatei zum Lesen öffnen
Zählvariable für Zeilen und Felder initialisieren
WHILE NOT eof(Maskendatei) DO
eine Zeile einlesen
ersten Platzhalter (#) suchen
aufeinanderfolgende Platzhalter zählen (ergibt Länge des Feldes)
Feld- und Zeilenzähler aktualisieren
Maskendatei schließen

Abb. 2.1.5: Struktogramm für die Auswertung einer Maskendatei

Block (2.4): EINTRAG

vom aufrufenden Programm übergebene Parameter in Bildschirmmaske eintragen
REPEAT
Bearbeiten eines Eingabefeldes (Unterprogramm Feldedit)
Steuerzeichen
Return, Cursor down
Cursor up
nächstes Eingabefeld
vorhergehendes Eingabefeld
UNTIL Steuerzeichen = TAB

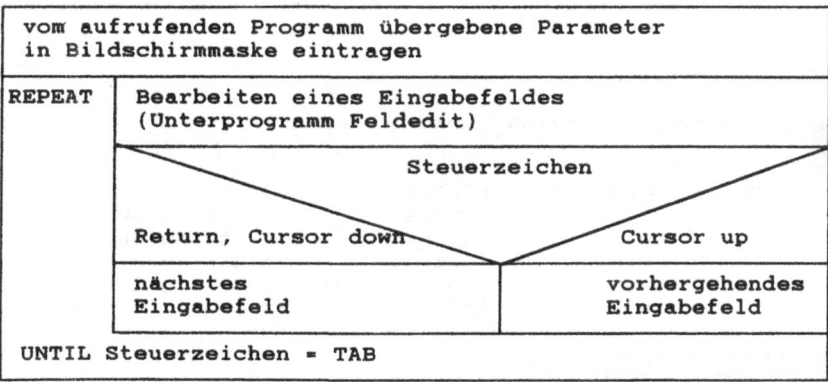

Abb. 2.1.6: Struktogramm für das Bearbeiten einer Bildschirmmaske

Nun benötigen wir noch das Unterprogramm für das Bearbeiten eines einzelnen Eingabefeldes:

FELDEDIT

Zeichen von Tastatur lesen (ohne Echo mit read(kbd,..)					
				CASE Zeichen OF	
del #8,#127	ins #22	CLeft #19	CRight #4	#32 .. #126	Steuerzeichen CUp, Cdown, Ret,TAB #5,#3,#13,#9
Zeichen löschen	Zeichen ein- fügen	Cursor links	Cursor rechts	Zeichen an Cursor- position ausgeben	Zuweisung an Funktion

Abb. 2.1.7 Struktogramm für das Bearbeiten eines Eingabefeldes

Eine weitere Zergliederung der Blöcke ist nun nicht mehr nötig. Sie sind jetzt so überschaubar geworden, daß wir ohne weiteres interaktiv am Bildschirm mit der Eingabe des TURBO-Pascal-Codes beginnen können. Doch vorher müssen wir noch eine andere Planungsarbeit erledigen:

2.1.3 Datenstruktur

Zur Speicherung der Personaldaten bietet sich der Datentyp "record" an:

```
TYPE personrectyp = RECORD
                Name          : string[20];
                Vorname       : string[20];
                Wohnort       : string[20];
                Geburtsdatum  : string[10];
           END;
```

Auch die Koordinaten und die Länge der Eingabefelder kann man in einem RECORD festhalten:

```
TYPE feldrectyp  = RECORD
                Spalte : byte;
                Zeile  : byte;
                Laenge : byte;
           END;
```

Die Daten aller Eingabefelder fassen wir in einem ARRAY

```
TYPE feldartyp  =  ARRAY[1..feldanzahl] OF feldrectyp
```

zusammen. Nun benötigen wir noch ein ARRAY von strings, in dem wir die Inhalte der einzelnen Felder übergeben:

```
TYPE stringartyp = ARRAY [1..feldanzahl] OF string[80];
```

sowie zur Abspeicherung ein FILE

        TYPE personfiltyp   =   FILE OF personrectyp;

Es folgt nun das vollständige Programmlisting für unser Beispiel. Mit den gezeichneten Struktogrammen dürfte es ohne weitere Erläuterungen verständlich sein.

Listing des Beispielprogramms:

```
(***************************************************************
*                                                             *
*            Demo-Programm fuer Bildschirmmasken              *
*                                                             *
***************************************************************)

PROGRAM maskdemo;

CONST feldanzahl        = 10;

TYPE  str80             = string[80];
      str20             = string[20];
      str10             = string[10];

      feldrectyp        = RECORD
                            zeile    : byte;
                            spalte   : byte;
                            laenge   : byte;
                          END;

      personrectyp      = RECORD
                            Name          : str20;
                            Vorname       : str20;
                            Wohnort       : str20;
                            Geburtsdatum  : str10;
                          END;

      personfiltyp      = FILE OF personrectyp;

      feldartyp         = ARRAY[1..feldanzahl] OF feldrectyp;

      stringartyp       = ARRAY[1..feldanzahl] OF str80;

VAR   feldar            : feldartyp;
      fnummer           : byte;
      i,j               : byte;
      anzahl            : byte;
      stringar          : stringartyp;
      fname             : string[14];
      personfil         : personfiltyp;
      personrec         : personrectyp;
```

```
(* +-----------------------------------------------------------+
   ! Oeffnen einer Textdatei zum Lesen                         !
   !                                                           !
   ! Parameter Datei : text                                    !
   +-----------------------------------------------------------+ *)

PROCEDURE openread(VAR datei:text);

VAR filename        : string[14];
    ok              : boolean;

BEGIN
  REPEAT
    write('Filename: '); readln(filename);
    assign(datei,filename);
    (*$I-*)
    reset(datei);
    (*$I+*)
    ok := (IOResult = 0);
    IF NOT ok THEN
      BEGIN
        writeln('keine Datei ',filename,' vorhanden');
      END;
  UNTIL ok;
END;


(* +-----------------------------------------------------------+
   ! Erfassen der Koordinaten einer Bildschirmmaske, die in    !
   ! einer Textdatei gespeichert ist.                          !
   !                                                           !
   ! pfeldar : enthaelt Koordinaten und Laenge der Eingabefel- !
   !           der                                             !
   ! anz     : enthaelt Anzahl der Eingabefelder               !
   +-----------------------------------------------------------+
   *)

PROCEDURE analyse (VAR pfeldar:feldartyp; VAR anz:byte);

VAR    fensternummer, line   : byte;
       maskfile              : text;
       filename              : string[14];
       buffer                : string[80];


BEGIN
  openread(maskfile);
  clrscr;
  line := 1;
  fensternummer := 0;
  gotoxy(1,1);
  WHILE NOT eof(maskfile) DO
    BEGIN
      readln(maskfile,buffer);
      WHILE pos('#',buffer) <> 0 DO
        BEGIN
          fensternummer := fensternummer + 1;
          anz := fensternummer;
```

```
            WITH pfeldar[fensternummer] DO
              BEGIN
                spalte := pos('#',buffer);
                zeile := line;
                laenge := 0;
                REPEAT
                  buffer[pos('#',buffer)] := ' ';
                  laenge := laenge + 1;
                UNTIL buffer[spalte+laenge] <> '#';
              END;
        END;
      writeln(buffer);
      line := line + 1;
    END;
    close(maskfile);
END;


(* +-----------------------------------------------------------+ *)
   ! Bearbeiten eines Eingabefeldes auf dem Bildschirm         !
   !                                                           !
   ! spalte,zeile : Koordinaten des Eingabefeldes (Feldanfang)!
   ! laenge       : Laenge des Eingabefeldes                   !
   ! buffer       : Feldinhalt                                 !
   !                                                           !
   ! Funktionswert: Steuerzeichen (CUp, CDown, RETURN, TAB)    !
   +-----------------------------------------------------------+ *)

FUNCTION feldedit(spalte,zeile,laenge:byte;VAR buffer:str80):char;

VAR     zeichen        : char;
        pos            : byte;
        steuerzeichen  : SET OF char;

BEGIN
  steuerzeichen := [#3,#5,#9,#13,#24];
  gotoxy(spalte,zeile);
  write(buffer);
  gotoxy(spalte,zeile);
  pos := 1;

  REPEAT
    read(kbd,zeichen);
    CASE zeichen OF

    #8,#127 : IF pos > 1 THEN
                  BEGIN
                    pos := pos - 1;
                    delete(buffer,pos,1);
                    gotoxy(spalte,zeile);
                    write(buffer);
                    write(' ');
                    gotoxy(spalte+pos-1,zeile);
                  END;
```

```
      #22 : IF length(buffer) < laenge THEN
               BEGIN
                 insert(' ',buffer,pos);
                 gotoxy(spalte,zeile);
                 write(buffer);
                 gotoxy(spalte+pos-1,zeile);
               END;

      #19 : IF pos > 1 THEN
               BEGIN
                 pos := pos - 1;
                 gotoxy(spalte+pos-1,zeile);
               END;

      #4  : IF pos < laenge THEN
               BEGIN
                 pos := pos + 1;
                 gotoxy(spalte+pos-1,zeile);
               END;

  #32..#126 : IF pos <= laenge THEN
                 BEGIN
                   delete(buffer,pos,1);
                   insert(zeichen,buffer,pos);
                   write(zeichen);
                   pos := pos+1;
                 END;
    END; (* CASE *)

  UNTIL zeichen IN steuerzeichen;
  feldedit := zeichen;
END;


(* +----------------------------------------------------------+
   ! Eintragen von Daten in eine Bildschirm-Maske             !
   !                                                          !
   ! pfeldar  : enthaelt Koordinaten und Laenge der Eingabe-  !
   !            felder                                        !
   ! pstringar: enthaelt Inhalte der Eingabefelder (strings)  !
   ! anz      : enthaelt Anzahl der Eingabefelder             !
   +----------------------------------------------------------+
   *)

PROCEDURE eintrag(pfeldar:feldartyp;
                  VAR pstringar:stringartyp;
                  anz:byte);

VAR fensternr : byte;
    buffer    : str80;
    zeichen   : char;

BEGIN
  FOR fensternr := 1 TO anz DO
    BEGIN
      WITH pfeldar[fensternr] DO
      gotoxy(spalte,zeile);
      write(pstringar[fensternr]);
    END;
```

```
      fensternr := 1;

   REPEAT
     buffer := pstringar[fensternr];
     WITH pfeldar[fensternr] DO
         zeichen := feldedit(spalte,zeile,laenge,buffer);
     pstringar[fensternr] := buffer;
     IF ((zeichen = chr(13)) OR
         (zeichen = chr(24))) AND (fensternr < anz)
             THEN fensternr := fensternr + 1;
     IF (zeichen = chr(5)) AND (fensternr > 1)
             THEN fensternr := fensternr - 1;
   UNTIL zeichen = chr(9);
END;

(* ****************** Hauptprogramm ************************ *)

BEGIN
   clrscr;
   gotoxy(3,20);                            { Datei zum Schreiben oeffnen }
   write('Name der Personendatei: '); readln(fname);
   assign (personfil,fname);
   rewrite(personfil);
   gotoxy(3,21);
   writeln('Oeffnen der Maskendatei: ');
   gotoxy(3,22);

   analyse(feldar,anzahl);                  { Maske analysieren, Koor-}
   gotoxy(3,21);                            { dinaten speichern        }
   write('Anzahl der definierten Eingabefelder: ',anzahl);
   gotoxy(3,20);
   write('Arbeitsdatei: ',fname);
    REPEAT
       gotoxy(1,20);                        { Feldinhalte vorbesetzen,}
       FOR i := 1 TO anzahl DO              { hier loeschen           }
         BEGIN
           stringar[i] := '';
           FOR j := 1 TO feldar[i].laenge DO
               stringar[i] := stringar[i] + ' ';
         END;
       eintrag(feldar,stringar,anzahl);             { Daten eintragen }
       WITH personrec DO
         BEGIN
           name := stringar[1];
           IF pos('xyz',name) = 1 THEN
             BEGIN
               close(personfil);
               clrscr;
               exit;                                { Programm-Abbruch }
             END;
           vorname := stringar[2];
           wohnort := stringar[3];
           geburtsdatum := stringar[4];
         END;
       write(personfil,personrec);
    UNTIL personrec.name = 'xyz';
END.

(*********** Ende des Demo-Programms *************************)
```

Zum Abschluß wollen wir uns noch einmal vor Augen halten, was an diesem Programm typisch für TURBO ist, was also in Standard-Pascal nicht (oder nur sehr umständlich) zu programmieren ist.

- Eine komfortable Eingabe in Masken ist nur möglich, wenn man den Cursor im Programm an beliebige Bildschirmkoordinaten schicken kann. Deshalb findet man in unserem Beispielprogramm sehr häufig die TURBO-Prozedur GOTOXY. In Standard-Pascal gibt es eine solche Funktion nicht. Man müßte dort den Bildschirminhalt vor jeder Änderung der Cursorposition abspeichern, das Bild löschen und wieder neu aufbauen.

- Besonders in der Funktion "feldedit" werden verschiedene TURBO-Funktionen zum Manipulieren von Zeichenketten (strings) benutzt. Es sind dies im wesentlichen "delete", "insert", "length". In der Prozedur "Analyse" wird die Stringfunktion "pos" mehrfach angewendet. Gerade die Möglichkeiten der Stringbehandlung sind in Standard-Pascal äußerst spärlich.

- Ebenfalls in "feldedit" ist von einer sehr angenehmen Möglichkeit der Eingabe von Steuerzeichen (ASCII-Code 0 bis 31) mit Hilfe von #.. Gebrauch gemacht.

2.2 Programmbibliotheken

2.2.1 Allgemeine Gesichtspunkte

Gerade Programmbibliotheken sind ein ideales Anwendungsfeld für die Compilerdirektive "Include". Dieser Compilerbefehl ist so wichtig, daß er hier näher erläutert werden soll.

Sie haben in Kapitel 1 schon eine Methode kennengelernt, mit der man durch einen Block-Lesebefehl (<CTRL> KR) einen Programmteil von einer Diskette in ein Pascal-Programm integrieren kann. Dieses Vorgehen bietet einige Vorteile, z.B. hat man jetzt den gesamten Programmtext vor Augen, die Übersicht über das Programm ist gut, und die Programmpflege ist leicht durchzuführen. Nachteilig ist die Tatsache, daß das Programm sehr lang wird und viel Speicherplatz beansprucht. Sehr schnell kann man dabei an die Speichergrenze stoßen.

Der Compilerbefehl "Include" handhabt das Einbauen von Programmbausteinen in ein größeres Programm ein wenig anders. Wird z.B. in einem Programm

        {$I Openread.pro }

eingegeben, so wird beim Compilieren das Modul mit dem Namen "Openread.pro" auf der Diskette gesucht und in gleicher Weise mit übersetzt, als würde es unmittelbar an der entsprechenden Stelle im Programmtext stehen.

An dieser Stelle zeigt sich, warum es so vorteilhaft ist, im TURBO-Menue eine Arbeitsdatei "Workfile" und eine andere Arbeitsdatei "Mainfile" definieren zu können. Beim Compilieren (mit "C") bzw. beim Compilieren und Starten (mit "R") wird automatisch die Datei "Mainfile" bevorzugt, sofern ihr durch Eingabe eines Dateinamens eine Diskettendatei zugeordnet wurde. Tritt nun beim Übersetzen in einer Include-Datei ein Fehler auf, so wird diese automatisch als "Workfile" geladen, der Cursor geht wieder an die fehlerhafte Stelle, und der Fehler kann leicht behoben werden. Das Hauptprogramm bleibt aber unter "Mainfile". Gibt man nach der Änderung vom Menü aus erneut "C" oder "R" ein, so wird wieder das Hauptprogramm gestartet.

Man sollte sich angewöhnen, beim Arbeiten mit "Include" das Hauptprogramm grundsätzlich als "Mainfile" einzugeben, sonst kann es geschehen, daß unter "Workfile" nach einem Fehler plötzlich statt des Hauptprogramms eine Prozedur steht, die für sich allein nicht lauffähig ist.

Es gibt viele Standardaufgaben, die in fast allen Programmen vorkommen: das Öffnen und Schließen von Dateien, das Anzeigen von Inhaltsverzeichnissen von Disketten, das im vorhergehenden Abschnitt geschilderte Eingeben von Daten mit Hilfe von Bildschirmmasken usw. Natürlich wird man die Programm-Module für diese Aufgaben nicht immer wieder neu in den Rechner eintippen, sondern sie aus einer Programmbibliothek holen und in das aktuelle Programm einbinden.

Beim Einsatz von Include-Dateien sind einige Dinge zu beachten:

- Die Include-Direktive steht innerhalb von Kommentarklammern. Falls die Erweiterung des Dateinamens aus weniger als drei Zeichen besteht, oder wenn sie ganz fehlt, muß vor der abschließenden Kommentarklammer ein Leerzeichen stehen. Am besten gewöhnt man sich an, dieses Leerzeichen generell zu setzen.

- Nach der abschließenden Kommentarklammer darf kein ; stehen, sonst wird ein ziemlich irreführender Syntaxfehler gemeldet.

- Include-Dateien dürfen selbst keine weiteren Include-Befehle enthalten.

Eine umfangreiche Programmbibliothek kann während der Programmiertätigkeit praktisch von selbst entstehen. Hat man eine Prozedur oder eine Funktion geschrieben, die so universell ist, daß man sie in eine Bibliothek aufnehmen kann, markiert man sie sofort als Block und speichert sie (am besten gleich unter ihrem Funktions- oder Prozedurnamen) auf Diskette ab. Auch für die Erweiterung des Dateinamens sollte man sich ein sinnvolles System ausdenken (z.B. .pro für Prozeduren und .fun für Funktionen).

2.2.2 Probleme beim Einsatz von INCLUDE-Dateien

Leider bietet TURBO-Pascal keine Möglichkeit, bereits fertig compilierte Module in ein Programm einzubinden (zu "linken"). Man kann eben nicht alles haben. Deshalb müssen wir auf Include-Dateien zurückgreifen, die dann aber immer beim Compilieren des gesamten Programms mit übersetzt werden müssen. Dabei ergibt sich bei der Übergabe strukturierter Variablen (strings, arrays, records usw.) ein Problem, das mit der Pascal-Syntax allgemein zusammenhängt: Strukturierte Variable erfordern im Prozedur- oder Funktionskopf einen Typenbezeichner. Man darf also z.B. nicht schreiben:

```
PROCEDURE Beispiel (feld: ARRAY[1..10] OF real);
```

sondern es muß lauten:

```
PROCEDURE Beispiel (feld: artyp);
```

wobei der Typenbezeichner artyp im aufrufenden Programm mit

```
TYPE artyp = ARRAY[1..10] OF real;
```

definiert werden muß. Erstellt man Hauptprogramm und Unterprogramme in einem Arbeitsgang, ist dies im allgemeinen kein Problem: Man
wählt die Typbezeichner im Haupt- und im Unterprogramm entsprechend. Greift man allerdings auf Include-Dateien zurück, so können dort
im Programmkopf ja beliebige Typenbezeichner genannt sein. Man muß
dann immer erst in der Include-Datei nachsehen und die Typenbezeichner im Hauptprogramm extra für die jeweilige Include-Datei definieren.

TURBO bietet für dieses Problem eine sehr elegante Lösung an, die bei
MS/PC-DOS-, CP/M-86- und CP/M-80-Versionen in gleicher Weise funktioniert. Folgenden Trick versteht man leicht, wenn man sich vergegenwär-
tigt, wie in Pascal Variablen an Unterprogramme übergeben werden.

Es gibt zwei Arten von Aufrufen. Beim Wertaufruf (call by value), z.B.

```
PROCEDURE Beispiel(feld:artyp);
```

wird im Unterprogramm eine neue lokale Variable "feld" geschaffen, in
die der Wert der entsprechenden Variablen aus dem aufrufenden Programm kopiert wird. Beim Referenzaufruf (call by reference),

```
PROCEDURE Beispiel(VAR feld:artyp);
```

gibt es die Variable "feld" in Wirklichkeit gar nicht, sondern es wird in
der Prozedur nur ein Zeiger erzeugt, der auf die Speicheradresse der
Originalvariablen im aufrufenden Programm zeigt. Deshalb braucht der
Compiler in diesem Falle die Typangabe eigentlich nicht, und tatsächlich kann man in TURBO-Pascal die Typangabe einfach weglassen - man
hat damit eine "nicht typisierte Variable" geschaffen. In unserem Beispiel würde das folgendermaßen aussehen:

```
PROCEDURE Beispiel(feld);
```

Leider hat die Sache noch einen Haken. Typfreie Variable sind nämlich
mit keinem anderen Variablentyp kompatibel, man kann also im Unterprogramm keine Wertzuweisungen mit dieser Variablen vornehmen. Hier
hilft uns eine weitere TURBO-Spezialität: die Möglichkeit, absolute Variable zu verwenden. Wir geben aber als absolute Adresse nicht irgendei-
ne Speicherstelle an, sondern erzeugen in unserem Unterprogramm eine
Hilfsvariable (die vom gleichen Typ wie die zu übergebende Variable
sein muß), und geben als ihre absolute Adresse diejenige der typfreien
Variablen an. Letztere aber existiert ja nicht wirklich, sondern verweist
nur auf die entsprechende Variable im aufrufenden Programm. Auf diese
Weise führen wir alle Operationen, die wir mit der Hilfsvariablen im
Unterprogramm ausführen, in Wirklichkeit mit der Originalvariablen aus.
In unserem Beispiel sieht das folgendermaßen aus:

```
PROCEDURE Beispiel(feld);
VAR hilfsvar : ARRAY[1..10] OF real ABSOLUTE feld;
  .
  .
(Wertzuweisungen mit hilfsvar)
```

Dieses Verfahren funktioniert nur bei Referenzaufrufen. Hat man normalerweise einen Wertaufruf vorgesehen (man will dann die Variable im
aufrufenden Programm nicht verändern), muß man ihn in einen Referenzaufruf umwandeln (durch den Vorsatz "var" vor dem Übergabeparameter). Dann muß man aber peinlichst darauf achten, daß der Hilfsvariablen im Unterprogramm kein Wert zugewiesen wird.

In den Programmbeispielen der Abschnitte 2.2.3 und 2.3.2 wird von der
eben geschilderten Methode reichlich Gebrauch gemacht.

2.2.3 Themenbezogene Bibliotheken

Besitzt man noch nicht viele Programmodule, kann man sich eine Bibliothek aus Einzelmodulen zusammenstellen. Es gibt aber noch eine andere
Organisationsmethode, bei der es leichter ist, den Überblick zu bewah-
ren. Man stellt dabei mehrere Module, die thematisch zusammenpassen,
in einer themenbezogenen Bibliothek zusammen. So kann man sich z.B.
eine Datei-, eine Bildschirmmasken- oder eine Mathematik-Bibliothek
aufbauen. Die meisten der benutzten Typbezeichner kann man innerhalb
der Bibliothek vordefinieren; man muß es dann nicht mehr im Hauptprogramm tun.

Das Einbinden der gesamten Bibliothek ist an geeigneter Stelle im Vereinbarungsteil möglich. TURBO-Pascal schreibt ja keinerlei feste Reihenfolge der Vereinbarungsarten im Vereinbarungsteil vor. Man kann deshalb
Typ-, Variablen-, Konstanten- und andere Vereinbarungen beliebig mi-
schen. Der Nachteil dieses Verfahrens besteht darin, daß meist ein großer Teil einer Themen-Bibliothek vom Hauptprogramm gar nicht benötigt
wird und damit unnötig Speicherplatz kostet.

Aus unserem Beispielprogramm "Maskdemo.pas" können wir leicht eine
Programmbibliothek für Bildschirmmasken gewinnen. Wir müssen nur darauf achten, daß Anweisungen, die nicht allgemeingültig sind, weil sie
sich auf ein spezielles Problem beziehen, aus den Bibliotheksmodulen
herausgenommen werden. In diesem Fall eignen sich die Prozedur "Analyse", die Funktion "Feldedit" und die Prozedur "Eintrag" zur Aufnahme
in eine Bibliothek.

Das Listing der Bibliothek "Masken.bib" soll nun trotz der großen Ähnlichkeit mit dem Programm "Maskdemo.pas" noch einmal gezeigt werden,
weil wir aus diesem Beispiel einige wichtige Regeln für Programmbibliotheken ableiten können. Außerdem sind doch einige für den Einsatz in
einer Bibliothek wichtige Änderungen und Ergänzungen vorgenommen worden.

Beachten Sie bitte den langen Kommentarteil am Anfang der Bibliothek.
Hier sind zunächst die vorhandenen Bausteine aufgelistet. Dann folgt
eine Angabe über die benötigten Definitionen im Hauptprogramm. Anschließend sind alle in der Bibliothek definierten Typen, Variablen und
Konstanten angeführt. Mit diesen Informationen kann man schon einiges
anfangen, auch wenn man die Bibliothek längere Zeit nicht mehr eingesetzt hat und sich nicht mehr an Einzelheiten erinnern kann. Damit die
wichtigen Informationen sofort auffallen, sind sie noch eingerahmt.

Vor jeder Prozedur bzw. Funktion sind dann (ebenfalls eingerahmt) noch
kurz die Wirkungsweise und die Übergabeparameter erläutert. Die Zeit,
die man in diese Dokumentationsmaßnahmen steckt, holt man bei einem
späteren Einsatz der Bibliothek mit Sicherheit wieder heraus.

Gegenüber dem Beispiel "Maskdemo" sind noch zwei zusätzliche Prozeduren enthalten, die gut in dieses Programmpaket passen: Das Löschen
eines Teils des Bildschirms (ClrTeil) und das Auffüllen einer Maske mit
Leerzeichen (Loeschefelder).

```
(* ***************************************************************
 *                                                             *
 *          Programmbibliothek fuer Bildschirmmasken           *
 *                                                             *
 * Inhalt:                                                     *
 * PROCEDURE Analyse     (Erfassen der Koordinaten einer       *
 *                        Bildschirmmaske)                     *
 * FUNCTION Feldedit     (Editiert ein Eingabefeld)            *
 * PROCEDURE Eintrag     (Editiert eine komplette Bildschirm-  *
 *                        maske)                               *
 * PROCEDURE clrTeil     (Loescht einen Teil des Bildschirms)  *
 * PROCEDURE Loeschfelder (Fuellt Maske mit Leerzeichen        *
 *                                                             *
 * Die Unterprogramme verwenden im Rumpf keine globalen        *
 * Variablen. Sie koennen deshalb auch einzeln eingesetzt      *
 * werden.                                                     *
 *                                                             *
 *************************************************************** *)



(* +----------------------------------------------------------+
   ! Benoetigte Definitionen im Hauptprogramm: Keine          !
   +----------------------------------------------------------+


   +----------------------------------------------------------+
   ! Vordefinierte Typen: Feldrectyp, Feldartyp, Stringartyp, !
   !                  Maskendatei                             !
   ! Vordefinierte Variablen: Feldanzahl, Feldar, Stringar,   !
   !                  MaskenName                              !
   ! Vordefinierte Konstanten : Maxfelder, Maxlaenge          !
   +----------------------------------------------------------+ *)


CONST Maxfelder = 32;        { Maximale Anzahl der Eingabefelder }
      Maxlaenge = 80;        { Maximale Laenge der Eingabefelder }

TYPE Feldrectyp = RECORD
                    Zeile  : byte;
                    Spalte : byte;
                    Laenge : byte;
                  END;
     Feldartyp   = ARRAY[1..Maxfelder] OF Feldrectyp;
     Stringartyp = ARRAY[1..Maxfelder] OF string[Maxlaenge];

VAR  Feldanzahl : byte;
     Feldar     : Feldartyp;
     Stringar   : Stringartyp;
     MaskenName : string[14];
```

```
(* +-------------------------------------------------------------+
   ! Loeschen eines Teiles des Bildschirms (Koordinaten Spalte,!
   ! Zeile), Laenge = Feldlaenge                                !
   +-------------------------------------------------------------+
   *)

PROCEDURE ClrTeil(Spalte,Zeile,Laenge:byte);

VAR i : byte;

BEGIN
  gotoxy(Spalte,Zeile);
  FOR i := 1 TO Laenge DO write(' ');
END; { ClrTeil }

(* +-------------------------------------------------------------+
   ! Vorbesetzen von Stringar (=> Maskenfelder) mit Leerzeichen!
   +-------------------------------------------------------------+
   *)

PROCEDURE Loeschefelder(VAR feldar    : feldartyp;
                        VAR stringar : stringartyp;
                        Anzahl       : byte);

VAR Fensternummer, j: byte;

BEGIN
  FOR Fensternummer := 1 TO Anzahl DO

    BEGIN
      stringar[Fensternummer] := '';
      FOR j := 1 TO feldar[Fensternummer].Laenge DO
        stringar[Fensternummer] := stringar[Fensternummer] + ' ';
      WITH Feldar[Fensternummer] DO
        gotoxy(Spalte,Zeile);
      write(Stringar[Fensternummer]);
      stringar[Fensternummer] := '';
    END;

END; { Loeschfelder }


(* +-------------------------------------------------------------+
   ! Erfassen der Koordinaten einer Bildschirmmaske, die in     !
   ! einer Textdatei gespeichert ist.                           !
   ! Feldar : enthaelt Koordinaten und Laenge der Eingabe-      !
   !           felder                                           !
   ! Anzahl : enthaelt Anzahl der Eingabefelder                 !
   +-------------------------------------------------------------+
   *)

PROCEDURE Analyse (VAR Maskendatei:Text;
                   VAR Feldar:Feldartyp;
                   VAR Anzahl:byte);

VAR   Fensternummer, line    : byte;
      buffer                 : string[Maxlaenge];
```

```
BEGIN
  clrscr;
  line := 1;
  Fensternummer := 0;
  gotoxy(1,1);
  WHILE NOT eof(Maskendatei) DO
    BEGIN
      readln(Maskendatei,buffer);
      WHILE pos('#',buffer) <> 0 DO
        BEGIN
          Fensternummer := Fensternummer + 1;
          Anzahl := Fensternummer;
          WITH Feldar[Fensternummer] DO
            BEGIN
              Spalte := pos('#',buffer);
              Zeile := line;
              Laenge := 0;
              REPEAT
                buffer[pos('#',buffer)] := ' ';
                Laenge := Laenge + 1;
              UNTIL buffer[Spalte+Laenge] <> '#';
            END; { WITH }
        END; { WHILE }
      writeln(buffer);
      line := line + 1;
    END; { WHILE NOT eof.. }
    close(Maskendatei);
END; { Analyse }


(* +-------------------------------------------------------------+
   ! Bearbeiten eines Eingabefeldes auf dem Bildschirm           !
   ! Spalte, Zeile : Koordinaten des Eingabefeldes (Feldanfang)!
   ! Laenge        : Laenge des Eingabefeldes                    !
   ! buffer        : Feldinhalt                                  !
   ! Funktionswert : Steuerzeichen (CUp, CDown, RETURN, TAB)    !
   +-------------------------------------------------------------+
   *)

FUNCTION Feldedit(Spalte,Zeile,Laenge:byte;VAR buffer):char;

VAR     Zeichen       : char;
        Pos           : byte;
        Steuerzeichen : SET OF char;
        Puffer        : string[Maxlaenge] ABSOLUTE buffer;

BEGIN
  Steuerzeichen := [#3,#5,#9,#13,#24];
  gotoxy(Spalte,Zeile);
  write(Puffer);
  gotoxy(Spalte,Zeile);
  pos := 1;

  REPEAT
    read(kbd,Zeichen);
    CASE Zeichen OF
    #8,#127 : IF Pos > 1 THEN
```

```
                    BEGIN
                      Pos := Pos - 1;
                      delete(Puffer,Pos,1);
                      gotoxy(Spalte,Zeile);
                      write(Puffer);
                      write(' ');
                      gotoxy(Spalte+pos-1,Zeile);
                    END;

        #22 : IF length(Puffer) < Laenge THEN
                    BEGIN
                      insert(' ',Puffer,Pos);
                      gotoxy(Spalte,Zeile);
                      write(Puffer);
                      gotoxy(Spalte+Pos-1,Zeile);
                    END;

        #19 : IF Pos > 1 THEN
                    BEGIN
                      Pos := Pos - 1;
                      gotoxy(Spalte+Pos-1,Zeile);
                    END;
        #4  : IF Pos < Laenge THEN
                    BEGIN
                      Pos := Pos + 1;
                      gotoxy(Spalte+Pos-1,Zeile);
                    END;

    #32..#126 : IF Pos <= Laenge THEN
                      BEGIN
                        delete(Puffer,Pos,1);
                        insert(Zeichen,Puffer,Pos);
                        write(Zeichen);
                        Pos := Pos+1;
                      END;
    END; { CASE }
  UNTIL Zeichen IN Steuerzeichen;
  Feldedit := Zeichen;
END; { Feldedit }


(* +-------------------------------------------------------------+
   ! Eintragen von Daten in eine Bildschirm-Maske               !
   ! Feldar  : enthaelt Koord. und Laenge der Eingabefelder     !
   ! Stringar: enthaelt Feldinhalte der Eingabefelder (strings)!
   ! Anzahl  : enthaelt Anzahl der Eingabefelder                !
   +-------------------------------------------------------------+
   *)

PROCEDURE Eintrag(Feldar       : Feldartyp;
                  VAR Stringar : Stringartyp;
                  Anzahl       : byte);

VAR Fensternr : byte;
    buffer    : string[Maxlaenge];
    Zeichen   : char;

BEGIN
  FOR Fensternr := 1 TO Anzahl DO
```

```
   BEGIN
     WITH Feldar[Fensternr] DO
     gotoxy(Spalte,Zeile);
     write(Stringar[Fensternr]);
   END;

 Fensternr := 1;

 REPEAT
    buffer := Stringar[Fensternr];

    WITH Feldar[Fensternr] DO
        Zeichen := Feldedit(Spalte,Zeile,Laenge,buffer);
    Stringar[Fensternr] := buffer;

    IF ((Zeichen = chr(13)) OR
        (Zeichen = chr(24))) AND (Fensternr < Anzahl)
            THEN Fensternr := Fensternr + 1;
    IF (Zeichen = chr(5)) AND (Fensternr > 1)
            THEN Fensternr := Fensternr - 1;

 UNTIL Zeichen = chr(9);

END; { Eintrag }

(* *************** Ende der Maskenbibliothek ******************
*)
```

Übrigens kann man eine solche Bibliothek (wie auch eine einzelne Funktion oder Prozedur) auf syntaktische Fehler überprüfen, indem man dem Compiler ein komplettes Programm vortäuscht; man muß dazu lediglich

```
      ......
      BEGIN
      END.
```

anhängen. Ein Programmkopf ist ja bei TURBO nicht nötig. Nach dem Test muß man natürlich dieses Pseudo-Programm wieder entfernen.

2.2.4 Archivierung von Programmbibliotheken

Wenn man bereits viele solcher Bibliotheksmodule abgespeichert hat, muß man sich über die sinnvolle Verwaltung dieser Module Gedanken machen. Erfahrungsgemäß verschwinden diese Programme auf irgendwelchen Disketten und sind im Ernstfall nicht oder nicht schnell genug auffindbar. Bei großen Programmsammlungen weiß man auch oft gar nicht mehr, daß eine bestimmte Problemlösung bereits existiert. Hier sollte man die Mühe nicht scheuen, eine Kartei anzulegen. Diese Programmkartei muß dann aber immer sorgfältig auf dem neuesten Stand gehalten werden. Sehr gut eignet sich für diesen Zweck ein Datenbankprogramm (entweder selbst geschrieben nach dem Muster des Beispielprogramms in Abschnitt 2.3, oder auch ein fertiges wie z.B. "dBase" oder die Toolbox "TURBO-DATABASE").

2.3 Dynamische Datenstrukturen

Der Programmiersprache PASCAL wird oft vorgeworfen, daß sie keine
dynamische Feldvereinbarung gestattet, daß also die Größe von ARRAYs
vor dem Compilieren festgelegt wird und während des Programmlaufs
nicht mehr geändert werden kann. Als Ausgleich hierfür bietet aber
PASCAL, und damit auch TURBO, andere dynamische Datenstrukturen an,
die eine sehr leistungsfähige Datenorganisation erlauben: Zeiger (Pointer) und Dateien (Files).

Beim Arbeiten mit dynamischen Datenstrukturen liegt der Speicherplatz-
bedarf für die Daten beim Compilieren noch nicht fest, sondern er wird
während der Laufzeit (runtime) des Programms ständig der vorhandenen
Datenmenge angepaßt. Dabei sind Dateien in TURBO stets auf ein exter-
nes Speichermedium (Disketten, Festplatte) ausgelagert, während Datenstrukturen, die mit Hilfe von Zeigern aufgebaut werden, im Hauptspeicher des Rechners verbleiben.

Gerade beim Aufbau von Datenbanken, die sich ständig in ihrer Größe
verändern, sind sowohl Dateien als auch Zeiger sehr nützlich. Um die
Vorgehensweise beim Aufbau von Datenbanken zu zeigen, wollen wir uns
zunächst mit Zeigern befassen. Dabei werden wir uns an das Beispiel
aus 2.1 (Personendatei) anlehnen, die Datensätze jedoch im Hauptspeicher des Rechners aufbauen. Anschließend werden wir diese Struktur zur
Archivierung in eine sequentielle Diskettendatei umwandeln. Im Abschnitt 2.4 kombinieren wir dann alle bisher behandelten Methoden
(Bildschirmmasken, Dateien, Zeiger) in einem etwas umfangreicheren
Beispiel.

Bei Beispielprogrammen in Lehrbüchern sind immer zwei Forderungen zu
berücksichtigen: Einerseits sollen sie praktisch einsetzbar, also möglichst universell sein, andererseits müssen sie aus didaktischen Gründen
möglichst klar und einfach sein. Beide Forderungen widersprechen sich
im allgemeinen. In unserem konkreten Fall (Zeiger) haben wir es mit
einer Datenstruktur zu tun, die gerade dem Anfänger einige Rätsel auf-
gibt. Zunächst ist es ja wirklich schwierig zu durchschauen, welche Zeigervariable gerade auf welche andere Variable zeigt, ohne daß man als
Anwender irgendeinen Bezug zu den absoluten Speicheradressen hat.
Wenn man aber das Prinzip erst einmal verstanden hat, steht einem ein
äußerst leistungsfähiges Programmierwerkzeug zur Verfügung.

Unser Beispiel soll die Feinheiten der Datenorganisation mit Zeigern
von der Programmiertechnik her zeigen, wir verzichten aber auf ausge-
feilte Algorithmen, die einen optimal schnellen Zugriff auf Daten ge-
statten, weil wir damit das Wesentliche verschleiern würden. Dies bedeutet, daß wir uns hier mit der einfachsten Datenstruktur befassen,
die man mit Hilfe von Zeigern aufbauen kann: der linearen verketteten
Liste (die Erläuterung hierzu folgt später). In professionellen Datenbanken sind die Daten in Form von sogenannten Suchbäumen organisiert.
Will man einen schnellen Zugriff auf Daten, sollte man auf die TURBO-
Toolbox 'Database' zurückgreifen. In ihr findet man alle Prozeduren und
Funktionen zum Aufbau solcher Baumstrukturen in Quellcode-Form vor.
Dazu gehören noch ein erläuterndes Handbuch mit Beschreibung der
Routinen und ein komplettes Demonstrationsprogramm.

Doch nun zur konkreten Aufgabenstellung in unserem Beispiel: Wir wollen
unsere Personenkartei aus dem Abschnitt 2.1 diesmal nicht in einer Datei abspeichern, sondern in einer linearen Liste verketten. Erst nach
Abschluß der Bearbeitung sollen die Datensätze in geeigneter Weise

abgespeichert werden, damit sie bei der nächsten Bearbeitung wieder in die Liste eingetragen werden können.

2.3.1 Zeiger

Eine Zeigervariable zeigt auf eine andere Variable beliebigen Typs (also z.B. auf eine REAL-Variable oder auch auf einen RECORD oder ein AR-RAY). Genauer gesagt, sie zeigt auf deren Speicheradresse im Hauptspeicher des Rechners. Der Benutzer kennt aber im allgemeinen die Speicheradresse nicht, sondern diese wird von TURBO verwaltet. In unserem Fall wird ein zu definierender Zeiger auf einen RECORD zeigen. Die Typdefinition sieht folgendermaßen aus:

```
TYPE Zeigertyp = ^LDatentyp;
```

Wir finden hier ein neues Zeichen '^', das, wenn es vor einem Bezeichner steht, bedeutet: "es wird gezeigt auf ..". In dieser Art kommt es nur in Zeigertyp-Definitionen vor, im Programm steht es immer hinter einem Variablenbezeichner und hat dann eine andere Bedeutung.

Alle später definierten Variablen vom Typ Zeigertyp zeigen also auf eine ebenfalls noch zu definierende Variable vom Typ LDatentyp. LDatentyp ist vom Aufbau her identisch mit der Variablentype PERSON-RECTYP aus unserem Maskenprogramm, sie erhält jedoch noch ein zusätzliches Feld "Verkettung", das nun wiederum einen Zeiger vom Typ ZEIGERTYP darstellt. Die komplette Typdefinition sieht also so aus:

```
Schluesseltyp = string[80];
Zeigertyp     = ^LDatentyp;
LDatentyp     = RECORD
                    Verkettung : Zeigertyp;
                    Schluessel : Schluesseltyp;
                    Vorname    : string[20];
                END;
```

Mit dem Feld "Schluessel" ist der Familienname gemeint. Wir wollen unser Programm jedoch möglichst allgemein schreiben, damit wir es später auf andere Datensätze übertragen können. Die Felder "Wohnort" und "Geburtsdatum" haben wir hier weggelassen, da sie auf die Datenorganisation keinen Einfluß haben.

Bei dieser Definition wird in der zweiten Zeile der Typ LDatentyp bereits verwendet, ehe er in der dritten Zeile definiert wird. Was sonst in Pascal nicht gestattet ist, nämlich der Bezug auf noch nicht definierte Variable, ist in diesem Fall bei Zeigern ausnahmsweise erlaubt.

Das RECORD-Feld "Verkettung" ist unser Bindeglied zum nächsten RE-CORD; es enthält später einen Zeiger, der auf diesen nächsten RECORD zeigt.

Wir können jetzt Zeigervariable vom Typ Zeigertyp definieren, z.B.:

```
VAR Laufzeiger,
    Hilfszeiger,
    Startzeiger  : zeigertyp;
```

(Die Variablennamen haben wir schon mit bestimmter Absicht gewählt).

Zwischen Zeigern kann man Zuweisungen durchführen:

```
Hilfszeiger := Laufzeiger;
```

bedeutet, daß die Variable Hilfszeiger auf denselben RECORD (vom Typ LDatentyp) zeigen soll wie die Variable Laufzeiger. Bitte verwechseln Sie diese Zuweisung nicht mit Zuweisungen an die Bezugs-Variable (das ist die Variable, auf die gezeigt wird).

Auch der Bezugsvariablen kann man Werte zuweisen:

```
Hilfszeiger^ := Laufzeiger^;
```

Hier finden wir das dem Variablenzeiger nachgestellte '^', das man als "Inhalt der Variablen, auf die gezeigt wird" interpretieren kann. Man nennt diese Variable auch Bezugsvariable, weil sich der Zeiger auf sie bezieht. Mit der letzten Anweisung bewirkt man also, daß der Inhalt des records, auf den "Laufzeiger" zeigt, in den RECORD, auf den "Hilfszeiger" zeigt, kopiert wird.

Um es noch einmal deutlich darzustellen: Die Zeigervariable selbst wird ohne '^' geschrieben, die Bezugsvariable, also die Variable, auf die der Zeiger zeigt, erhält das nachgestellte '^'.

Am Anfang ist diese Art, auf Variablen zuzugreifen, die "anonym" sind, also nicht über Namen, sondern nur über Zeiger erreicht werden können, etwas ungewohnt. Man sollte sich aber vergegenwärtigen, daß so der Datenbestand geordnet erweitert werden kann, ohne daß man immer neue Variablenbezeichner erfinden oder riesige Felder definieren muß. Hat man den Unterschied zwischen Zeigervariablen und zugehörigen Bezugsvariablen einmal begriffen, ist der Umgang mit Zeigern gar nicht mehr so schwierig.

Da die Bezugsvariable ein RECORD ist, muß man auch auf dessen Felder über Zeiger zugreifen können. Beispielsweise kann man in dem RECORD, auf den die Zeigervariable "Hilfszeiger" zeigt, dem Feld "Vorname" den Wert "Josef" folgendermaßen zuweisen:

```
Hilfszeiger^.Vorname := 'Josef';
```

Im Klartext: das Feld "Vorname" der Recordvariablen, auf die Hilfszeiger zeigt, soll mit dem String 'Josef' besetzt werden.

Man kann eine Zeigervariable auch "ins Leere" zeigen lassen, also auf keine andere Variable. Dies kann man durch Zuweisung der Konstanten "NIL" erreichen.

```
Hilfszeiger := NIL;   (NIL = Not in list)
```

bewirkt also, daß "Hilfszeiger" auf keine Variable zeigt. Wir werden in unserer Liste später die Zeigervariable "Verkettung" im letzten Record auf "NIL" zeigen lassen. Dies ist dann die Markierung des Listenendes.

Wenn wir einen neuen Record erzeugen wollen, müssen wir TURBO anweisen, entsprechenden Speicherplatz bereitzustellen. Da wir für den neuen Record keinen eigenen Namen haben, müssen wir wieder eine Zeigervariable zu Hilfe nehmen, z.B. "Neuzeiger":

```
new(Neuzeiger);
```

Diese Standardprozedur erzeugt an der Speicherstelle, auf die "Neuzeiger" zeigt, Platz für einen neuen Datensatz. Die Felder dieses neuen Datensatzes sind aber noch undefiniert.

Wenn ein Datensatz nicht mehr benötigt wird, z.B. weil Mitarbeiter "Weber" aus der Firma ausgeschieden ist, muß man den bisher belegten Speicherplatz wieder frei machen können, weil man sonst sehr schnell die Speichergrenze erreichen kann. Standard-Pascal sieht hier die vordefinierte Prozedur DISPOSE vor, die z.B. folgendermaßen angewendet wird:

```
dispose(Hilfszeiger);
```

Diese Standardprozedur ist jedoch in TURBO-Pascal erst ab Version 2 implementiert, in älteren Versionen muß man sich mit den Prozeduren MARK und RELEASE behelfen, die allerdings Speicherplatz nur gruppenweise zur Verfügung stellen. Da DISPOSE in der Anwendung flexibler ist, soll hier auf MARK und RELEASE nicht näher eingegangen werden. Bitte beachten Sie aber auf jeden Fall, daß DISPOSE einerseits und MARK/RELEASE andererseits niemals gleichzeitig in einem Programm vorkommen dürfen (auch nicht über INCLUDE-Dateien).

Mit diesem Grundvorrat an Operationen mit Zeigern sind wir in der Lage, verkettete Listen oder Suchbäume aufzubauen und diese zu bearbeiten.

2.3.2 Lineare verkettete Listen

Das folgende Diagramm soll den Aufbau einer linearen verketteten Liste veranschaulichen:

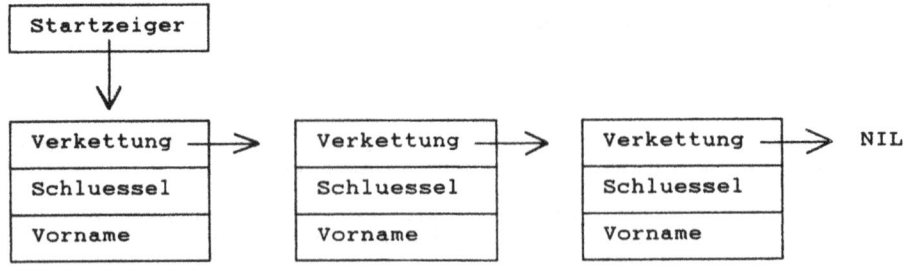

Abb. 2.3.1: Aufbau einer linearen verketteten Liste

Jeder Datensatz ist mit dem nächsten über einen Zeiger verkettet. Die Datensätze stehen zwar in der Reihenfolge ihrer Eingabe im Speicher, aber ihre Reihenfolge in der Liste ist eine andere, z.B. entsprechend der alphabetischen Ordnung der Namen. In diesem Fall bezeichnet man das Feld "LDatentyp.Schluessel" auch als Schlüsselfeld. Der erste Datensatz hat keinen Vorgänger, deshalb wird eine zusätzliche Zeigervariable "Startzeiger" eingeführt, die immer auf den ersten Datensatz zeigt. Der Zeiger im Feld "LDatentyp.Verkettung" des letzen Datensatzes zeigt schließlich auf "NIL".

Elementare Operationen in verketteten Listen

Bei dem nun folgenden Beispielprogramm werden wir aus didaktischen
Gründen von der üblichen Top-Down-Entwicklung eines Pascal-Programmes
abgehen, damit wir die grundlegenden Operationen mit Zeigern und Listen herausarbeiten können. Dadurch wird unser Gefühl für den Umgang
mit Zeigern geschult. Es sollen bei dieser Gelegenheit fertige Funktionen und Prozeduren entstehen, die wir dann später in eine Programmbibliothek einbauen können. Solche elementaren Listenoperationen sind:

- Anlegen einer neuen Liste,
- Suchen eines Listenelementes,
- Einfügen eines neuen Listenelementes,
- Löschen eines Listenelementes,
- Feststellen des Listenendes usw.

Diese Unterprogramme sollen eine Programmbibliothek "Listen.bib" bilden, d.h. sie werden zusammen als Block (mit INCLUDE) in ein Anwenderprogramm eingebunden. In einem solchen Fall ist es zulässig (und
wegen der Ersparnis von Schreibarbeit auch sinnvoll), in den einzelnen
Funktionen und Prozeduren globale Variable zu verwenden, die für die
gesamte Bibliothek definiert sind. Allerdings muß man darauf achten,
daß die Schnittstelle zum eigentlichen Hauptprogramm dann wieder möglichst einfach und übersichtlich ist.

Anlegen einer neuen Liste

Wenn wir eine neue Liste anlegen - und das müssen wir zumindest bei
jedem Programmstart tun - enthält diese noch keine Datensätze. Wir
müssen uns demnach alle in Abb. 2.4.1 dargestellten Datensätze wegden-
ken und erkennen, daß dann der Startzeiger auf NIL zeigt. Deshalb gilt:

```
PROCEDURE NeueListe;
  BEGIN
    Startzeiger := NIL;
  END;
```

Einfügen eines Listenelementes

Wir gehen im Moment davon aus, wir hätten schon eine Liste, die mehrere Datensätze enthält. Wenn wir jetzt einen bestimmten Datensatz
suchen, müssen wir uns vom Startzeiger her von einem Element zum
anderen durch die gesamte Liste vorarbeiten, bis wir die gesuchte Stelle gefunden haben. Zu diesem Zweck müssen wir einen Laufzeiger definieren, der beim ersten Element (auf welches der Startzeiger zeigt)
startet:

```
Laufzeiger := Startzeiger;
```

und mit

```
Laufzeiger := Laufzeiger^.Verkettung;
```

weitergeschaltet wird. Im Klartext heißt obige Anweisung: Der Laufzeiger soll auf jenen Datensatz weisen, auf den der Zeiger "Verkettung"
desjenigen Datensatzes zeigt, auf den der Laufzeiger bisher gezeigt
hat.

Zum Einfügen neuer Datensätze müssen wir auch auf den Datensatz, der
vor dem gerade angezeigten kommt, zurückgreifen (vgl. Abb. 2.3.2).
Dazu führen wir noch einen Hilfszeiger ein, der dem Laufzeiger immer
um einen Datensatz nacheilt. Das Weiterschalten dieses Hilfszeigers
bauen wir gleich in unsere Prozedur zum Weiterschalten des Laufzeigers
ein und erhalten nach dem Initialisieren beider Zeiger mit

```
    .....
    Laufzeiger := Startzeiger;
    Hilfszeiger := Startzeiger;
    .....
```

die Prozedur

```
    PROCEDURE Zeigerweiter;
    BEGIN
      Hilfszeiger := Laufzeiger;
      Laufzeiger := Laufzeiger^.Verkettung;
    END;
```

Wenn wir ein Element nach unserem Ordnungsschema (z.B. alphabetisch)
einfügen wollen, müssen wir den Laufzeiger weiterschalten, bis er auf
ein Element zeigt, das größer (im Sinne unserer Ordnung) als das einzu-
fügende ist. Das neue Element muß aber vorher eingefügt werden, und
dazu müssen wir auch den Zeiger im vorhergehenden verändern. Abb.
2.3.2 veranschaulicht das Einfügen.

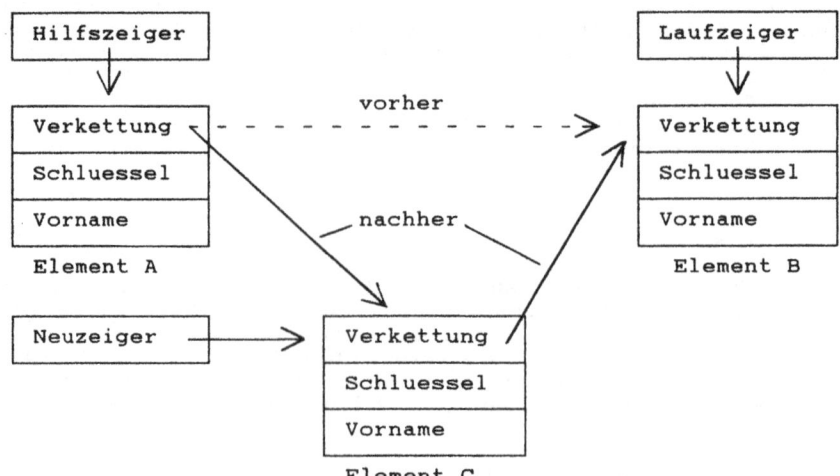

Abb. 2.3.2 Einfügen eines Elementes in eine Liste

Nun sehen wir auch die Notwendigkeit des Hilfszeigers: Wenn wir mit
dem Laufzeiger einmal eine bestimmte Position erreicht haben, können
wir nicht mehr zurück, den es gibt ja (in unserem Beispiel) keine Verkettung in Rückwärtsrichtung. In Abb. 2.3.2 muß der Zeiger in Element
A, also Hilfszeiger^.Verkettung so "verbogen" werden, daß er auf Element C zeigt:

```
        Hilfszeiger^.Verkettung := Neuzeiger;
```

Weiterhin muß der Zeiger in Element C auf Element B gesetzt werden:

```
        Neuzeiger^.Verkettung := Laufzeiger;
```

Unsere Prozedur "Insertmitte" lautet dann:

```
PROCEDURE Insertmitte;
      BEGIN
        Hilfszeiger^.Verkettung := Neuzeiger;
        Neuzeiger^.Verkettung := Laufzeiger;
      END;
```

Ist das neue Element an der ersten Stelle der Liste einzufügen, müssen wir auch den Startzeiger verändern; daraus folgt eine etwas andere Prozedur:

```
      PROCEDURE Insertvorn;
        BEGIN
          Neuzeiger^.Verkettung := Startzeiger;
          Startzeiger := Neuzeiger;
        END;
```

Diese Prozedur ist auch zum Einfügen des ersten Elementes in eine neu angelegte Liste geeignet.

Als Merkmal, ob wir beim Zeiger-Suchlauf die Einfügestelle erreicht haben, definieren wir noch eine BOOLEsche Funktion "erreicht":

```
      FUNCTION erreicht:boolean;
        BEGIN
          erreicht := Laufzeiger^.Schluessel=Neuzeiger^.Schluessel;
        END;
```

Löschen eines Listenelementes

Beim Löschen eines Datensatzes aus der Liste geschieht das Weiterschalten der Zeiger analog zum Einfügen. Allerdings ist unser Suchkriterium ein anderes. Wir müssen hier auf Übereinstimmung des Schlüsselfeldes mit einem einzugebenden Suchwort (vom gleichen Typ wie das Schlüsselfeld) prüfen:

```
      FUNCTION gefunden(Suchwort:Schluesseltyp):boolean;
        BEGIN
          gefunden := Laufzeiger^.Schluessel = Suchwort;
        END;
```

Haben wir das gesuchte Element gefunden, müssen wir wieder einige Zeiger umlenken, wie uns Abb. 2.3.3 zeigt.

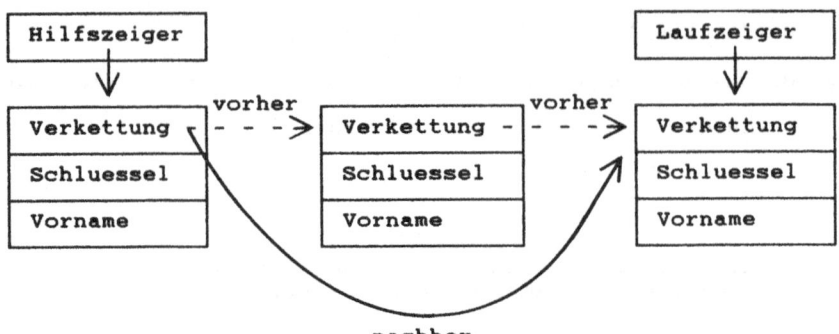

Abb. 2.3.3: Löschen eines Listenelementes

In Pascal schreibt man dieses Löschen:

```
PROCEDURE Deletemitte;
  BEGIN
    Hilfszeiger^.Verkettung := Laufzeiger^.Verkettung;
    dispose(Laufzeiger);
  END;
```

Wir stellen mit der Anweisung "dispose(Laufzeiger)" den nun frei gewordenen Speicherplatz wieder zur Verfügung. Zum Löschen des ersten Elementes einer Liste müssen wir auch wieder den Startzeiger verändern:

```
PROCEDURE Deletevorn;
  BEGIN
    Startzeiger := Startzeiger^.Verkettung;
    dispose(Laufzeiger);
  END;
```

Sicher haben Sie den wesentlichen Unterschied zum Sortieren und Suchen in Feldern schon erkannt: Bei Feldern sortieren wir ein ganzes Feld **nachträglich**. Dazu benötigen wir mehrere Sortierläufe. Bei verketteten Listen sortieren wir die neuen Elemente bereits **bei der Eingabe** ein. Das könnten wir bei Feldern zwar im Prinzip auch tun (vgl. 1.6), wir müßten aber beim Einfügen eines neuen Elementes alle nachfolgenden verschieben, um Platz zu schaffen. Es ist der entscheidende Vorteil von Datenstrukturen mit Zeigern, daß ein solches Verschieben beim Einsortieren nicht nötig ist (man muß ja lediglich maximal zwei Zeiger umändern). Dadurch kommt man bei der Eingabe und beim Suchen eines Datensatzes mit einem einzigen Suchlauf aus. Wer schon einmal umfangreiche Felder sortiert hat, weiß den Zeitvorteil beim Arbeiten mit Zeigern zu schätzen.

Möglicherweise werden Sie sich bei diesem Abschnitt wundern, warum wir ganz kurze Prozeduren und Funktionen definiert haben, die manchmal nur aus einer einzigen Anweisung bestehen. Der Zweck dieses Vorgehens wird Ihnen vielleicht klar, wenn Sie das Listing der Prozedur für einen kompletten Einfügelauf lesen:

```
PROCEDURE Einfuegen;
  BEGIN
    Hilfszeiger := Startzeiger;              { Initialisieren }

    Laufzeiger := Startzeiger;
    IF Startzeiger = NIL THEN                 { leere Liste    }
      Insertvorn
    ELSE
      BEGIN
        WHILE (NOT Listenende) AND (NOT erreicht) DO
          BEGIN
            Zeigerweiter;
            IF erreicht THEN Insertmitte;
          END; { WHILE }
        IF Listenende THEN Insertmitte;
      END; { ELSE }
  END; { Einfuegen }
```

Durch die sinnvolle Wahl der Prozedur- und Funktionsnamen liest sich
dieser Programmabschnitt beinahe wie ein normaler Text, ohne daß die
Programmstruktur durch komplizierte Vergleichs- und Zuweisungsopera-
tionen verschleiert wird. Auf diese Weise kann man ein Programm nahezu selbstdokumentierend schreiben.

Abspeichern und Einlesen verketteter Listen

Hat man die Bearbeitung einer verketteten Liste abgeschlossen, will man
sie auch abspeichern können, um sie zu einem anderen Zeitpunkt wieder
einzulesen und weiter zu bearbeiten.

Beim Abspeichern läßt man wieder einen Laufzeiger beim ersten Element
starten, schaltet ihn um jeweils einen Datensatz weiter und schreibt
den Datensatz, auf den der Laufzeiger gerade zeigt, in eine Datei. Man
sollte darauf achten, daß der Speicherplatz des gerade abgespeicherten
Datensatzes mit DISPOSE wieder freigegeben wird.

Das Einlesen einer Liste von einer Datei geht umgekehrt wie das Abspeichern vonstatten. Man muß dabei beachten, daß man vor dem Einlesen eines Datensatzes mit NEW den Speicherplatz für ein neues Element
freimacht.

Das Programmlisting für die beiden Prozeduren "Abspeichern" und "Einlesen" finden Sie in der Bibliothek "Listen.bib".

Hinweise zum Beispielprogramm für verkettete Listen

Am Ende dieses Abschnitts geben wir ein komplettes Demonstrationsprogramm für verkettete Listen wieder. Alle Prozeduren zum Bearbeiten
von Listen sind in einer Programmbibliothek "Listen.bib" zusammenge
faßt. Diese Bibliothek können Sie für eigene Programme verwenden. Sie
müssen dabei aber einige Konventionen beachten:

- Das Schlüsselfeld ist in unserem Beispiel ein String. Es kann aber auch vom Typ "integer", "byte" oder von einem benutzerdefinierten Typ sein. Der Typ ist im Hauptprogramm als "Schluesseltyp" anzugeben.

- Im Hauptprogramm ist eine Zeigervariable "Zeigertyp = ^LDatentyp" zu definieren.

- Der Record für Ihre Anwenderdaten muß als erstes Feld "Verkettung:Zeigertyp", und als zweites Feld "Schluessel:Schluesseltyp" erhalten. Sie können weitere Felder nach Ihrer Wahl hinzufügen.

- Das Hauptprogramm muß vor dem Einrichten einer Liste die Routine "Neueliste" aufrufen oder die Anweisung "new(Startzeiger)" enthalten.

Der entsprechende Definitionsteil in Ihrem Hauptprogramm muß also folgendermaßen aussehen:

```
TYPE Schluesseltyp    = ..............
     Zeigertyp        = ^LDatentyp;
     LDatentyp        = RECORD
                           Verkettung : Zeigertyp;
                           Schluessel : Schluesseltyp;
                           ... beliebige Anzahl
                           ... von Feldern, Typ je
                           ... nach Aufgabenstellung
                        END;
```

Die einfachen Beispielprozeduren zur Eingabe der Datensätze von der Tastatur ("Eingabe") bzw. zur Ausgabe auf dem Bildschirm ("Ausgabe") können Sie, wenn Ihnen der bescheidene Komfort genügt, in Ihr Anwenderprogramm mit aufnehmen. Diese Prozeduren müssen dann natürlich um die zusätzlichen benutzerspezifischen Recordfelder erweitert werden. Da sie doch sehr von der momentanen Problemstellung abhängen, sollte man sie nicht in die Listenbibliothek integrieren.

Für eine sehr komfortable Eingabe bietet sich der Einsatz von Bildschirmmasken an. Im Programmbeispiel des Abschnitts 2.4 werden wir eine solche Maske zur Bearbeitung verketteter Listen einsetzen. Dort sind auch die Eingaberoutinen (z.B. für Dateinamen) besser gegen Bedienungsfehler gesichert und außerdem wird dort bei Diskettenoperationen immer eine Fehlerprüfung durchgeführt.

Programmlisting der Bibliothek Listen.bib

```
(* ****************************************************************
   *                                                            *
   *          Programmbibliothek fuer verkettete Listen         *
   *                                                            *
   * Inhalt:                                                    *
   * PROCEDURE Einfuege  (Datensatz in lineare verkettete       *
   *                      Liste einfuegen)                      *
   * PROCEDURE Loesche   (Datensatz aus Liste loeschen)         *
   * PROCEDURE NeueListe (lineare verkettete Liste anlegen)     *
   * PROCEDURE Abspeichern (Liste auf Diskette speichern)       *
   * PROCEDURE Einlesen (Liste von Diskette einlesen)           *
   *                                                            *
   * Da diese Prozeduren nicht einzeln verwendet werden, ent-   *
   * halten sie weitere global definierte Unterprogramme und    *
   * Variablen. Deshalb sollte man diese Bibliothek nur als     *
   * kompletten Block in andere Programme einbinden.            *
   *                                                            *
   * Die Zeilen, in denen die Variablen IoStatus und            *
   * IoMeldung vorkommen, sind durch Kommentarklammern un-      *
   * wirksam gemacht. Beim Einsatz der Bibliothek Dateien.bib   *
   * koennen sie aktiviert werden, da sie dort vordefiniert     *
   * sind. Man kann diese Zeilen aber auch ohne Dateien.bib     *
   * aktivieren, wenn man die Variablen global definiert.       *
   *                                                            *
   **************************************************************** *)


(* +------------------------------------------------------+
   ! Benoetigte Definitionen im Hauptprogramm:            !
   !                                                      !
   ! TYPE Schluesseltyp = ....  (Typ des Schluesselfeldes) !
   !      Zeigertyp = ^LDatentyp;                         !
   !      LDatentyp = RECORD                              !
   !                    Verkettung : Zeigertyp;           !
   !                    Schluessel : Schluesseltyp;       !
   !                    ....  weitere Datenfelder         !
   !                    ....  beliebigen Typs             !
   !                  END;                                !
   +------------------------------------------------------+ *)


(* +------------------------------------------------------+
   ! Vordefinierte Typen: LDateityp                       !
   ! Vordefinierte Variable: Startzeiger, Laufzeiger, Neu- !
   !                      zeiger, Hilfszeiger            !
   ! Vordefinierte Funktionen: Listenende, gefunden, erreicht !
   ! Vordefinierte Prozeduren: Insertmitte, Insertvorn,  !
   !                      Deletemitte, Deletevorn        !
   +------------------------------------------------------+ *)

TYPE LDateityp = FILE OF LDatentyp;

VAR Startzeiger,
    Laufzeiger,
    Neuzeiger,
    Hilfszeiger : Zeigertyp;
```

```
FUNCTION Listenende : boolean;

BEGIN
  Listenende := (Laufzeiger = NIL);
END; { Listenende }


FUNCTION gefunden(Suchwort:Schluesseltyp):boolean;

BEGIN
  gefunden := (Laufzeiger^.Schluessel = Suchwort);
END; { gefunden }


FUNCTION erreicht:boolean;

BEGIN
  erreicht := (Laufzeiger^.Schluessel > Neuzeiger^.Schluessel);
END; { erreicht }


PROCEDURE Insertmitte;

BEGIN
  Neuzeiger^.Verkettung := Laufzeiger;
  Hilfszeiger^.Verkettung := Neuzeiger;
END; { insertmitte }


PROCEDURE Insertvorn;

BEGIN
  Neuzeiger^.Verkettung := Startzeiger;
  Startzeiger := Neuzeiger;
END; { insertvorn }


PROCEDURE Deletemitte;

BEGIN
  Hilfszeiger^.Verkettung := Laufzeiger^.Verkettung;
  dispose(Laufzeiger);
END; { Deletemitte }


PROCEDURE Deletevorn;

BEGIN
  Startzeiger := Startzeiger^.Verkettung;
  dispose(Laufzeiger);
END; { Deletevorn }


PROCEDURE Zeigerweiter;

BEGIN
  Hilfszeiger := Laufzeiger;
  Laufzeiger := Laufzeiger^.Verkettung;
END; { Zeigerweiter }
```

```
(*  +-------------------------------------------------------------+
    !      Einfuegen eines Elementes in eine Liste                !
    +-------------------------------------------------------------+ *)

PROCEDURE Einfuege;

BEGIN
  Hilfszeiger := Startzeiger;                    {Initialisieren der}
  Laufzeiger := Startzeiger;                     { Zeiger           }

  IF Startzeiger = NIL THEN                       { Leere Liste      }
    Insertvorn

  ELSE

    IF Startzeiger^.Schluessel > Neuzeiger^.Schluessel THEN
      Insertvorn                                 { Vorne einfuegen }
    ELSE
      BEGIN                                { in der Mitte einfuegen }
        WHILE (NOT Listenende)
          AND (NOT erreicht) DO
          BEGIN
            Zeigerweiter;
            IF erreicht THEN insertmitte;
          END; { von WHILE }
          IF Listenende THEN insertmitte;    { hinten einfuegen }
      END; { ELSE }

END; { Einfuege }

(*  +-------------------------------------------------------------+
    !      Suchen eines Elementes in einer Liste                  !
    +-------------------------------------------------------------+ *)

FUNCTION Suche(Suchwort:Schluesseltyp):boolean;

BEGIN
  Hilfszeiger := Startzeiger;
  Laufzeiger := Startzeiger;

  IF Startzeiger = NIL THEN                       { leere Liste      }
    exit
  ELSE

    IF Startzeiger^.Schluessel = Suchwort THEN
      Suche := true                              { 1. Element       }

    ELSE

      BEGIN                                      { weiter suchen    }
        WHILE (NOT Listenende)
          AND (NOT gefunden(Suchwort)) DO
            Zeigerweiter;
          IF Listenende THEN
            Suche := false
          ELSE Suche := true;
      END;

END;          { von Suche, Laufzeiger zeigt auf gesuchtes Element }
```

```
(* +---------------------------------------------------------------+
   !      Loeschen eines Elementes aus einer Liste                 !
   +---------------------------------------------------------------+ *)

PROCEDURE Loesche(Suchwort:Schluesseltyp);

BEGIN

  IF Startzeiger = NIL THEN                        { leere Liste      }
     exit
  ELSE
    IF (Startzeiger = Laufzeiger)
    AND Suche(Suchwort) THEN
      Deletevorn                                   { vorne loeschen   }
    ELSE
      IF (NOT Listenende) AND Suche(Suchwort) THEN
        Deletemitte;                               { in der Mitte loeschen}
END; { von loesche }


(* +---------------------------------------------------------------+
   !      Speichern einer Liste in einer Datei                     !
   +---------------------------------------------------------------+ *)

PROCEDURE Speichern(VAR LDatei:LDateityp;VAR LDateiname);

VAR Dateiname : string[14] ABSOLUTE LDateiname;

BEGIN
  assign(LDatei, Dateiname);
  rewrite(LDatei);
  Laufzeiger := Startzeiger;
  WHILE NOT Listenende DO
    BEGIN
      write(LDatei,Laufzeiger^);
      Zeigerweiter;
      dispose(Hilfszeiger);
    END; { von WHILE }
  close(LDatei);
END; { von Speichern }


(* +---------------------------------------------------------------+
   !      Lesen einer verketteten Liste aus einer Datei            !
   +---------------------------------------------------------------+ *)

PROCEDURE Lesen(VAR LDatei:LDateityp;VAR LDateiname);

VAR Dateiname : string[14] ABSOLUTE LDateiname;

BEGIN
  Startzeiger := NIL;
    (*$I-*)
    assign(LDatei, Dateiname);
    reset(LDatei);
    (*$I+*)
    (* IoStatus := Ioresult; *)      (* wenn Dateien.bib vorhan- *)
    (* IF Iostatus = 0 THEN  *)      (* den, werden Zeilen mit   *)
    WHILE NOT eof(LDatei) DO          (* IOStatus und IOMeldung   *)
```

```
        BEGIN                          (* aktiviert                *)
          new(Neuzeiger);
          read(LDatei,Neuzeiger^);
          Einfuege;
        END { von WHILE }
  (* ELSE
        IoMeldung(IoStatus,Dateiname) *);
close(LDatei);
END; { von Lesen }

(* ************  Ende der Listenbibliothek ******************** *)
```

Programmlisting des Beispielprogramms "VListe.pas"

```
(* ************************************************************
   *                                                          *
   *              Demo-Programm Verkettete Liste              *
   *                                                          *
   ************************************************************ *)

PROGRAM Personenkartei;

CONST Schluessellaenge = 80;

TYPE Schluesseltyp = string[Schluessellaenge];
     Zeigertyp = ^LDatentyp;
     LDatentyp = RECORD
                    Verkettung : Zeigertyp;
                    Schluessel : string[Schluessellaenge];
                    Vorname    : string[20];
                 END;
     Dateinametyp   = string[14];

VAR Datei     : FILE OF LDatentyp;
    Dateiname : Dateinametyp;
    Antwort   : char;


{$I listen.bib }

(* +----------------------------------------------------------+
   !                Einlesen des Dateinamens                  !
   +----------------------------------------------------------+
   *)

FUNCTION Liesname: Dateinametyp;

VAR Fname : Dateinametyp;

BEGIN
  buflen := 14;
  write('Dateiname: '); readln(FName);
  Liesname := FName;
END; { Liesname }
```

```
(* +-----------------------------------------------------------+
   !                   Eingabe der Daten                       !
   +-----------------------------------------------------------+
   *)

PROCEDURE Eingabe;

VAR stop : boolean;

BEGIN
  REPEAT
    clrscr;
    new(Neuzeiger);
    write('Name:      '); readln(Neuzeiger^.Schluessel);
    stop := Neuzeiger^.Schluessel = 'xyz';
    write('Vorname : '); readln(Neuzeiger^.Vorname);
    IF NOT stop THEN einfuege;
  UNTIL stop;
END;

(* +-----------------------------------------------------------+
   !            Ausgabe der Daten auf dem Bildschirm           !
   +-----------------------------------------------------------+
   *)

PROCEDURE Ausgabe;

BEGIN
  clrscr;
  Laufzeiger := Startzeiger;
  WHILE NOT Listenende DO
    BEGIN
      writeln('Name:       ',Laufzeiger^.Schluessel);
      writeln('Vorname:    ',Laufzeiger^.Vorname);
      writeln;
      Zeigerweiter;
    END; { von WHILE }
write('weiter mit beliebiger Taste ');
REPEAT ; UNTIL keypressed;
END; { von Ausgabe }

(* +-----------------------------------------------------------+
   !           Loeschen eines Datensatzes aus der Liste        !
   +-----------------------------------------------------------+
   *)

PROCEDURE loeschen;

VAR Suchstring : Schluesseltyp;

BEGIN
  clrscr;
  write('zu loeschender Name: ');
  readln(Suchstring);
  IF Suche(Suchstring) THEN Loesche(Suchstring);
END; { Loeschen }
(* ***********************************************************************)
```

```
BEGIN                                              { Hauptprogramm }
  Startzeiger := NIL;
  REPEAT
    clrscr;
    writeln('Eingabe  ------------> 1 '); writeln;
    writeln('Ausgabe  -----------> 2 '); writeln;
    writeln('Speichern ----------> 3 '); writeln;
    writeln('Lesen von Disk ------> 4 '); writeln;
    writeln('Element loeschen ---> 5 '); writeln;
    writeln('Programmende -------> 6 '); writeln;
    write('Ihre Wahl: ');
    read(kbd,Antwort);

    CASE Antwort OF
      '1' : Eingabe;
      '2' : Ausgabe;
      '3' : BEGIN
               write('Dateiname: '); readln(Dateiname);
               assign(Datei,Dateiname);
               rewrite(Datei);
               Speichern(Datei,Dateiname);
            END;
      '4' : BEGIN
               write('Dateiname: '); readln(Dateiname);
               assign(Datei,Dateiname);
               reset(Datei);
               Lesen(Datei,Dateiname);
            END;
      '5' : Loeschen;
      '6' : exit;
    END; { von CASE }
  UNTIL Antwort = 'q';
END.

(******* Ende des Demo-Programms "Verkettete Listen" *********)
```

2.3.3 Dateien

Dateien (files) sind eine Aneinanderreihung gleichartiger Komponenten (Datensätze), die ihrerseits wieder von beliebigem Typ sein können. Eine Ausnahme bilden Dateien selbst, also "FILE OF FILE .." ist nicht zuge- lassen.

Mit jeder definierten Datei ist automatisch ein Dateizeiger verbunden, der auf den aktuellen Datensatz zeigt. In Standard-Pascal ist nun die Beeinflussung der Zeiger sehr stark eingegrenzt: Man kann sie sowohl beim Lesen (durch die Anweisung RESET) als auch beim Schreiben (durch die Anweisung REWRITE) an den Anfang der Datei setzen. Durch das Le- sen bzw. Schreiben eines Datensatzes wird der Zeiger dann automatisch um einen Datensatz weitergeschoben. Man spricht hierbei von sequenti- ellen Dateien, weil alle Zugriffe auf die Datensätze der Reihe nach geschehen müsssen. Leider ist diese Dateiart in der Praxis äußerst um- ständlich zu handhaben. Will man einen einzelnen Datensatz herausgrei- fen, muß man die gesamte Datei von Anfang an lesen.

TURBO-Pascal ermöglicht dagegen einen wahlfreien Zugriff (random ac- cess) auf einzelne Datensätze innerhalb einer Datei. Damit ist eine der großen Schwachstellen (neben der Stringbehandlung), die Pascal immer angekreidet werden, ausgemerzt. Erreicht wird der wahlfreie Zugriff durch die Standardprozedur

        seek(Datei,Satznummer);

Seek setzt den Satzzeiger einer Datei auf den Datensatz, der der Satz- nummer entspricht. Dabei ist zu beachten, daß die Sätze von Null an gezählt werden. Der ausgewählte Datensatz kann mit READ gelesen oder mit WRITE überschrieben werden. Die aktuelle Position des Zeigers kann jederzeit mit der Standardfunktion FILEPOS abgefragt werden.

Auch über die Anzahl der Datensätze gibt TURBO-Pascal durch die Funktion FILESIZE vom Typ INTEGER Auskunft (siehe BINAERSUCHE in 1.6).

Sehr vorsichtig muß man mit REWRITE umgehen. Diese Standardprozedur ist ausschließlich zum Anlegen neuer Dateien gedacht. Wendet man RE- WRITE auf eine bestehende Datei an, werden alle Datensätze gelöscht.

Bei Textdateien finden wir eine etwas andere Situation vor. Textdateien haben ja eine Zeilenstruktur, und wenn man die Zeilen als "Datensätze" betrachtet, sind sie nicht gleich lang, denn eine Zeile geht immer von einem "Carridge Return" bis zum nächsten. Aus diesem Grund ist bei Textdateien ein wahlfreier Zugriff nicht möglich.

Will man trotzdem wahlfrei auf einzelne Zeilen zugreifen, wird etwas Speicherplatz verschwendet. Man muß dann nämlich eine Datei aus Stringkomponenten definieren, bei der die Stringlänge der größten Zei- lenlänge entspricht, also

        TYPE str80 = string[80];
        VAR Datei = FILE OF str80;

Kopiert man die Textdatei in diese Datei, hat man den gewünschten wahlfreien Zugriff.

Damit Sie mit dem Umgang mit Dateien und insbesondere mit wahlfreiem Zugriff vertraut werden, folgt jetzt ein Programmlisting einer Biblio- thek mit Dateifunktionen. Anschließend wollen wir die auftretenden Pro- bleme und einige programmtechnische Feinheiten näher untersuchen.

Listing der Programmbibliothek 'Dateien.bib'

```
(* **********************************************************
 *                                                        *
 *            Programmbibliothek fuer Dateien             *
 *                                                        *
 * Inhalt:                                                *
 * FUNCTION  Liesname  (liest Dateinamen von Tastatur)    *
 * FUNCTION  OpenDateiA (oeffnet Datei vom Typ ADateityp) *
 * FUNCTION  OpenDateiB (oeffnet Datei vom Typ BDateityp) *
 * FUNCTION  OpenText  (oeffnet Textdatei)                *
 * FUNCTION  Exist     (prueft, ob Dateiname existiert)   *
 * PROCEDURE IoCheck   (wertet IoStatus aus)              *
 * FUNCTION  NeueDateiA (legt neue Datei (ADateityp) an)  *
 * FUNCTION  NeueDateiB (legt neue Datei (BDateityp) an)  *
 *                                                        *
 * wahlfreier Zugriff fuer Datei A:                       *
 * FUNCTION SchreibDateiA (schreibt einen Datensatz)      *
 * FUNCTION LiesDateiA    (liest einen Datensatz)         *
 * FUNCTION Append        (haengt einen Datensatz an)     *
 *                                                        *
 * Die Unterprogramme verwenden im Rumpf keine globalen   *
 * Vereinbarungen. Sie koennen deshalb auch einzeln ein-  *
 * gesetzt werden.                                        *
 ********************************************************** *)


(* +------------------------------------------------------+
   ! Benoetigte Typendefinitionen im Hauptprogramm:       !
   !                                                      !
   ! TYPE ADatentyp = ..... beliebige Type, darf keine    !
   !                        Dateien enthalten             !
   ! TYPE BDatentyp = ..... beliebige Type, darf keine    !
   !                        Dateien enthalten             !
   +------------------------------------------------------+ *)


(* +------------------------------------------------------+
   ! Vordefinierte Typen: ADatenfiltyp, BDatenfiltyp,     !
   !                      Dateinametyp                    !
   ! Vordefinierte Variablen: IoStatus                    !
   +------------------------------------------------------+ *)

TYPE ADatenfiltyp = FILE OF ADatentyp;
     BDatenfiltyp = FILE OF BDatentyp;
     Nametyp      = string[14];

VAR IoStatus : byte;
```

```
(* +-----------------------------------------------------------+
   !LiesName : Liest Dateinamen von der Tastatur ein           !
   +-----------------------------------------------------------+ *)


FUNCTION LiesName:Nametyp;

VAR FName : string[14];

BEGIN
  buflen := 14;
  write('Dateiname: ');
  readln(Fname);
  LiesName := FName;
END; { LiesName ]



(* +-----------------------------------------------------------+
   ! OpenDateiA : Oeffnet Datei vom Typ 'ADatenfiltyp'         !
   +-----------------------------------------------------------+ *)


FUNCTION OpendateiA(VAR Datei:ADatenfiltyp;VAR Dateiname):byte;

VAR FName : string[14] ABSOLUTE Dateiname;

BEGIN
  {$I-}
  assign(Datei,FName);
  reset(Datei);
  OpenDateiA := IoResult;
  {$I+}
END; { OpendateiA }



(* +-----------------------------------------------------------+
   ! OpenDateiB : Oeffnet Datei vom Typ 'BDatenfiltyp'         !
   +-----------------------------------------------------------+ *)


FUNCTION OpendateiB(VAR Datei:BDatenfiltyp;VAR Dateiname):byte;

VAR FName : string[14] ABSOLUTE Dateiname;

BEGIN
  {$I-}
  assign(Datei,FName);
  reset(Datei);
  OpenDateiB := IoResult;
  {$I+}
END; { OpendateiB }
```

```
(* +----------------------------------------------------------+
   ! OpenText : Oeffnet eine Textdatei                        !
   +----------------------------------------------------------+ *)


FUNCTION OpenText(VAR Datei:Text;VAR Dateiname):byte;

VAR FName : string[14] ABSOLUTE Dateiname;

BEGIN
  {$I-}
  assign(Datei,FName);
  reset(Datei);
  OpenText := IoResult;
  {$I+}
END; { Opentext }


(* +----------------------------------------------------------+
   ! Exist : Prueft, ob ein Dateiname bereits existiert       !
   +----------------------------------------------------------+ *)


FUNCTION exist(VAR Dateiname):boolean;

VAR FName : string[14] ABSOLUTE Dateiname;
    Datei : FILE;

BEGIN
  {$I-}
  Assign(Datei,FName);
  reset(Datei);
  {$I+};
  exist := (IoResult = 0);
  close(Datei);
END; { exist }


(* +----------------------------------------------------------+
   ! IoMeldung: Prueft die vordefinierte Variable IoStatus    !
   !            und gibt I/O-Fehlernummer aus                 !
   +----------------------------------------------------------+ *)


PROCEDURE IoMeldung(IoStatus:byte;VAR Dateiname);

VAR FName : string[14] ABSOLUTE Dateiname;
BEGIN
  IF IoStatus <> 0 THEN
    BEGIN
      gotoxy(1,24);
      writeln('I/O-Fehler ',IoStatus,' in ',FName);
      writeln('weiter mit bel. Taste');
      REPEAT ; UNTIL keypressed;
    END; { IF }
END; { IoMeldung }
```

```
(* +------------------------------------------------------------+
   ! NeueDateiA: Legt eine neue Datei vom Typ ADatenfiltyp an.!
   !             Eine vorhanden Datei gleichen Namens wird     !
   !             geloescht.                                    !
   +------------------------------------------------------------+ *)


FUNCTION NeueDateiA(VAR Datei:ADatenfiltyp; VAR Dateiname):byte;

VAR FName : string[14] ABSOLUTE Dateiname;

BEGIN
  {$I-}
  assign(Datei,Fname);
  rewrite(Datei);
  {$I+}
  NeueDateiA := Ioresult;
END; { NeueDateiA }


(* +------------------------------------------------------------+
   ! NeueDateiB: Legt eine neue Datei vom Typ BDatenfiltyp an.!
   !             Eine vorhanden Datei gleichen Namens wird     !
   !             geloescht.                                    !
   +------------------------------------------------------------+ *)


FUNCTION NeueDateiB(VAR Datei:BDatenfiltyp; VAR Dateiname):byte;

VAR FName : string[14] ABSOLUTE Dateiname;

BEGIN
  {$I-}
  assign(Datei,Fname);
  rewrite(Datei);
  {$I+}
  NeueDateiB := Ioresult;
END; { NeueDateiB }


(* +------------------------------------------------------------+
   ! SchreibDatei: Schreibt einen Datensatz aus einer Puffer- !
   !               variablen in eine Datei (wahlfrei)         !
   +------------------------------------------------------------+ *)


FUNCTION SchreibDatei(VAR Datei   : ADatenfiltyp;
                      VAR Puffer  : ADatentyp;
                      Satznummer  : integer):byte;

BEGIN
  {$I-}
  seek(Datei,Satznummer);
  write(Datei,Puffer);
  {$I+}
  Schreibdatei := Ioresult;
END; { Schreibdatei }
```

```
(* +------------------------------------------------------------+
   ! LiesDatei: Liest einen Datensatz aus einer Datei in eine  !
   !            Puffervariable (wahlfreier Zugriff)            !
   +------------------------------------------------------------+ *)


FUNCTION Liesdatei(VAR Datei   : ADatenfiltyp;
                   VAR Puffer  : ADatentyp;
                   Satznummer  : integer):byte;

BEGIN
  {$I-}
  seek(Datei,Satznummer);
  read(Datei,Puffer);
  {$I+}
  Liesdatei := Ioresult;
END; { Liesdatei }




(* +------------------------------------------------------------+
   ! Append: Haengt einen neuen Datensatz an eine bestehende   !
   !         Datei an.                                          !
   +------------------------------------------------------------+ *)


FUNCTION Append(VAR Datei       : ADatenfiltyp;
                VAR Puffer      : ADatentyp;
                VAR Satznummer  : integer):byte;

BEGIN
  {$I-}
  seek(Datei,Filesize(Datei));
  write(Datei,Puffer);
  {$I+}
  append := Ioresult;
END; { Append }


(* ************* Ende der Bibliothek Dateien.bib ************* *)
```

Zunächst fällt auf, daß in dieser Programmbibliothek fast alle Bausteine als Funktionen geschrieben sind, auch dort, wo man eigentlich Prozeduren erwarten würde (z.B. beim Öffnen von Dateien oder beim wahlfreien Schreiben eines Datensatzes). Funktionen sind aber in gewissem Sinn universeller als Prozeduren, denn sie ermöglichen alles, was Prozeduren auch können, wie z.B. die Übergabe beliebig vieler Parameter durch Wert- oder Referenzaufrufe. Aber sie können noch etwas mehr, nämlich die Lieferung eines Funktionswertes, ohne daß dieser in der Parameterliste beim Funktionsaufruf angegeben werden muß.

Die Methode, Funktionen gegenüber Prozeduren zu bevorzugen, ist vor allem dort angebracht, wo eine Meldung (z.B. eine Statusinformation) an das aufrufende Programm übergeben werden muß. Wir haben in unseren Beispielfunktionen dem Funktionswert immer den Wert der vordefinierten Funktion "IoResult" zugewiesen, der nichts anderes als einen Fehlercode darstellt.

Natürlich wird eine Funktion etwas anders aufgerufen als eine Prozedur:
Man muß entweder den Funktionswert an eine Variable zuweisen, oder
man muß den Aufruf in eine Vergleichsoperation einbauen, wie z.B.

```
IF Opentext(Datei,Dateiname) <> 0 THEN ....
```

Wenn man die Bibliothek näher ansieht, sticht noch ein anderer Umstand
ins Auge. Es gibt z.B. drei verschiedene Open-Funktionen: OpenText(..),
OpenDateiA(..) und OpenDateiB(..). Wir sind hier auf eine der wenigen,
und auf die wahrscheinlich gravierendste Schwachstelle von TURBO gegenüber Standard-Pascal gestoßen. TURBO erlaubt nämlich keine Übergabe von Prozeduren und Funktionen als Parameter in Prozedur- oder
Funktionsaufrufen (diese Einschränkung tut vor allem dort weh, wo man
in einem Unterprogramm einen allgemeinen Algorithmus schreibt, den
man dann auf beliebige Funktionen anwenden will).

Bei unserer Programmbibliothek ergibt sich folgendes Problem:

Die Dateioperationen laufen nach einem einheitlichen Schema ab. Dabei
wird zuerst dem Bezeichner der Dateivariablen mit ASSIGN ein Name für
die Disketten-Datei zugewiesen. Weitere Operationen verwenden dann den
Datei-Variablenbezeichner.

Bei allen Dateioperationen führt TURBO eine Typenprüfung durch. Deshalb muß der Dateityp im Unterprogramm definiert sein, d.h. es muß im
Hauptprogramm eine Typendefinition für die entsprechende Dateivariable
vorkommen. Diese Typenprüfung ist sinnvoll und notwendig, da unterschiedliche Dateitypen auch eine unterschiedliche Struktur aufweisen.
Würde man eine Datei mit einem falschen Typ eröffnen können, gäbe es
ein heilloses Durcheinander bei der Datenaufzeichnung.

Nach den Regeln von Standard-Pascal wäre diese Typenprüfung kein Problem, denn man könnte im Hauptprogramm für jeden Dateityp eine kleine
Prozedur schreiben, die nur diesen Dateityp definiert. Diese Prozedur
könnte man dann als Parameter an die eigentliche Dateiprozedur oder -
funktion übergeben, und letztere würde dann die Dateioperation mit dem
richtigen Dateityp durchführen.

Leider ist diese Vorgehensweise in TURBO nicht möglich. Es funktioniert
auch der in 2.2.2 geschilderte Trick nicht, bei dem wir das Problem der
Typübergabe an Unterprogramme mit einer nicht typisierten Variablen im
Unterprogramm-Aufruf und einem Bezug auf das aufrufende Programm
mit "absolute .." gelöst haben. Diese Methode läßt sich auf Dateien
nicht anwenden, da diese ja nicht im Speicher, sondern auf einem Datenträger abgelegt werden.

Es bleibt uns bei unserer Programmbibliothek nichts anderes übrig, als
für jeden Dateityp ein eigenes Unterprogramm zu schreiben. Wir haben
in unserem Beispiel für alle Fälle eine Textdatei und zwei weitere frei
wählbare Dateitypen vorgesehen. Eine davon (bezeichnet mit "A..") ist
auch mit den Unterprogrammen für wahlfreien Zugriff versehen.

Benötigt man für ein spezielles Problem mehr Dateitypen, muß man,
wenn man die Bibliothek verwenden will, zusätzliche Dateiroutinen dazu-
schreiben. Da sich diese Routinen nur in Details (Name, verwendete
Typbezeichner) von den schon vorhandenen unterscheiden, erfordert dies
mit Hilfe der Funktion "Block kopieren" des TURBO-Editors keinen großen
Zeitaufwand.

Benötigt man weniger Dateitypen, als in der Bibliothek vorgesehen sind, kann man die Routinen belassen, man muß dann aber im Hauptprogramm auch für die nicht benötigten Datei-Routinen irgendeinen Dateityp definieren.

Eine erfreuliche Ausnahme bildet die Funktion "exist(Dateiname)". Bei ihr kommt es überhaupt nicht auf den Dateityp an, weil wir ja nur abfragen, ob der Name bereits auf der Diskette existiert. Deshalb kann man als Dateityp einfach "file" einsetzen.

Die Verwendung dieser Bibliothek ist trotz der geschilderten Unannehmlichkeiten zu empfehlen, da mit ihrer Hilfe das Hauptprogramm gestrafft und übersichtlicher gestaltet werden kann.

Zur Funktion "Liesname", die zur Eingabe eines Dateinamens dient, ist noch zu erwähnen, daß sie keine Prüfung enthält, ob der eingegebe Name auch den TURBO-Pascal-Regeln entspricht. Im Bedarfsfall könnte man diese Funktion erweitern.

Für Dateinamen sind in allen Unterprogrammen maximal 14 Zeichen vorgesehen: zwei für die Laufwerksangabe, acht für den Namen, eines für "." und drei für die Erweiterung. Bei Programmen, die unter MS/PC-DOS laufen, müßte man die zugelassene Länge für Dateinamen erweitern, da dort ja Pfadangaben bis zu 64 Zeichen vorgesehen sind.

Mehrere Beispiele für den Einsatz und den Aufruf von Funktionen aus dieser Beispielbibliothek finden Sie in Abschnitt 2.4.

2.4 Modulares Programmieren (Ausführungsbeispiel)

Unter modularem Programmieren versteht man den Aufbau von Programmen aus einzelnen Bausteinen (Modulen), die teils neu geschrieben, teils aus anderen Programmen übernommen werden. Die Vorgehensweise bei dieser Programmiertechnik wollen wir demonstrieren, indem wir ein bereits vorhandenes Programmpaket ausbauen und an einen neuen Anwendungsfall anpassen:

Die in Abschnitt 2.3.2 vorgestellte Methode, komplette Datensätze mit Hilfe verketteter Listen zu verwalten, weist einen schwerwiegenden Nachteil auf: Weil die gesamte Datenstruktur im Hauptspeicher des Rechners aufgebaut wird, ist ab einer bestimmten Datenmenge die Speicherkapazität erschöpft. Dies gilt besonders dann, wenn die Datensätze umfangreich sind, also aus vielen und langen Feldern bestehen.

In diesem Fall muß man sie auf Massenspeicher (Disketten, Festplatte) auslagern. Allerdings ist dann der Zugriff auf den einzelnen Datensatz schwierig und zeitraubend. Zur Lösung dieses Problems hat sich eine Kombination aus verketteter Liste (bzw. Suchbaum) und Datei mit wahlfreiem Zugriff bewährt.

Dabei speichert man die vollständigen Datensätze in chronologischer Folge, also ungeordnet, auf Diskette oder Festplatte ab. Im Speicher verwaltet man abgemagerte Datensätze in Form einer verketteten Liste (in professionellen Datenbanksystemen in Form von Suchbäumen). Diese reduzierten Datensätze enthalten nur die nötigsten Felder, also das Schlüsselfeld zum Ordnen der Datensätze, ein Verkettungsfeld mit Zeiger zum Aufbau der Liste, und ein zusätzliches "Indexfeld". Deshalb spricht man auch von einer Indexdatei. Dieses Indexfeld besteht nur aus einer ganzen Zahl, nämlich der Nummer des zugehörigen vollständigen Datensatzes in der Diskettendatei.

Operationen wie Suchen, Einordnen und Löschen finden nur in der Liste im Hauptspeicher statt, wo ein sehr schneller Zugriff möglich ist. Mit Hilfe des Querverweises im Indexfeld kann man dann den entsprechenden Datensatz auf dem externen Datenträger ebenfalls sehr schnell finden. Ein zeitraubendes Suchen in der Datei ist überhaupt nicht nötig, Diskettenzugriffe finden nur statt, wenn man den vollständigen Datensatz zur Bearbeitung in den Speicher einlesen muß.

Nach Beendigung der Bearbeitung legt man die Indexliste in einer sequentiellen Datei ab, mit deren Hilfe man bei der nächsten Bearbeitung die Liste jederzeit wieder aufbauen kann.

Bei dieser Art von Datenverwaltung vereint man die Vorteile von Disketten- bzw. Festplatten-Dateien (große Speicherkapazität, Aufrechterhaltung der Speicherung auch ohne Versorgungsspannung) mit den Vorteilen von Zeigerstrukturen im Rechnerspeicher (komfortabler und schneller Zugriff) auf ideale Weise. Beachten sollte man noch, daß ein Datensatz, der aus der Indexliste gelöscht wurde, noch in der Datei enthalten ist. Will man ihn dort auch löschen, muß man dies gesondert tun.

Kommen wir nun zum Thema dieses Abschnittes: Wenn wir eine Datenbank aufbauen wollen, die nach den eben geschilderten Prinzipien arbeitet, stehen wir vor einer Situation, die jeder Programmierer früher oder später einmal vorfindet. Wir besitzen aus anderen Programmiervorhaben eine Menge Programmbausteine, Prozeduren, Funktionen und Programmbibliotheken. Manche passen für das gegenwärtige Vorhaben exakt, andere nur teilweise, und man muß sie passend machen. Auf jeden Fall muß man beim Planen des Programms die vorhandenen Module berücksichtigen. Dies kann unter Umständen die gesamte Programmstruktur beeinflussen. Oft ist es besser, einen zunächst aufwendigeren Weg zu gehen, um dann durch Einsatz fertiger Module an Aufwand zu sparen.

Es besteht eine gewisse Ähnlichkeit mit einem Puzzlespiel aus Programmbausteinen, dessen Endprodukt ein lauffähiges Programm ist. Der Fachausdruck hierfür heißt "Modulares Programmieren".

Will man die Methode an einem Beispiel aufzeigen, kann man dies nur tun, wenn man ein etwas komplizierteres Problem wählt. Wir werden Planung und Durchführung eines Programmprojektes an einem fiktiven Beispiel zeigen. Am Ende wird ein lauffähiges Programm entstehen, das aber noch nicht voll durchentwickelt ist. Um möglichst realistisch zu sein, denken wir uns folgende Situation:

Die Gemeinde Musterdorf will den Bücherbestand ihrer Gemeindebücherei mit Hilfe eines Rechners verwalten. Wir sollen dafür das Programm erstellen und müssen dazu einige typische Entwicklungsschritte durchlaufen.

2.4.1 Pflichtenheft

Professionelle Programmierer, deren Aufgabe es ist, Verwaltungsaufgaben in Firmen oder Behörden "auf EDV umzustellen", behaupten immer, daß es relativ leicht ist, ein Programm zu schreiben - verglichen mit dem Erfassen und Definieren der Aufgaben, die dieses Programm erfüllen soll. Das liegt daran, daß bei Abläufen, die von Menschen durchgeführt werden, viele Einzelheiten (und vor allem Sonderfälle) gar nicht so exakt festgelegt sind. Im Zweifelsfall wird dann eben von einem Vorgesetzten entschieden, wie man vorzugehen hat.

Bei einem Rechnerprogramm muß man die Aufgaben präzise und detailliert definieren (und zwar bevor man mit dem Programmieren beginnt), weil es sonst laufend Differenzen zwischen Auftraggeber und Programmierer gibt, ob das Programm das Richtige tut oder nicht. Ein Rechnerprogramm kann eben einen Vorgang, der nicht ins Schema paßt, nicht "nebenher" erledigen.

Sind die Aufgaben aber genau (schriftlich) festgelegt, kann der Programmierer bei der abschließenden Abnahme die Erfüllung seiner Pflichten nachweisen. Daß das Festlegen der Aufgaben in Zusammenarbeit zwischen Auftraggeber und Programmierer erfolgen muß, weil nur so jeder seine spezifischen Kenntnisse in das Projekt einbringen kann, versteht sich von selbst.

Bei der Bestellung von technischen Einrichtungen, aber auch bei Programmen, werden die zu erbringenden Leistungen in einem sogenannten Pflichtenheft beschrieben. Dieses Pflichtenheft muß nicht unbedingt ein ganzes Heft sein; man versteht darunter eine Liste, in der die Aufgaben (bei technischen Einrichtungen auch die zu erreichenden technischen Daten) möglichst detailliert beschrieben sind.

Da das Hauptthema dieses Buches "TURBO-Pascal" ist, werden wir aus unserem fiktiven Pflichtenheft einige Einzelheiten ausklammern bzw. stillschweigend voraussetzen, die an sich unbedingt hineingehören. Wir wollen z.B. Fragen, welches Betriebssystem und welcher Rechner zum Einsatz kommt, beiseite legen, sondern nur unterstellen, daß TURBO-Pascal auf diesem verfügbar ist. Und daß wir unser Programm in TURBO-Pascal schreiben, ist an dieser Stelle auch selbstverständlich.

In knapper Form könnte unser Pflichtenheft etwa folgendermaßen aussehen:

1. Gespeicherte Daten:

   Pro Buch sollen gespeichert werden: Autor, Titel, Verlag, Erscheinungsjahr, Inventarnummer, Sachgebiet.

2. Dateneingabe:

   Die Dateneingabe soll über eine Tastatur erfolgen.

3. Datenzugriff:

   a) Bei Eingabe eines Autorennamens soll dieser Autor in der Datei gesucht werden. Wird ein Buch gefunden, sollen die unter 1. genannten Daten in übersichtlicher Form auf dem Bildschirm ausgegeben werden. Es muß möglich sein, ein auf diese Weise gefundenes Buch zu löschen.

   b) Es soll möglich sein, den gesamten Bücherbestand (alphabetisch nach Autoren geordnet) auf dem Bildschirm durchzublättern. Wahlweise soll eine alphabetisch nach Autoren geordnete Bestandsliste auf dem Drucker ausgegeben werden können.

Uns muß natürlich bewußt sein, daß in ein Pflichtenheft noch weitere Angaben gehören (z.B. über die maximale Anzahl zu erfassender Bücher), und daß ein Benutzer besonders beim Datenzugriff wesentlich mehr Komfort verlangen wird (z.B. Zurückblättern, Teil-Bestandslisten für einzelne Sachgebiete ausdrucken usw.). Wir wollen aber unser Beispielprogramm nicht unnötig kompliziert machen, die Planungs- und Realisierungsschritte können wir auch an diesem vereinfachten Problem erkennen. Am Ende des Abschnittes 2.4 werden wir noch auf mögliche Verbesserungen eingehen und Hinweise geben, wie man diese programmtechnisch verwirklicht.

2.4.2 Strukturierung des Problems

Programmstruktur

Gemäß unserem Pflichtenheft haben wir drei Hauptaufgaben zu erfüllen: Eingabe von Büchern, Suchen nach Autoren und Datenausgabe. Damit liegt die Grobstruktur unseres Programmes schon fest: Wir werden drei in sich abgeschlossene Prozeduren für jede dieser Aufgaben schreiben. Da man vielleicht die Bestände früherer Jahre archivieren will, sollte auch die Möglichkeit bestehen, unter einem neuen Namen eine neue Datei aufzubauen. Das Grobstruktogramm für unser Problem kann damit gezeichnet werden.

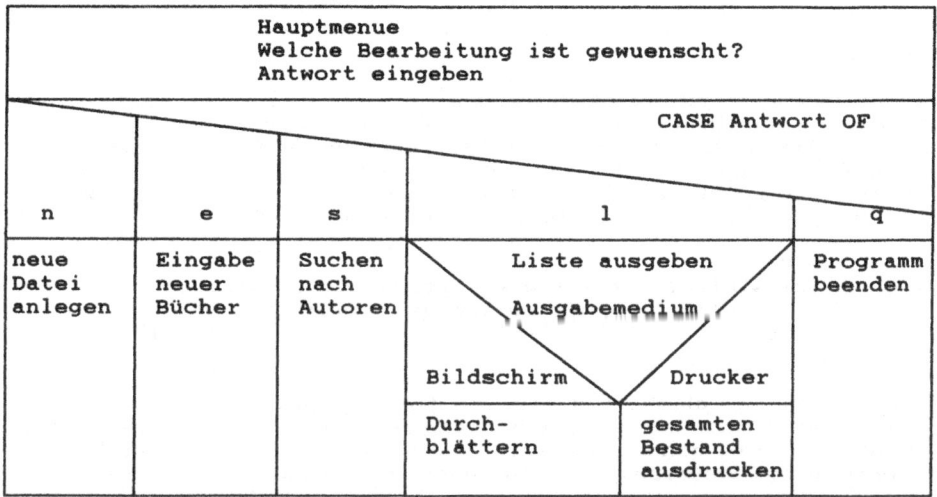

Abb. 2.4.1 Grob-Struktogramm des Programms "Gemeindebücherei"

Dieses Struktogramm zeigt eine klare Trennung zwischen den einzelnen
Blöcken. Diese Trennung darf man durch sorgloses Programmieren nicht
wieder verwischen. Am besten erreicht man die Abgrenzung der Blöcke
dadurch, daß das Hauptprogramm nur das Menü steuert, und daß jeder
Struktogramm-Block durch eine selbständige Prozedur verwirklicht wird.
Dabei ist unter dem Begriff "selbständige Prozedur" gemeint, daß sie
wirklich abgeschlossen sein muß. Es dürfen also z.B. bei der Rückkehr
ins Hauptprogramm keine Dateien geöffnet sein. Sicherlich wird auf diese Weise der Programmcode etwas umfangreicher, weil manche Programmteile in jedem Block in gleicher Form vorkommen. Für diesen
Zweck gibt es aber in Pascal Prozeduren und Funktionen, die man glo-
bal definiert und dann eben in jedem Block an geeigneter Stelle aufruft.

An dieser Stelle erkennt man bereits, daß "modulares Programmieren"
und "strukturiertes Programmieren" nicht zwei verschiedene Program-
miertechniken sind, sondern daß sie untrennbar miteinander verbunden
sind. Im Idealfall ist jeder Strukturblock ein Modul im fertigen Programm. Wir wollen in unserem Anwendungsbeispiel versuchen, diesem Idealfall möglichst nahe zu kommen.

Wenn wir wirklich die Top-Down-Technik konsequent verfolgen wollen,
können wir jetzt unser Hauptprogramm bereits schreiben und in be-
schränktem Umfang auch austesten. Für Ungeduldige hat dies den Vorteil, daß sie sich schon sehr frühzeitig an den Rechner setzen und ein
Programm eintippen können, das sogar lauffähig ist.

Damit unser Programm nicht allzu primitiv wird, können wir uns noch
einige Gedanken machen, welche Programmbibliotheken wir mit INCLUDE
einbinden wollen. In diesem Entwicklungsstadium können wir bereits mit
Sicherheit sagen, daß wir die Bibliothek "Dateien.bib" zur Dateibehand-
lung, die Bibliothek "Listen.bib" zum Aufbau einer verketteten Liste und

die Bibliothek "Masken.bib" zum Bearbeiten einer Ein- und Ausgabemaske
benötigen werden. Später könnten durchaus noch weitere INCLUDE-Files
dazukommen.

Sie werden jetzt vielleicht einwenden, daß wir im Moment noch nicht
wissen, was wir in die Prozeduren für die Hauptblöcke schreiben sollen.
Das ist aber auch gar nicht nötig, wir definieren für die Prozeduren
einen formal richtigen Prozedurkopf, schreiben aber für den Rumpf ein
kleines "Dummy-Programm", das dann später durch das richtige ersetzt
wird. Bewährt hat sich z.B. folgender Prozedurrumpf:

```
BEGIN
  writeln('hier folgt die Prozedur ..... ');
  writeln('weiter mit beliebiger Taste');
  REPEAT UNTIL keypressed;
END;
```

Damit sehen wir, ob die Prozedur richtig angesprungen wird. Mit einem
Tastendruck können wir sie wieder verlassen, ohne daß im Moment irgendwelche Operationen durchgeführt werden. Wir testen dadurch also
eigentlich das Steuerprogramm für unser Programm.

Datenstruktur

Zur Aufnahme der Daten bietet sich, wie in allen ähnlichen Fällen, ein
Record an. Dieser Record, der alle Daten eines Buches enthalten muß,
stellt wiederum einen Datensatz der Datendatei dar. In unserer Datei-
bibliothek ist eine Datei mit wahlfreiem Zugriff für einen Record vom
Typ "ADatentyp" vorbereitet. Die Länge der einzelnen Felder muß natürlich den einzugebenden Daten angepaßt werden.

In unserer Listenbibliothek haben wir einen Record zur Aufnahme eines
Schlüsselfeldes, eines Zeigerfeldes und eines Indexfeldes eingerichtet.
In unserem Hauptprogramm müssen wir diesen Record vom Typ LDaten-
typ, sowie den dazugehörigen Zeigertyp definieren.

Unser Hauptprogramm muß also, damit die Bibliotheksbausteine richtig
aufgerufen werden, folgende globale Definitionen erhalten:

```
TYPE Schluesseltyp = string[66];

     Zeigertyp = ^LDatentyp;
     LDatentyp = RECORD                          { => Liste        }
                    Verkettung : Zeigertyp;
                    Schluessel : Schluesseltyp;
                    Index      : integer;
                 END;

     ADatentyp = RECORD                          { => Datendatei }
                    Autor            : Schluesseltyp;
                    Titel            : string[66];
                    Verlag           : string[66];
                    Erscheinungsjahr : string[9];
                    Inventarnummer   : string[10];
                    Sachgebiet       : string[20];
                 END;

     BDatentyp = LDatentyp;                       { => Indexdatei }
```

```
{$I Dateien.bib }
{$I Masken.bib }
{$I Listen.bib }
```

VAR Antwort   : char;

Die Datei vom Typ BDatentyp nimmt später die Indexdatei auf, also die
nach einer Bearbeitung abgespeicherte Liste. An Variablen müssen wir
im Moment nur "Antwort" für das Hauptprogramm einrichten, später werden noch einige globale Variable hinzukommen.

Es soll nun unser Hauptprogramm aufgelistet werden, das zwar schon
lauffähig ist, aber natürlich noch keinerlei spezielle Aufgaben erfüllt.

Programmlisting der ersten Entwicklungsstufe

```
(* ***************************************************************
   *                                                           *
   *            Demo-Programm 'Gemeindebuecherei'              *
   *                                                           *
   *************************************************************** *)

TYPE Schluesseltyp = string[66];

     Zeigertyp = ^LDatentyp;
     LDatentyp = RECORD                              { => Liste      }
                    Verkettung : Zeigertyp;
                    Schluessel : Schluesseltyp;
                    Index      : integer;
                 END;

     ADatentyp = RECORD                              { => Datendatei }
                    Autor            : Schluesseltyp;
                    Titel            : string[66];
                    Verlag           : string[66];
                    Erscheinungsjahr : string[9];
                    Inventarnummer   : string[10];
                    Sachgebiet       : string[20];
                 END;

     BDatentyp = LDatentyp;                          { => Indexdatei }
{$I Dateien.bib }
{$I Masken.bib }
{$I Listen.bib }

VAR Antwort    : char;


PROCEDURE Neuanlage;

BEGIN
  writeln('hier folgt die Prozedur Neuanlage ');
  write('weiter mit beliebiger Taste ');
  REPEAT UNTIL keypressed;
END; { Neuanlage }
```

```
PROCEDURE Eingabe;

BEGIN
  writeln('hier folgt die Prozedur Eingabe ');
  write('weiter mit beliebiger Taste ');
  REPEAT UNTIL keypressed;
END; { Eingabe }


PROCEDURE Suchen;

VAR Fensternummer : byte;

BEGIN
  writeln('hier folgt die Prozedur Suchen ');
  write('weiter mit beliebiger Taste ');
  REPEAT UNTIL keypressed;
END; { Suchen }


PROCEDURE Listendruck;

VAR Druckflag : boolean;
    Zeilennummeer, ConTreiber : integer;

BEGIN
  writeln('hier folgt die Prozedur Listendruck ');
  write('weiter mit beliebiger Taste ');
  REPEAT UNTIL keypressed;
END; { Listendruck }


PROCEDURE Quit;
BEGIN
  exit;
END;


(* -------------------- Hauptprogramm ---------------------- *)
BEGIN
  REPEAT
    clrscr;
    writeln('Gemeindebuecherei Musterdorf ');
    writeln; writeln;
    writeln('Vorhandene Programme: ');
    writeln;
    writeln('Neue Buecherdatei anlegen ==> n');
    writeln;
   writeln('Eingabe neuer Buecher ======> e');
    writeln;
    writeln('Suchen nach Autoren ========> s');
    writeln;
    writeln('Liste ausdrucken ===========> l');
    writeln;
    writeln('Programm-Ende ==============> q');
      gotoxy(1,18);
      write('Ihre Wahl: ');
      read(kbd,Antwort);
```

```
        Antwort := upcase(Antwort);
        CASE Antwort OF
          'N': Neuanlage;
          'E': Eingabe;
          'S': Suchen;
          'L': Listendruck;
          'Q': Quit;
        END; { CASE }
      UNTIL Antwort = 'Q';
END. { Hauptprogramm ---------------------------------------------- }
```

Die Frage, ob es einen Sinn hat, dieses Programm schon jetzt auszute-
sten, können wir eindeutig mit "Ja" beantworten. Wir besitzen dann am
Ende bereits unser fertiges Menü, aber was noch viel wichtiger ist: wir
haben schon getestet, ob unsere Bibliotheksbausteine in der richtigen
Reihenfolge aufgerufen werden (z.B. muß die Dateien-Bibliothek als erste stehen, weil die anderen auf sie zurückgreifen), und der TURBO-
Compiler sagt uns beim Übersetzen, ob wir nicht noch vergessen haben,
globale Typen oder Variable für unsere Programmbibliotheken zu verein-
baren.

2.4.3 Stufenweise Verfeinerung

Wir müssen uns jetzt einen Block nach dem anderen vornehmen, die Aufgabenstellung analysieren und eine Vorgehensweise festlegen. Dabei kann
es bei einem Block sein, daß die Problemlösung so einfach ist, daß wir
sofort mit dem Eintippen von Programmcode beginnen können; bei anderen Blöcken können die Zusammenhänge so verwickelt sein, daß wir hier
erneut mit einer Grobplanung beginnen müssen, um erst nach mehreren
Verfeinerungsschritten zu unserem fertigen Programm zu gelangen.

Neuanlage einer Datei

Hier haben wir es mit einer einfachen Aufgabe zu tun, die ein rein li-
neares Programm erfordert, so daß sich das Entwickeln eines Struktogramms erübrigt. Wir müssen der Reihe nach folgende Anweisungen eingeben:

- Dateiname für neue Datei einlesen,

- prüfen, ob der Name schon existiert (Bibliothek!), wenn ja, Warnung
  ausgeben,

- Datei anlegen (Funktion "NeueDateiA" aus Bibliothek),

- evtl. Fehlermeldung ausgeben,

- automatisch eine Indexdatei mit gleichem Namen, aber ".IDX" anlegen,

- alle offenen Dateien schließen.

Mit diesen Angaben ist das Listing der Prozedur "Neuanlage" leicht zu
lesen.

Eingabe von Daten

Die Dateneingabe soll mit Hilfe einer Bildschirmmaske übersichtlich gestaltet werden. Dazu müssen wir eine Maske entwerfen, bei der die Anzahl der Platzhalter der Länge der Eingabefelder des Records vom Typ
ADatentyp entspricht. Für den Dialog des Benutzers mit dem Rechner
haben wir am Ende der Maske ein Dialogfeld vorgesehen, das wir im
Programm jederzeit mit GOTOXY(..) erreichen können. Die letzten beiden
Zeilen sind für Statusmeldungen reserviert. Hier zeigen wir z.B. den
Namen der Datei ständig an, die gerade bearbeitet wird. Diese Maske
kann beispielsweise so aussehen:

```
+--------+----------------------------------------------------+
! Autor: ! ##################################################!
+--------+----------------------------------------------------+
! Titel: ! ##################################################!
+--------+----------------------------------------------------+
! Verlag:! ##################################################!
+--------+----------------------------------------------------+
!                                                             !
+--------------------+-----------+--+-------------------+-----------+
! Erscheinungsjahr:  ! ######### !  ! Inventarnummer:   ! ##########!
+--------------------+-----------+--+-------------------+-----------+
!                                                             !
+----------------------------------+--------------------------------+
! Sachgebiet: ################### !                               !
+----------------------------------+--------------------------------+
! Dialogfeld                                                   !
!                                                             !
!                                                             !
!                                                             !
!                                                             !
!                                                             !
! Statusfeld:                                                 !
!                                                             !
+-------------------------------------------------------------+
```

Abb. 2.4.2 Bildschirmmaske für Demo-Programm 'Gemeindebücherei'

Zum Auswerten der Maske muß unsere Eingabeprozedur die Maskendatei
zum Lesen öffnen, einlesen und auf die Koordinaten der Eingabefelder
untersuchen. Diesen Ablauf, zusammen mit dem Öffnen der Datendatei
und dem Einlesen der Indexdatei, fassen wir in einer globalen Prozedur
"Maskenauswertung" zusammen. Diese Prozedur werden wir auch bei der
Datenausgabe, für die wir unsere Maske ebenfalls benutzen, einbauen.
Wenn Sie das Listing für die Prozedur "Maskenauswertung" durchlesen,
werden sie feststellen, daß die Maskendatei nach dem Lesen sofort wieder geschlossen wird, während die Datendatei für die Eingabe bzw. die
Ausgabe gleich geöffnet bleibt. Dies verstößt nicht gegen unser Prinzip
der abgeschlossenen Programmblöcke, da diese Prozedur in unserem Programm niemals für sich allein eingesetzt wird, sondern immer nur Be-
standteil anderer Prozeduren ist, die selbst aber unserem Prinzip ge-
horchen.

Auch die Prozedur "Maskenauswertung" ist weitgehend linear geschrieben und bedarf keiner weiteren Erläuterung.

Der Hauptbestandteil der eigentlichen Eingabeprozedur ist eine Eingabeschleife, die der Benutzer verlassen können muß. Als Abbruchkriterium ist hier die Eingabe von "xyz" für die ersten drei Buchstaben eines Autorennamens festgelegt. Dem liegt die Annahme zugrunde, daß wohl kein echter Autorenname mit dieser Buchstabenfolge beginnen wird. Obwohl die Programmstruktur unkompliziert ist, soll hier ein Struktogramm für die Eingabeprozedur folgen. Bedenken sie bitte in diesem Zusammenhang, daß die einfache Struktur dieser Programme die logische Folge der Tatsache ist, daß wir einen großen Teil der schwierigen Abläufe schon in den Programmbibliotheken realisiert haben.

```
┌─────────────────────────────────────────────────────────────────┐
│ Maskenauswertung, dabei Datendatei öffnen,                        │
│ Indexdatei einlesen und verkettete Liste aufbauen                 │
├─────────────────────────────────────────────────────────────────┤
│ 'Bedienungsanleitung' im Dialogfeld ausgeben                      │
├─────────────────────────────────────────────────────────────────┤
│ REPEAT (Eingabeschleife)                                          │
│   ┌─────────────────────────────────────────────────────────────┐│
│   │ Maske löschen (Prozedur 'Loeschefelder' aus)                 ││
│   │ Masken.bib)                                                  ││
│   ├─────────────────────────────────────────────────────────────┤│
│   │ Daten eintragen (Prozedur 'Eintrag' aus                      ││
│   │ Masken.bib)                                                  ││
│   ├─────────────────────────────────────────────────────────────┤│
│   │ Daten aus dem Feld 'Stringar' in Daten-                      ││
│   │ RECORD übertragen                                            ││
│   ├─────────────────────────────────────────────────────────────┤│
│   │ Schluesselfeld in Indexrecord eintragen                      ││
│   ├─────────────────────────────────────────────────────────────┤│
│   │ Länge der Datendatei ermitteln und Daten-                    ││
│   │ satz anhängen (Funktion 'Append' aus                         ││
│   │ Dateien.bib)                                                 ││
│   ├─────────────────────────────────────────────────────────────┤│
│   │ Indexrecord in Indexliste einfügen                          ││
│   │ (Prozedur 'Einfuege' aus Listen.bib)                        ││
│   └─────────────────────────────────────────────────────────────┘│
│ UNTIL stop ('xyz' als Name eingegeben)                            │
├─────────────────────────────────────────────────────────────────┤
│ Indexdatei abspeichern (Prozedur 'Speichern')                     │
│ und alle Dateien schließen                                        │
└─────────────────────────────────────────────────────────────────┘
```

Abb. 2.4.3: Struktogramm der Prozedur 'Eingabe'

Suchen von Datensätzen

Das Suchen von Datensätzen dient zwei verschiedenen Zwecken. Entweder will man sich über den Inhalt eines Datensatzes informieren, also eine Übersicht über die unter einem Autorennamen gespeicherten Daten erhalten, oder man will diesen Datensatz löschen, weil z.B. das entsprechende Buch abhanden gekommen ist. Deshalb muß zusätzlich zum Suchen auch eine Löschmöglichkeit vorhanden sein.

130

Beim Suchen von Datensätzen benötigen wir wieder die Prozedur "Maskenauswertung", da wir die Daten in derselben Bildschirmmaske ausgeben wollen, die wir schon für die Eingabe benutzt haben. Ist ein Datensatz ausgegeben, soll der Benutzer im Dialog das weitere Geschehen bestimmen können. Bei dieser Prozedur ist die Struktur ein wenig komplizierter als bei der Eingabe:

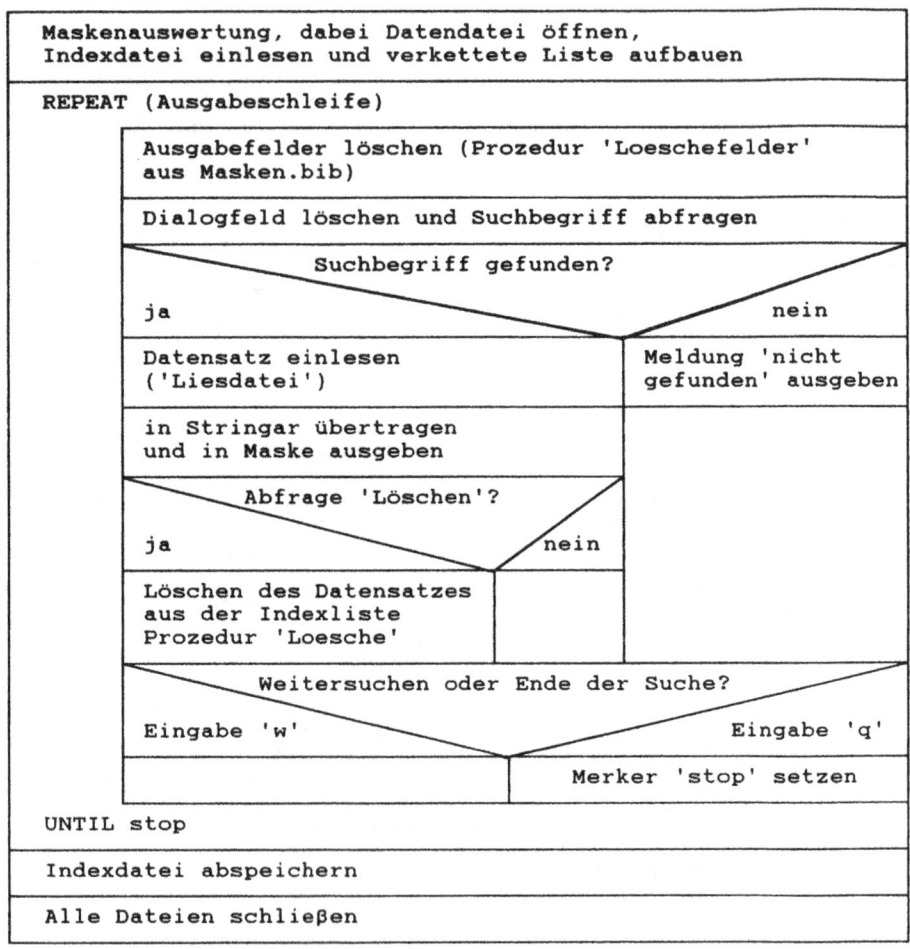

Abb. 2.5.4: Struktogramm der Prozedur "Suchen"

Datenausgabe (bzw. Bestandsliste ausdrucken)

Da in unserem Pflichtenheft ausdrücklich eine wahlweise Ausgabe auf dem Bildschirm oder dem Drucker gefordert ist, haben wir jetzt Gelegenheit von der in 1.4 beschriebenen Umlenkung des Ausgabekanals Gebrauch zu machen. Der Zustand einer BOOLEschen Variablen, hier

DRUCKFLAG genannt, wird diese Umschaltung steuern. Da der Bildschirm
nur wenige Datensätze aufnehmen kann, ein Durchlaufen der gesamten
Liste dem Bediener aber nicht zuzumuten ist, hält die Auflistung in
dieser Ausgabeart nach drei Datensätzen an. Der Benutzer kann dann in
Ruhe die Daten lesen und durch Tastendruck die Ausgabe fortsetzen.
Dies ist ein typisches Anwendungsbeispiel für den Divisionsoperator
"MOD". Durch Mitzählen der Zeilennummern und Setzen einer Bedingung

    IF Zeilennummer MOD 3 = 0 THEN ...

kann man nach jeder dritten Zeile aktiv in den Programmlauf eingrei-
fen.

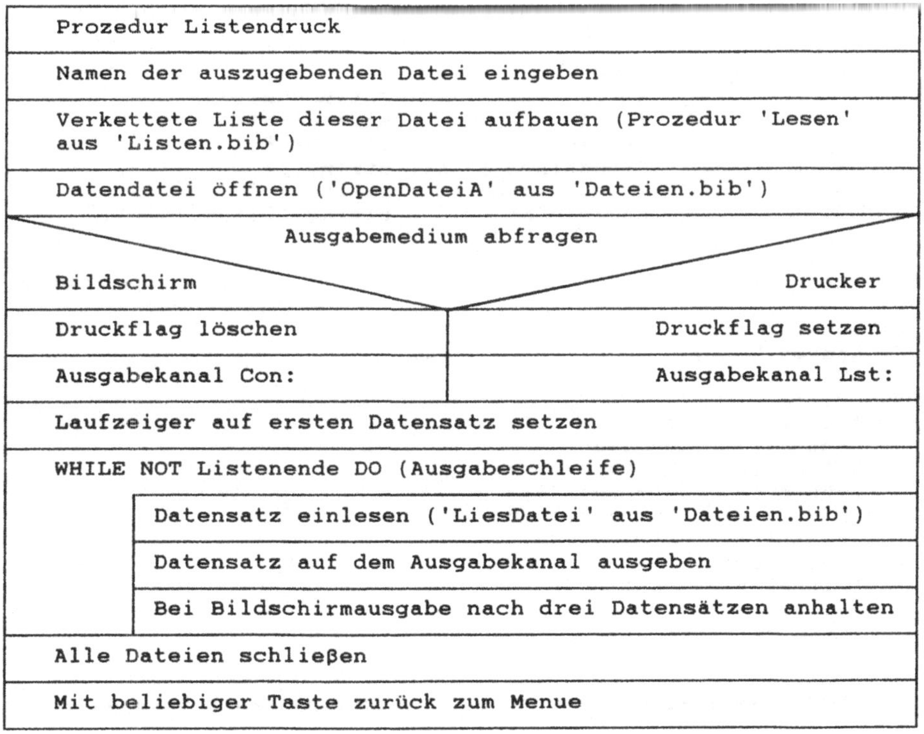

Prozedur Listendruck
Namen der auszugebenden Datei eingeben
Verkettete Liste dieser Datei aufbauen (Prozedur 'Lesen' aus 'Listen.bib')
Datendatei öffnen ('OpenDateiA' aus 'Dateien.bib')

Ausgabemedium abfragen	
Bildschirm	Drucker
Druckflag löschen	Druckflag setzen
Ausgabekanal Con:	Ausgabekanal Lst:

Laufzeiger auf ersten Datensatz setzen
WHILE NOT Listenende DO (Ausgabeschleife)
Datensatz einlesen ('LiesDatei' aus 'Dateien.bib')
Datensatz auf dem Ausgabekanal ausgeben
Bei Bildschirmausgabe nach drei Datensätzen anhalten
Alle Dateien schließen
Mit beliebiger Taste zurück zum Menue

Abb. 2.4.5: Struktogramm der Prozedur "Listendruck"

Vollständiges Listing des Demo-Programms "BUECHER.PAS"

```
(* *************************************************************
 *                                                           *
 *            Demo-Programm 'Gemeindebuecherei'              *
 *                                                           *
 ************************************************************* *)

TYPE Schluesseltyp = string[66];
     Zeigertyp     = ^LDatentyp;
     LDatentyp     = RECORD                      { => Liste    }
                       Verkettung : Zeigertyp;
                       Schluessel : Schluesseltyp;
                       Index      : integer;
                     END;

     ADatentyp = RECORD                          { => Datendatei }
                   Autor             : Schluesseltyp;
                   Titel             : string[66];
                   Verlag            : string[66];
                   Erscheinungsjahr: string[9];
                   Inventarnummer    : string[10];
                   Sachgebiet        : string[20];
                 END;

     BDatentyp = LDatentyp;                       { => Indexdatei }

{$I Dateien.bib }
{$I Masken.bib }
{$I Listen.bib }

VAR Antwort    : char;
    stop       : boolean;
    Datendatei : ADatenfiltyp;
    Dateiname  : string[14];
    Indexdatei : BDatenfiltyp;
    Indexname  : string[14];
    ADatenrec  : ADatentyp;
    LDatenrec  : LDatentyp;
    Maskendatei: Text;
    Suchwort   : Schluesseltyp;


PROCEDURE Maskenauswertung;              { oeffnet auch Datendatei }

BEGIN
  clrscr;
    Maskenname := 'Bchmask.msk';
    IoStatus := OpenText(Maskendatei,Maskenname);
    IF IoStatus <> 0 THEN
    BEGIN
      IoMeldung(IoStatus,Maskenname);
      exit;
    END;

    Dateiname := Liesname;
    IF pos('.',Dateiname) <> 0 THEN
      Dateiname := copy(Dateiname,1,Pos('.',Dateiname)-1) + '.dat'
```

```
    ELSE

    Dateiname := Dateiname + '.dat';
    Indexname := copy(Dateiname,1,Pos('.',Dateiname)-1) + '.idx';
    Lesen(Indexdatei,Indexname);
    IoStatus := OpenDateiA(Datendatei,Dateiname);
    IF IoStatus <> 0 THEN

    BEGIN
      IoMeldung(IoStatus,Dateiname);
      exit;
    END;

    Analyse(Maskendatei,Feldar,Feldanzahl);
    close(Maskendatei);
    gotoxy(1,24);
    write('Arbeitsdatei: ',Dateiname);
END; { Maskenauswertung }


(* +-----------------------------------------------------------+
   ! Neuanlegen einer Datendatei                               !
   +-----------------------------------------------------------+ *)

PROCEDURE Neuanlage;

BEGIN
  clrscr;
  Antwort := 'N';
  Dateiname := Liesname;

  IF pos('.',Dateiname) <> 0 THEN
    Dateiname := copy(Dateiname,1,Pos('.',Dateiname)-1) + '.dat'
  ELSE
    Dateiname := Dateiname + '.dat';

  Indexname := copy(Dateiname,1,Pos('.',Dateiname)-1) + '.idx';
  IF Exist(Dateiname) THEN

    BEGIN
      writeln('Datei <',Dateiname,'> existiert bereits');
      writeln('Ueberschreiben loescht alle Daten !!!');
      writeln;
      write('Ueberschreiben j/n? ');
      buflen := 1;
      readln(Antwort);
      Antwort := Upcase(Antwort);
    END; { IF }
  IF (NOT Exist(Dateiname)) OR (Antwort = 'J') THEN

  BEGIN
    IoStatus := NeueDateiA(Datendatei,Dateiname);
    IF IoStatus <> 0 THEN
    BEGIN
      IoMeldung(IoStatus,Dateiname);
      exit;
    END;
```

```
   IF Pos('.',Dateiname) <> 0 THEN
      Dateiname := copy(Dateiname,1,Pos('.',Dateiname)-1) + '.idx'

   ELSE Dateiname := Dateiname + 'idx';

   IoStatus := NeueDateiB(Indexdatei,Dateiname);
   IF IoStatus <> 0 THEN
   BEGIN
      IoMeldung(IoStatus,Dateiname);
      exit;
   END;

   close(Datendatei);
   close(Indexdatei);

 END; { IF }
END; { Neuanlage }


PROCEDURE Eingabe;

BEGIN
  Maskenauswertung;
  IF IoStatus <> 0 THEN exit;
  gotoxy(1,18);
  writeln('CDown/Return ==> naechstes Feld');
  writeln('CUp ===========> vorhergehendes Feld');
  writeln('TAB ===========> abspeichern');
  write('Eingabe beenden durch: Autor = ''xyz''');

  REPEAT
    Loeschefelder(Feldar,Stringar,Feldanzahl);
    Eintrag(Feldar,Stringar,Feldanzahl);
    stop := (copy(Stringar[1],1,3) = 'xyz');
    IF NOT stop THEN

      BEGIN
        WITH ADatenrec DO
          BEGIN
            Autor := Stringar[1];
            Titel := Stringar[2];
            Verlag := Stringar[3];
            Erscheinungsjahr := Stringar[4];
            Inventarnummer := Stringar[5];
            Sachgebiet := Stringar[6];
          END; { WITH }

        WITH LDatenrec DO
          BEGIN
            Schluessel := Stringar[1];
            Index := filesize(Datendatei);
            IoStatus := Append(Datendatei,ADatenrec,Index);
            IF IoStatus <> 0 THEN
            BEGIN
              IoMeldung(IoStatus,Dateiname);
              exit;
            END;
          END; { WITH }
```

```
      new(Neuzeiger);
      Neuzeiger^ := Ldatenrec;
      Einfuege;

   END; { IF NOT stop }
 UNTIL stop;

 close(Datendatei);
 Speichern(Indexdatei,Indexname);

END; { Eingabe }


PROCEDURE Suchen;

VAR Fensternummer : byte;

BEGIN
 Maskenauswertung;
 IF IoStatus <> 0 THEN exit;
 stop := false;

 REPEAT
   Loeschefelder(Feldar,Stringar,Feldanzahl);
   clrTeil(1,17,240);
   clrTeil(1,20,160);
   buflen := 66;
   gotoxy(1,17);
   writeln('Zu suchender Autor: ');
   read(Suchwort);
   IF Suche(Suchwort) THEN
     BEGIN
       IoStatus :=
       LiesDatei(Datendatei,ADatenrec,Laufzeiger^.Index);
       IF IoStatus <> 0 THEN
         BEGIN
           IoMeldung(IoStatus,Dateiname);
           exit;
         END;

       WITH ADatenrec DO
         BEGIN
           Stringar[1] := Autor;
           Stringar[2] := Titel;
           Stringar[3] := Verlag;
           Stringar[4] := Erscheinungsjahr;
           Stringar[5] := Inventarnummer;
           Stringar[6] := Sachgebiet;
         END;

       FOR Fensternummer := 1 TO Feldanzahl DO
         BEGIN
           WITH Feldar[Fensternummer] DO
             gotoxy(Spalte,Zeile);
           write(Stringar[Fensternummer]);
         END;

       gotoxy(1,19);
       write('Loeschen j/n ? ');
```

```
              buflen := 1;
              read(Antwort);
              Antwort := Upcase(Antwort);
              IF Antwort = 'J' THEN
                BEGIN
                   Loesche(Suchwort);
                   gotoxy(1,20);
                   write('Datensatz geloescht !!!');
                END;

        END { IF Suche }

     ELSE
       BEGIN
         gotoxy(1,19);
         write('Keinen Autor dieses Namens gefunden');
       END; { ELSE }

       gotoxy(1,21);
       write('Weitersuchen, Beenden  w/q: ');
       buflen := 1;
       read(kbd,Antwort);
       Antwort := Upcase(Antwort);
       IF Antwort = 'Q' THEN stop := true;

   UNTIL stop;

   close(Datendatei);
   Speichern(Indexdatei,Indexname);

END; { Suchen }


PROCEDURE Listendruck;

VAR Druckflag : boolean;
    Zeilennummer, ConTreiber : integer;

BEGIN
  clrscr;
  Zeilennummer := 0;
  Dateiname := Liesname;
  IF pos('.',Dateiname) <> 0 THEN
    Dateiname := copy(Dateiname,1,Pos('.',Dateiname)-1) + '.dat'

  ELSE

  Dateiname := Dateiname + '.dat';
  Indexname := copy(Dateiname,1,Pos('.',Dateiname)-1) + '.idx';
  Lesen(Indexdatei,Indexname);
  IoStatus := OpenDateiA(Datendatei,Dateiname);
  IF IoStatus <> 0 THEN
    BEGIN
      IoMeldung(IoStatus,Dateiname);
      exit;
    END;

  writeln;
  write('Ausgabe auf Drucker oder Bildschirm (D/B)? ');
```

```
    read(kbd,Antwort);
    Druckflag := (Upcase(Antwort) = 'D');
    IF Druckflag THEN

      BEGIN
        ConTreiber := conoutptr;
        conoutptr := lstoutptr;
      END;

    Laufzeiger := Startzeiger;
    clrscr;
    WHILE (NOT Listenende) DO

      BEGIN
        Zeilennummer := Zeilennummer + 1;
        IoStatus :=
          LiesDatei(Datendatei,ADatenrec,Laufzeiger^.Index);
        IF IoStatus <> 0 THEN
          BEGIN
            IoMeldung(IoStatus,Dateiname);
            exit;
          END;

        WITH ADatenrec DO
          BEGIN
            writeln;
            writeln(Autor);
            writeln(Titel);
            writeln(Verlag);
            writeln(Erscheinungsjahr);
            writeln(Inventarnummer);
            writeln(Sachgebiet);
          END;

        IF (NOT Druckflag) AND (Zeilennummer MOD 3 = 0) THEN
          BEGIN
            writeln;
            write('Weiter mit bel. Taste ');
            REPEAT ; UNTIL Keypressed;
            clrscr;
          END;

        Zeigerweiter;
    END;  { WHILE }

    IF Druckflag THEN conoutptr := Contreiber;
    close(Datendatei);
    write('Ende der Liste, weiter mit bel. Taste ');
    REPEAT UNTIL keypressed;

END; { Listendruck }


PROCEDURE Quit;
BEGIN
  exit;
END;
```

```
(* -------------------- Hauptprogramm --------------------- *)
BEGIN
  REPEAT
    clrscr;
    writeln('Gemeindebuecherei Musterdorf ');
    writeln; writeln;
    writeln('Vorhandene Programme: ');
    writeln;
    writeln('Neue Buecherdatei anlegen ==> n');
    writeln;
    writeln('Eingabe neuer Buecher ======> e');
    writeln;
    writeln('Suchen nach Autoren ========> s');
    writeln;
    writeln('Liste ausdrucken ===========> l');
    writeln;
    writeln('Programm-Ende ==============> q');
    gotoxy(1,18);
    write('Ihre Wahl: ');
    buflen := 1;
    read(kbd,Antwort);
    Antwort := upcase(Antwort);
    CASE Antwort OF
      'N': Neuanlage;
      'E': Eingabe;
      'S': Suchen;
      'L': Listendruck;
      'Q': Quit;
    END; { CASE }

  UNTIL Antwort = 'Q';

END. { Hauptprogramm }

(* ****** Ende von BUECHER.PAS *********************************** *)
```

Fassen wir noch einmal die wichtigsten Regeln für das modulare Programmieren zusammen:

- Schreiben Sie kurze Hauptprogramme, am besten nur einen Programmverteiler (Menü).

- Die Hauptblöcke (Prozeduren) sollten möglichst in sich abgeschlossen sein. Nehmen Sie lieber in Kauf, daß Sie einige Dinge mehrmals definieren, oder daß Sie eine Datei in einem Block schließen und im nächsten gleich wieder öffnen, als daß Sie die klare Programmstruktur verwischen.

- Suchen Sie nach Möglichkeiten, fertige Programmbibliotheken oder einzelne Unterprogramme einzusetzen.

- Schreiben Sie Ihre Programm-Module so, daß sie eine eindeutige, übersichtliche Schnittstelle aufweisen. Vermeiden Sie möglichst globale Variable in Einzelprozeduren oder -funktionen, sondern übergeben Sie Parameter im Parameterteil des Unterprogramm-Kopfes.

- Gestalten Sie Programmbibliotheken so, daß Sie im Hauptprogramm keine oder nur wenige globale Definitionen für die Bibliothek benötigen.

- Dokumentieren Sie die Schnittstelle in einem Unterprogramm-Vorspann.

2.4.4 Anwendung und Ausbau des lauffähigen Programms

Das fertige Programm "BUECHER.PAS" ist auf alle ähnlichen Probleme, bei denen Daten gespeichert, sortiert und gesucht werden müssen, mit geringfügigen Änderungen anwendbar. Auf alle Fälle müssen die Struktur der Datenrecords und die Ein- und Ausgabeprozeduren an die neue Aufgabestellung angepaßt werden. Will man ein Programm besitzen, das die Bezeichnung "Datenbank" verdient, müssen aber noch einige Ergänzungen hinzugefügt werden.

Verbesserung des Datenzugriffs

Die lineare verkettete Liste besticht durch ihren einfachen Aufbau, für einen komfortablen Zugriff ist sie aber nicht geeignet, weil man sie nur vorwärts durchsuchen kann. Für eine Suche in rückwärtiger Richtung muß man zumindest eine doppelt verkettete Liste programmieren. Im Prinzip ist das nicht schwierig. Man benötigt in jedem Listenrecord ein zusätzliches Zeigerfeld, dessen Zeiger nun nicht auf das nächste, sondern auf das vorhergehende Listenelement zeigt. Will man den Zugriff beschleunigen, sollte man einen Suchbaum einrichten. Die Vorgehensweise ist in der Literatur beschrieben (z.B. [6]). Der Zeitaufwand hierfür wird sich aber nur lohnen, wenn man zusätzlich einen Lern- und Übungseffekt erzielen will. Kommt es nur darauf an, mit möglichst geringem Aufwand ein lauffähiges Datenbanksystem zu erhalten, sollte man den Kauf der TURBO-Toolbox "TURBO-DATABASE" in Erwägung ziehen.

Bei der Suche nach Namen weiß der Bediener oft nicht, wie man den Namen exakt schreibt, z.B. "Meier" oder "Meyer". In unserem Beispielprogramm wird ein Datensatz aber nur bei völliger Übereinstimmung des Schlüsselfeldes gefunden. Oft wird bei Suchprogrammen der Name in der Indexdatei (nur dort) "verstümmelt". Man wandelt dabei z.B. alle "y" in "i" um. Im eigentlichen Datensatz sind die Namen aber dann richtig geschrieben. Man gelangt beim Suchen unter Umständen zwar nur in die Nähe des gesuchten Schlüssels, weil vor dem richtigen ein ähnlicher Schlüssel gefunden wurde; dies ist aber unproblematisch, wenn man vor- und zurückblättern kann.

Sortieren unter Einbeziehung von Umlauten

Die Buchstaben des Alphabets werden bei praktisch allen Programmiersprachen nach dem ASCII-Code (American Standard Code FOR Information Interchange) dargestellt. In diesem Code sind keine Umlaute vorgesehen, weil es sie im Englischen nicht gibt. Rechner mit DIN-Tastatur ordnen zwar den Umlauten einen Code zu, der noch von keinem anderen Buchstaben belegt ist, aber dieser Code kommt z.B. beim "ä" nicht nach dem Code für "a", wie es lexikalisch richtig wäre, sondern auf alle Fälle nach dem "z". Das bedeutet, daß Umlaute zwangsläufig falsch einsortiert werden. Besonders schlimm ist dies bei Schlüsselwörtern, die mit einem Umlaut beginnen. Sie werden immer ganz am Ende einsortiert.

Abhilfe schafft auch hier eine Abänderung der Begriffe in der Schlüsseldatei. Man sollte sie vor dem Einordnen umwandeln, z.B. "ä" in "ae", "ö" in "oe" usw., aber auch "ß" in "ss". Wenn man diesen Vorgang beim Suchen mit dem Suchbegriff analog durchführt, findet man die Schlüssel in der Indexdatei an der richtigen Stelle. Wie bereits erwähnt sind sie in der Datendatei dann richtig geschrieben.

An dieser Stelle soll noch ein weit verbreiteter Irrtum ausgeräumt werden. Die Programmiersprache Pascal, und damit auch TURBO-Pascal, kennt zwar keine Umlaute, aber sie kann sehr wohl Umlaute verarbeiten. Der Programmcode darf Umlaute oder "ß" nicht enthalten, in strings oder in Datensätzen werden sie jedoch angenommen.

Verbesserung der Dateibehandlung

Bei allen Dateibefehlen wurde in "Dateien.bib" die automatische I/O-Überwachung abgeschaltet ({$I-}). Statt dessen wird an das aufrufende Programm ein Funktionswert zurückgeliefert, dar einen Fehlercode darstellt. Der Programmierer kann nun im Fehlerfall entscheiden, was unternommen werden soll. Auf jeden Fall führt ein I/O-Fehler nicht mehr automatisch zum Abbruch des Programms. In diesem Fall ist es nicht nötig, schon bei der Eingabe des Dateinamens zu überwachen, ob er den TURBO-Pascal-Regeln entspricht, denn man erhält auf jeden Fall bei einem falschen Namen eine Fehlermeldung. Will man diese Meldung aussagekräftiger gestalten, kann man sich zu jeder Fehlernummer einen Fehlertext in einer Datei ablegen, der dann im Fehlerfall abgerufen wird.

Wir haben bereits erwähnt, daß ein Datensatz nach dem Löschen nur aus der Indexliste gelöscht ist, aber nicht aus der Datei. Zur Sicherung gegen unbeabsichtigtes Löschen kann man nach einer Bearbeitung die gesamte Datei noch einmal mit Hilfe der verketteten Liste durchgehen und in eine neue Datei kopieren, die dann die gelöschten Datensätze nicht mehr enthält. Die "alte" Datei sollte man aber nicht sofort löschen, sondern vor dem Kopieren mit RENAME in <Dateiname>.bak umbenennen. Die neue Datei erhält dann den Namen, den die alte vorher hatte (so macht es der TURBO-Editor auch).

Muß man sehr viele Datensätze verwalten, wird man einmal den Punkt erreichen, an dem auch die Indexliste nicht mehr in den Hauptspeicher paßt. Dann muß man die verkettete Liste auf der Diskette oder der Festplatte aufbauen. Dabei ersetzt man das Zeigerfeld des Indexrecords durch ein Feld vom Typ "INTEGER" und schreibt beim Einsortieren die Nummer des Datensatzes hinein, der in der Sortierfolge der Schlüsselbegriffe als nächster kommt. Dazu muß die Indexdatei ebenfalls einen wahlfreien Zugriff ermöglichen. Selbstverständlich erhöhen sich wegen der langsamen mechanischen Komponenten die Zugriffszeiten auf einen Datensatz gegenüber einem Suchvorgang im Rechnerspeicher erheblich. Will man diese Zugriffszeiten verkürzen, kann man auch hier mit einem Suchbaum arbeiten.

2.5 Programmdokumentation

Pascal-Programmcode ist durch die Sprachstruktur weitgehend selbstdokumentierend. Dies gilt besonders, wenn man die Blockstruktur durch
Einrückungen und Leerzeilen zwischen den einzelnen Blöcken auch optisch herausstellt.

Schwer durchschaubare Programmpassagen kann man dann noch mit Kommentaren versehen. Dabei hat es sich als besonders vorteilhaft erwie-
sen, wenn man bei tieferen Verschachtelungen beim "END" immer durch
einen Kommentar angibt, wozu es gehört. Ein Beispiel:

```
procedure test( ..... );
var .....
....
begin
.....
while not eof(..) do
  begin
    case .... of
    .....
    end; { case }
  ....
  end; { while }
....
end; { procedure test }
```

Diese Kennzeichnung bewährt sich besonders, wenn bei langen Pro-
grammabschnitten das "END" auf einer anderen Seite des Listings als
das zugehörige "BEGIN" steht.

Zur besseren Übersicht trägt auch ein Hervorheben der reservierten
TURBO-Pascal-Wörter bei. Das Programm "TLIST" erlaubt z.B. ein wahl-
weises Unterstreichen dieser reservierten Wörter beim Ausdrucken eines
Listings. Leider gehört TLIST bei der Version 3 von TURBO-Pascal nicht
mehr zum Standard-Lieferumfang. Das statt dessen beigefügte Listprogramm "LISTER" genügt nur bescheidenen Ansprüchen.

Manche Programmierer schreiben grundsätzlich reservierte Wörter mit
Großbuchstaben, alles andere schreiben sie klein. Diese Methode hemmt
aber den Schreibfluß beim Eintippen eines Programms erheblich. Wir
schlagen statt dessen vor, zunächst alles klein zu schreiben und die
untergeordnete Tätigkeit der Umwandlung von Kleinschreibung in Groß-
schreibung vom Rechner erledigen zu lassen.

In einem Programm, das diese Umwandlung ausführt, kommen einige Aufgaben vor, die für Textverarbeitung typisch sind. Wir wollen deshalb ein
solches Programm etwas ausführlicher vorstellen. Unser Beispielprogramm
wird ein TURBO-Quellprogramm nach reservierten Wörtern durchsuchen,
ihre Buchstaben in Großbuchstaben verwandeln und eine Datei <Dateina-
me>.dok erzeugen, die dann die hervorgehobenen Wörter enthält. Zur
Kontrolle wird die Umwandlung auf dem Bildschirm mit angezeigt.

Gegenüber reinen List-Programmen hat unser Umwandlungsprogramm den
Vorteil, daß es ein voll lauffähiges TURBO-Programm erzeugt. Während
die meisten List-Programme Steuerzeichen in den Programmtext einfügen, die an den eingesetzten Drucker angepaßt werden werden müssen,
funktioniert unser Programm auf jedem Drucker. Darüber hinaus ist es
nach der Änderung ohne Einschränkungen lauffähig, da in Pascal nicht

zwischen Groß- und Kleinschreibung unterschieden wird. Automatische Zeilennumerierung, Seitenumbruch und ähnliche Hilfen eines komfortablen List-Programms erfordern Steuerzeichen im Programmtext. Derart manipulierte Programme sind dann nicht mehr lauffähig.

Wir werden in unserem Beispielprogramm aus der Textdatei, die unser umzuwandelndes Programm enthält, ein Zeichen nach dem anderen einlesen bis das Ende eines Wortes erreicht ist. Das Wortenende erkennt man daran, daß das zuletzt eingelesene Zeichen kein alphanumerisches Zeichen, sondern ein Leerzeichen oder ein Spezialsymbol ist. Außerdem ist ein Wort zu Ende, wenn das Zeilenende erreicht ist, also "eoln" wahr ist.

Um die geschilderte Aufgabe (Lesen eines Wortes aus einer Datei) zu lösen, bietet sich der Einsatz einer Prozedur oder einer Funktion an. In unserem Fall erweist sich (wie so oft) eine Funktion als günstiger, da bei Erreichen eines Wortendes ja bereits ein Leerzeichen oder ein Symbol eingelesen wurde, das nicht mehr zum Wort gehört. Dieses letzte Zeichen kann dann als Funktionswert übergeben werden. Die Weiterverarbeitung diese Zeichens kann anschließend im aufrufenden Programmteil vorgenommen werden. Dort kann man auch berücksichtigen, daß bei Erreichen des Zeilenendes ein zusätzliches Zeichen nicht mehr gelesen wird, sondern daß in diesem Fall als Funktionswert das letzte Zeichen des letzten Wortes übergeben wird.

Ein Struktogramm soll diese Fallunterscheidung verdeutlichen:

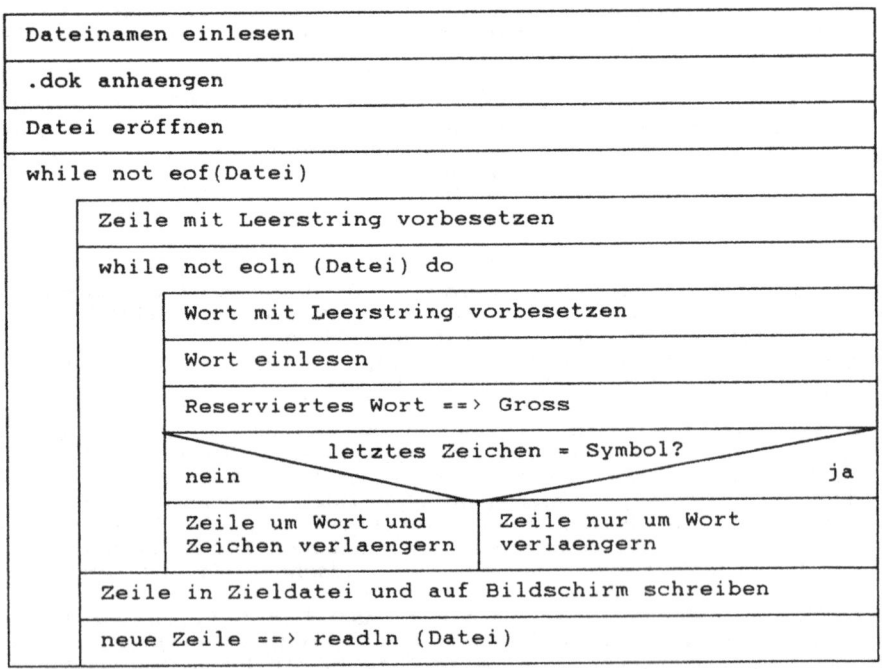

Abb. 2.5.1 Struktogramm des Programms UPLIST

Bei der Gestaltung der Funktion, die ein Wort einliest, bieten sich zwei grundlegende Methoden an: Man kann die Funktion **iterativ** oder **rekursiv** schreiben. Im ersten Fall wird eine Programmschleife so lange durchlaufen, bis das einzulesende Wort zu Ende ist, im zweiten Fall ruft sich die Funktion bis zum Erreichen des Wortendes immer wieder selbst auf. Die Struktogramme dieser Funktion sollen nun gegenübergestellt werden:

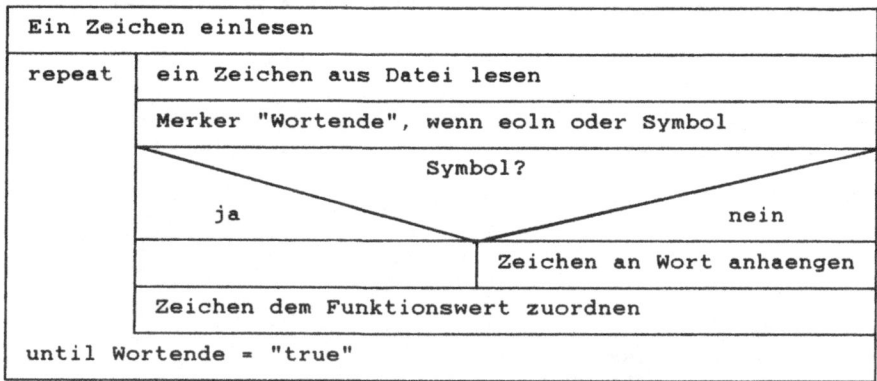

Abb. 2.5.2: Struktogramm der Funktion LIESWORT (iterativ)

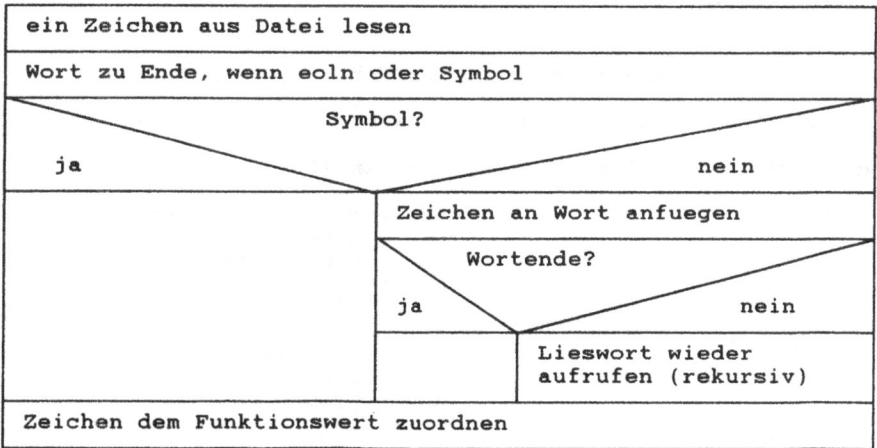

Abb. 2.5.3: Struktogramm der Funktion LIESWORT (rekursiv)

Man beachte, daß bei der iterativen Methode eine Schleife (hier RE-PEAT...) programmiert werden muß. Bei der rekursiven Methode ist eine solche explizite Schleife nicht nötig; die Schleifenstruktur ergibt sich automatisch durch den rekursiven Aufruf. In beiden Fällen benötigt man natürlich eine geeignete Abbruchbedingung (hier der Zustand der BOOLEschen Variablen "Wortende").

Es folgt nun das vollständige Programmlisting für das Großschreiben re-
servierter Pascal-Wörter mit der iterativen Methode.

```
(* **************************************************************
   *                                                           *
   *    Demo-Programm 'Gross-Schreibung res. Pascal-Woerter'   *
   *                                                           *
   ************************************************************** *)

program UpList;


type ADatentyp = byte;                    { nicht benoetigt     }
     BDatentyp = byte;                    { nicht benoetigt     }

const Symbolset : set of char = [' ','+','-','*','/','=',
                                 '<','>','[',']','{','}',
                                 '(',')','.',',',':',';',
                                 '#','$','!'];


var Quelldatei,
    Zieldatei  : Text;
    Zeile      : string[80];
    Zeichen    : char;
    Dateiname  : string[14];
    Wort       : string[80];

{$I dateien.bib }

(* +----------------------------------------------------------+
   !         Pruefung auf reserviertes Wort                   !
   +----------------------------------------------------------+ *)
function Reserviert(var Wort):boolean;

type Wortartyp = array[1..43] of string[80];

const ResWort : Wortartyp = ('absolute','and','array','begin',
                             'case','const','div','do','downto',
                             'else','end','external','file',
                             'forward','for','function','goto',
                             'inline','if','in','label','mod',
                             'nil','not','overlay','of','or',
                             'packed','procedure','program',
                             'record','repeat','set','shl','shr',
                             'then','type','to','until','var',
                             'while','with','xor');

var Buffer : string[80] absolute Wort;
    i      : byte;

begin
  i := 0;
  repeat
    i := i+1;
  until (i>43) or (Buffer = Reswort[i]);
  Reserviert := Buffer = Reswort[i];
end;
```

```
(* +--------------------------------------------------------------+
   !        Lesen eines Wortes von einer Textdatei               !
   +--------------------------------------------------------------+ *)


function Lieswort(var Datei:text; var Wort):char;

var Puffer    : string[80] absolute Wort;
    Wortende  : boolean;
    Zeichen   : char;

begin
  Wortende := false;
  Puffer := '';
  repeat
    read(Datei,Zeichen);
    Wortende := (eoln(Datei)) or (Zeichen in Symbolset);
    if not (Zeichen in Symbolset) then Puffer := Puffer + Zeichen;
    Lieswort := Zeichen;
  until Wortende;
end; { von Lieswort }

(* +--------------------------------------------------------------+
   !         Klein-Schreibung => Gross-Schreibung                !
   +--------------------------------------------------------------+ *)


procedure Gross(var Wort);

var Buffer : string[80] absolute Wort;
    i      : byte;

begin
  for i := 1 to length(Buffer) do
    Buffer[i] := UpCase(Buffer[i]);
end;


begin                              { Hauptprogramm          }
  repeat
    clrscr;
    write('Quelldatei, ');
    Dateiname := Liesname;
    IoStatus := OpenText(Quelldatei,Dateiname);
  until IoStatus = 0;
  Dateiname := copy(Dateiname,1,Pos('.',Dateiname)-1) + '.dok';
  assign(Zieldatei,Dateiname);
  rewrite(Zieldatei);
  while not eof(Quelldatei) do
    begin
      Zeile := '';
      while not eoln(Quelldatei) do
        begin
          Zeichen := Lieswort(Quelldatei,Wort);
          if Reserviert(Wort) then Gross(Wort);
          if Zeichen in Symbolset then
            Zeile := Zeile + Wort + Zeichen { Noch nicht eoln  }
          else Zeile := Zeile + Wort;       { Zeile zu Ende    }
        end; { while not eoln }
```

```
        writeln(Zieldatei,Zeile);
        writeln(Zeile);
        readln(Quelldatei);              { neue Zeile einlesen   }
    end; { while not eof }
close(Quelldatei);
close(Zieldatei);
end.
```

(**** Ende Demo-Programm Gross-Schreibung res. Woerter ******)

Will man die rekursive Methode einsetzen, muß man die iterative Funktion "Lieswort" durch folgende ersetzen:

```
(* +-------------------------------------------------------------+
   !      Lesen eines Wortes von einer Textdatei                 !
   +-------------------------------------------------------------+ *)


function Lieswort(var Datei:text; var Wort):char;

var Puffer   : string[80] absolute Wort;
    Wortende : boolean;
ch,  Zeichen : char;

begin
    read(Datei,Zeichen);
    Wortende := (eoln(Datei)) or (Zeichen in Symbolset);
    if not (Zeichen in Symbolset) then
      begin
        Puffer := Puffer + Zeichen;
        if not Wortende then Zeichen := Lieswort(Datei,Puffer);
      end;
    Lieswort := Zeichen;
end; { von Lieswort }
```

Eine Wertung, ob man in unserem Beispiel besser die Iteration oder die Rekursion wählt, ist schwierig. Beide Methoden benötigen hier in etwa den gleichen Programmieraufwand. Grundsätzlich kann man aber folgendes beachten: Rekursive Programme laufen meist langsamer und benötigen mehr Speicherplatz als iterative. Bei Problemen, die von ihrem Wesen her rekursiv sind, führt die rekursive Programmierung im allgemeinen zu kürzeren Programmen. Beispiele, bei denen die Rekursion unbedingt erforderlich ist, finden Sie in den Kapiteln 1 und 3.

Die Anwendung des beschriebenen Umwandlungsprogramms ist neben dem Einrücken ein weiteres Mittel, Pascal-Programme optisch zu gliedern und damit selbstdokumentierend zu machen. Größere Programme können aber trotz guter optischer Gliederung unübersichtlich werden, wenn sie komplizierte Programmstrukturen enthalten. In diesem Fall sollte man die Programmdokumentation unbedingt durch Struktogramme abrunden. Im allgemeinen benötigt man dann keine weiteren Unterlagen.

3. GRAFIK UNTER TURBO

Dieses Kapitel dient als Hinführung zu Abschnitt 4.2, der sich mit der sog. TURBO-GRAPHIX-Toolbox beschäftigt. Es soll allen, die über ein grafikfähiges Rechnersystem (d.h. sogenannte IBM-Kompatibilität) verfügen, als Einstieg in das interessante Gebiet der Computer-Grafik dienen.

3.1 Zwei Rechner-Modi: Text und Grafik

Ein laufendes TURBO-Pascal-Programm kann auf drei verschiedene Grafik-Modi umschalten, und zwar

```
GRAPHMODE;          (320 mal 200 Punkte, in "schwarz-weiß"),
GRAPHCOLORMODE;     (320 mal 200 Punkte, mit Farbpalette),
HIRES;              (640 mal 200 Punkte, s/w und eine Farbe).
```

Kommt eine dieser Anweisungen vor, so wird der Bildschirm komplett gelöscht und steht für Grafik zur Verfügung. GRAPHMODE und HIRES zeichnen vor jeweils dunklem Hintergrund in der Monitorfarbe bzw. noch in einer zusätzlichen Farbe, wenn ein Color-Monitor zur Verfügung steht. Beide Modi sind also schon ohne Farbmonitor voll nutzbar, während GRAPHCOLORMODE auf "Schwarz-Weiß"-Monitor wie GRAPHMODE wirkt. Mit TEXTMODE kann bei laufendem Programm wieder auf Textanzeige zurückgeschaltet werden. Eine zuvor generierte Grafik ist beim erneuten Aufruf eines Grafikmodus dann freilich verloren.

Die folgenden Programmbeispiele beschränken sich der Einfachheit halber auf GRAPHMODE, also auf einfarbige Darstellung von Grafik; für grundsätzliche Überlegungen und die Demonstration des Einsatzes der beiden Anweisungen

```
PLOT(X, Y, COLOR);
DRAW(X, Y, X1, Y1, COLOR);
```

ist das ohne Belang. Die erste Anweisung PLOT... setzt bei (X,Y) einen Punkt in der Monitorfarbe COLOR, etwa mit COLOR = 7. Der Ursprung (0,0) liegt in der linken oberen Ecke des Bildschirms; die X-Achse zeigt nach rechts, die Y-Achse nach unten. Mit COLOR = 0 wird ein Bildschirmeintrag an der Stelle (X,Y) wieder gelöscht. Die zweite Anweisung zeichnet eine Strecke von (X,Y) nach (X1,Y1); die Farbwahl wirkt analog.

In allen Grafikmodi kann durch Angabe der linken oberen bzw. der rechten unteren Ecke ein Fenster gesetzt werden:

```
GRAPHWINDOW(X1, Y1, X2, Y2);
```

Für GRAPHMODE lautet die Voreinstellung (0, 0, 319, 199): das ist der volle Bildschirm. Eine kleinere Begrenzung bewirkt, daß die beiden Grafik-Anweisungen nur in eben dem gesetzten Fenster wirksam werden. Eine z.B. diagonal über den Bildschirm gezogene Strecke wird also nur im gesetzten Fenster gezeichnet. Da dies auch für die Voreinstellung gilt, können die Anweisungen PLOT und DRAW auch Punkte ansprechen, die außerhalb des Bildschirms liegen; es kommt keine Fehlermeldung, gezeichnet wird, "was möglich ist". Eine geplottete Grafik ist also der sichtbare Bildschirmausschnitt einer unter Umständen großräumiger gerechneten.

3.2 Einfache Demo-Programme

Die zunächst wiedergegebenen Programme zeigen noch sehr einfache Möglichkeiten des Umgangs mit der Grafik. IGEL bewegt den Cursor mit oder ohne Spur über den Bildschirm, wobei die vier Tasten I, J, K und M für die Bewegungsrichtungen stehen. RADIOAKTIV ist ein einfaches Simulationsprogramm:

Die Elemente eines Feldes stehen für die Atome eines Stoffes; von diesen wird etwa die Hälfte mit dem Zufallsgenerator als radioaktives Isotop markiert. Diese Feldelemente werden mit random(2) auf 1 gesetzt, alle übrigen auf 0. Der in der Folgezeit laufende Zufallsgenerator wählt irgendwelche Indizes bis 1000 aus. Steht jenes Feldelement auf 1, so wird es "unter Zerfall" auf 0 zurückgesetzt, kann also später nicht mehr zerfallen. In einem passenden Koordinatensystem skizziert der Rechner die Zerfallskurve: Es ergibt sich näherungsweise eine Exponentialfunktion. Jeder Zerfall wird akustisch angezeigt, anfangs mit recht vielen Pieptönen je Zeiteinheit, später immmer weniger.

Das Programm UTOPIA ist eine physikalische Allegorie. In einer Gemeinde mit 61 Häusern Nr. 0 ... 61 leben 600 Einwohner, wobei ein seltsames Gesetz existiert: Wer weniger als eine Mark Kapital hat, wohnt im Haus Nr. 0, im Haus Nr. 1 wohnen nur Leute mit wenigstens 1 Mark und weniger als 2 Mark und so weiter. Per Zufall werden nun zwei Bürger ausgewählt, deren Kapital zusammengelegt und dann zufällig auf eben diese zwei wieder neu verteilt wird. Dies hat im allgemeinen einen "Umzug" zur Folge. - Das Programm beginnt mit gleichem Kapital für alle, etwa mit 3,2 Mark oder ähnlich; alle wohnen also im Haus Nr. 3. Nach einiger Zeit - das Programm gibt nach jeweils 10 Finanztransaktionen grafisch die Hausbelegung aus - ist eine Anzahl von Häusern belegt, jene mit den niedrigen Hausnummern am stärksten. Es stellt sich eine sehr charakteristische Verteilung ein, die in der Thermodynamik als BOLTZMANN-Verteilung bekannt ist:

In einem Modellgas mögen anfangs alle Moleküle die gleiche Energie (erkennbar an ihrer Geschwindigkeit) haben. Stoßen zwei Moleküle zusammen, so werden sie nach dem Stoß andere Geschwindigkeiten haben, wobei allerdings die Energiesumme vor und nach dem Stoß übereinstimmen muß. Das entspricht der Umverteilung des Kapitals in UTOPIA. Die Zuweisung der Einwohner (Moleküle) zu den Hausnummern dient der Klasseneinteilung nach Kapital (Energie) zur Anzeige in einem einfachen Stabdigramm. Dieses beschreibt also die Geschwindigkeitsverteilung der Moleküle im Modellgas. Läßt man das Programm sehr lange laufen, so kann eine RUN-TIME-Fehlermeldung kommen: Haus Nr. 61 oder ein noch ferneres wird für einen Einzug erforderlich, ist aber nicht vorhanden. Bei der Umverteilung des Kapitals erhielt ein Partner (fast) nichts, der andere (fast) alles. Zufällig ist ein Molekül ganz besonders schnell geworden ...

Das Programm STABDIAGRAMM ist ein noch recht elementares Anwenderprogramm zur Darstellung statistischer Daten in einem vertikalen Stabdiagramm. Es macht ausgiebig von der DRAW-Anweisung Gebrauch. Vor Aufruf des Grafikmodus werden die Eingaben so umgerechnet, d. h. normiert, daß eine in beiden Richtungen bildschirmfüllende Grafik erzielt wird. Durch Einsatz von Farben ließe sich das Beispiel bedeutend verbessern; der Wunsch nach passender Beschriftung ist mit TURBO unmittelbar nicht realisierbar, sehr wohl jedoch mit der GRAPHIX-Toolbox (vgl. die Diagramme in 4.2).

LISSAJOUS ergibt auf dem Bildschirm recht ansprechende Grafiken, die
u. U. an Pausenzeichen im Fernsehen erinnern: Der Cursor wird in beiden Koordinatenrichtungen überlagernd nach einem Sinusgesetz bewegt,
d.h. mit harmonischen Schwingungen:

```
X-Richtung:  A * SIN(T)
Y-Richtung:  B * SIN(F * T + PHI * PI).
```

Die Amplituden A und B werden von der Bildschirmmitte (160, 100) aus
formatfüllend gewählt, also höchstens um 150 bzw. 90. Die Zeit T kann
in Y-Richtung mit einem Faktor F (> 0) relativiert werden, d.h. man
arbeitet mit unterschiedlichen Schwingungsdauern. Zudem kann eine Pha-
senverschiebung PHI (0 ... 2) eingetragen werden. - Experimentieren Sie
selbst, für welche F sich geschlossene (und damit besonders schöne)
Grafiken ergeben ...

Das Programm HILBERT (nach dem berühmten Mathematiker und Grundla-
genforscher David Hilbert, 1862 - 1943) benutzt eine raffinierte Rekursion zur Erzeugung eines Bildschirmmusters mit frei wählbarer "Ver-
schachtelungstiefe", also eine Prozedur, die sich mehrmals indirekt
selbst aufruft. Mit den Grafik-Prozeduren MOVE und TURN werden bekannte Routinen aus der sog. Turtle-Grafik vorläufig noch vereinfacht
simuliert, die man aber vollständig in Pascal schreiben kann. Wir kommen hierauf in einem Beispielprogramm (siehe 3.8) noch ausführlich zu
sprechen. Da aber auch dort Rekursionen eine wichtige Rolle spielen (im
Abschnitt 1.3 gab es einleitend ein Programmbeispiel mathematischer
Art mit direktem Selbstaufruf, und zwar eines Unterprogrammtyps "Funktion"), muß hier eine nützliche Eigenschaft von Pascal näher angesprochen werden:

BASIC hat mit GOSUB... und RETURN eine vergleichsweise primitive Unterprogrammtechnik, die einerseits bei größeren Programmen die Struktur kaum mehr erkennen läßt, zum anderen beim Aufruf von Unterprogrammen durch Unterprogramme sehr leicht tote Schleifen bewirkt, die
nur schwer aufzudecken sind. In "Reinkultur" wäre dies folgende Programmstruktur:

```
program beispiel;

  var ...                              in BASIC:

  procedure eins;                      ...
    begin ...                          1000    REM  UP 1
    zwei                               1500    GOSUB 3000
    end;                               2000    RETURN

  procedure zwei;                      3000    REM  UP 2
    begin                              3500    GOSUB 1000
    eins                               4000    RETURN
    end;                               ...

begin ... Hauptprogramm ... end.
```

In BASIC kann man das rechte Beispiel programmieren und damit eine
"tote Schleife par excellence" konstruieren, die so offensichtlich freilich hoffentlich nie vorkommt. Das linke Pascal-Programm aber wird
nicht compiliert, da "eins" die noch nicht deklarierte Prozedur "zwei"
nicht aufrufen kann. "zwei" muß vor "eins" deklariert werden. Dann
tritt das Problem aber umgekehrt auf, d.h. eine Prozedur kann zwar

eine andere aufrufen, jene andere die erste jedoch nicht (Ausnahmen sind, in diesem Fall dann aber ganz bewußt, mit FORWARD... möglich!). Die obige BASIC - Fehlkonstruktion wird also von Anfang an durch Deklarationsrichtlinien ausgeschlossen.

Die Strukturierung von Pascal erlaubt aber bei Bedarf durchaus den gegenseitigen Aufruf, wie er bei Rekursionen viel gebraucht wird, hier als indirekter Aufruf, d.h. wechselseitig:

```
program beispiel;
    ...
    procedure eins;
    ...

        procedure zwei;
        ...
        eins;

    begin
    ... Programmteil der Prozedur eins ...
    end;

    begin ... Hauptprogramm ... end.
```

"zwei" tritt jetzt als "Unterprogramm" von "eins" auf, kann also von "eins" aufgerufen werden; andererseits ist "eins" jetzt eine Prozedur, kann also von "zwei" angesprochen werden. Dieser Sachverhalt ist von großer Bedeutung: Benötigt ein Pascal-Programm "sich selbst", so formuliert man es in einem Rahmenprogramm als Prozedur, die mit einer Unterprozedur sich selbst wiederholt ansprechen kann. Das Programm HILBERT ist ein Paradebeispiel aus der Mathematik, für Nichtfachleute schwer zu durchschauen. Es verführt sehr leicht zu der weitverbreiteten Meinung, Rekursionen seien nur für Mathematiker interessant. Die semantische Analyse eines Quelltextes durch einen Compiler erfolgt aber problemgerecht ebenfalls rekursiv, wie sich z.B. am Beispiel Pascal vereinfacht einsehen läßt.

Ein Programm "trennen" liest jeweils eine Anweisung zwischen zwei Satzmarken (;) und gibt diese Anweisung dann an ein Unterprogramm "compile" zur Wort- und Parameteranalyse weiter. Eine solche Analyse kann aber ergeben, daß die Anweisung selbst als Block erst noch "getrennt" werden muß, also in Anweisungen aufzulösen ist. Demnach muß "trennen" aufgerufen werden. Stünden also "trennen" und "compile" gleichberechtigt als Prozeduren in einem Programm, so hätten wir den obigen erstgenannten Fall. "compile" ist somit als Unterprozedur von "trennen" zu formulieren. Man erkennt ferner an diesem Beispiel, daß eine tote Schleife praktisch nicht entstehen kann: Fortlaufende "Ringaufrufe" müssen wegen der zunehmenden Verfeinerung der Analyse zu Pascalwörtern hin entweder mit Fehlermeldung oder mit erfolgreicher Übersetzung enden.

```
PROGRAM igel;
                          (* demonstriert Bewegung auf Bildschirm *)
    VAR     taste : char;
        x, y, f : integer;

BEGIN
graphmode;
x := 160; y := 100; plot(x,y,7);              (* Mitte Bildschirm *)
REPEAT
    read(kbd, taste); taste := upcase(taste);
    CASE taste OF
    'I' : y := y - 1;          (*                        I     *)
    'K' : x := x + 1;          (* Bewegungen ueber Tasten J   K   *)
    'M' : y := y + 1;          (*                        M     *)
    'J' : x := x - 1;
    'U' : f := 0;                              (* zeichnen *)
    'D' : f := 1;                           (* nicht zeichnen *)
        END;
    IF f = 1 THEN          plot(x,y,7)
             ELSE BEGIN plot(x,y,7);
                        delay(100);
                        plot(x,y,0)
                END
UNTIL taste = 'E'
END.
```

```
PROGRAM radioaktiv;
                          (* Simulation eines Zerfallsprozesses *)
CONST max = 380;                          (* Anzahl Atome *)
VAR n, i, x, y : integer;
        feldar : ARRAY[1..max] OF integer;
            s : integer;

BEGIN  s := 0;          (* ca. 50 % werden aktiviert: feldar = 1 *)
FOR i := 1 TO max DO BEGIN
                    feldar[i] := random(2);
                    IF feldar[i] = 1 THEN s := s + 1
                    END;
write(s); delay(2000);
n := 0; x := 5; y := 0;
graphmode;
draw (0,0,0,195,7); draw(0,195,320,195,7);
REPEAT
    i := random(max + 1);                (* Auswahl Atom aus Vorrat *)
    x := x + 1; delay(50);
    IF feldar[i] = 1 THEN BEGIN
                        write(char(7));      (* akust. Signal *)
                        feldar[i] := 0;         (* zerfallen *)
                        y := y + 1; s := s -1;   (* write(s) *)
                    END;
    n := n + 1;
    plot(round(x/10), y, 7)
UNTIL n = 4000;
END.
```

```
PROGRAM utopia;
                              (* simuliert Boltzmann - Verteilung *)
CONST n = 600;
VAR num1, num2, mann1, mann2, i, versuch : integer;
                         kapital : real;
                  hausar : ARRAY[0..60] OF integer;
                  geldar : ARRAY[1..n] OF real;

BEGIN
write('Anfangskapital je Bewohner ... '); readln(kapital);
FOR i := 1 TO n DO geldar[i] := kapital;
FOR i := 0 TO 60 DO hausar[i] := 0;
hausar[trunc(kapital)] := n;                    (* Anfangsbesetzung *)
versuch := 1;
WHILE versuch < 4000 DO BEGIN
      REPEAT
         mann1 := trunc(random(n)) + 1;
         mann2 := trunc(random(n)) + 1          (* Zufallsauswahl *)
      UNTIL mann1 <> mann2;

      num1 := trunc(geldar[mann1]);             (* deren Hausnummer *)
      num2 := trunc(geldar[mann2]);
      hausar[num1] := hausar[num1] - 1;             (* Auszug *)
      hausar[num2] := hausar[num2] - 1;
      kapital := geldar[mann1] + geldar[mann2];
      geldar[mann1] := kapital * random;
      geldar[mann2] := kapital - geldar[mann1];
      num1 := trunc(geldar[mann1]);             (* wohin einziehen *)
      num2 := trunc(geldar[mann2]);
      hausar[num1] := hausar[num1] + 1;
      hausar[num2] := hausar[num2] + 1;
      versuch := versuch + 1;
      IF versuch MOD 10 = 0 THEN BEGIN
                graphmode;
                FOR i := 0 TO 60 DO
                draw(4*i, 180, 4*i, 180 - trunc(hausar[i]/2), 7)
                            END
                  END (* OF WHILE *)
END.
```

Abb. 3.1: Kapitalverteilung aus dem Programm UTOPIA
(Startkapital = 5 DM, 4000 Versuche)

```
PROGRAM stabdiagramm;
                            (* zeichnet einfache Balkendiagramme *)
VAR i, x, y, h, breite, n : integer;
                  hochar : ARRAY[1..20] OF real;
                     max : real;
BEGIN       clrscr;
n := 1;
writeln('Eingaben werden mitgezaehlt, Ende durch "-1" ... ');
REPEAT
write(n, '.ter Stab: HÖhe .... '); readln(hochar[n]);
n := n + 1
UNTIL hochar[n-1] < 0;
n := n - 1,

max := 0;              (* relative Justierung nach hoechstem Stab *)
FOR i := 1 TO n DO IF hochar[i] > max THEN max := hochar[i];
FOR i := 1 TO n DO hochar[i] := hochar[i]/max * 150;
breite := round((340 - 10*n)/n);
graphmode;
x := 2; y := 180;
i := 1;
REPEAT
   h := round(hochar[i]);
   draw (x, y - h, x + breite, y - h, 7);
   draw (x, y - h, x, y, 7);
   draw (x + breite, y - h, x + breite, y, 7);
   draw (x, y, x + breite, y, 7);
   x := x + breite + 10;
   i := i + 1
UNTIL i = n;
END.




PROGRAM lissajous;
                     (* zeichnet Ueberlagerung harm. Schwingungen *)
CONST x0 = 160;                            (* Mitte Bildschirm *)
      y0 = 100;
VAR a, b, t, f, phi, fak : real;
             n, x, y : integer;

BEGIN
b := 90;
write('Frequenzverhaeltnis > 0      '); readln(f);
write('Phase 0 ... 1                '); readln(phi);
write('Amplitudenverhaeltnis < 1.7  '); readln(fak);
a := fak * b;
graphmode;
t := 0;
FOR n := 0 TO 1000 DO BEGIN
                      x := round(a*sin(t));
                      y := round(b*cos(f*t + phi*pi));
                      plot(x0 + x, y0 + y, 7);
                      t := t + 0.02
                  END;
END.
```

```
PROGRAM hilbert;
                        (* demonstriert rekursive Prozedur mit Grafik *)
VAR size, delta, n, stufe : integer;
                    zeichen : char;
            x, y, x1, y1 : integer;
                        phi : integer;

(* --------- Vereinfachungen der sog. TURTLE-Grafik ----------- *)
PROCEDURE move (g : integer);
BEGIN
   phi := phi MOD 4;
   CASE phi OF                          (* vier Bewegungsrichtungen *)
   0: BEGIN x1 := x + g; y1 := y END;
   1: BEGIN x1 := x; y1 := y - g END;
   2: BEGIN x1 := x - g; y1 := y END;
   3: BEGIN x1 := x; y1 := y + g END
   END;
   draw(x,y,x1,y1,7);
   x := x1; y := y1
END;
PROCEDURE turn(g : integer);
BEGIN    phi := phi + g  END;
(* --------------------------------- ende von move und turn *)
PROCEDURE hil(i : integer);
VAR r, index : integer;

   PROCEDURE rek1;
   BEGIN    turn(r); hil(-index); turn(r)    END;
   PROCEDURE rek2;
   BEGIN
   move(size); hil(index);
   turn(-r); move(size); turn(-r);
   hil(index); move(size)
   END;
BEGIN                                      (* procedure hil *)
IF i = 0 THEN turn(2)
         ELSE BEGIN
              IF i > 0 THEN BEGIN
                              r := 1;   index := i - 1
                            END
                       ELSE BEGIN
                              r := -1; index := i + 1
                            END;
              rek1; rek2; rek1
              END
END;
BEGIN   (* -------------Hauptprogramm------------------------ *)
clrscr; write('Stufe eingeben (1...6)    '); readln(stufe); stufe
:= stufe + 1; delta := 2;
FOR n := 2 TO stufe DO delta := delta * 2;
delta := delta - 1; size := 200 DIV delta;
delta := (delta * size) DIV 2;
phi := 0; graphmode;
x := 150 - delta; y := 100 + delta;
hil(stufe);
read(kbd, zeichen); textmode
END.    (* ------------------------------------------------ *)
```

3.3   Mehr aus der Geometrie

Gefällige Grafiken lassen sich ohne besondere Kenntnisse aus der Geo-
metrie erzeugen. Sie beruhen in den meisten Fällen auf dem sog.
MOIRE-Effekt, wie er bei der Zeichnung von Geldscheinen vorkommt.
(Man spricht dort von Guillochierung.) Beispiel:

```
program falter;
var d, l, u : integer;
begin graphmode;
d := 64;
while d > 4 do begin
  l := 2;
  repeat
    u := 0;
    repeat
      draw(l, u, 320-l, 199-u, 7);
      draw(320-l, u, l, 199-u, 7);
      u := u + d
    until u > 199;
    l := l + d
  until l > 160;
  d := d div 2
        end
end. (* Farbwechsel 7 gegen 0 abhängig von d, l, ... *)
```

Weit komplizierter ist das folgende Verfahren zur Herstellung von sog.
"Fraktal"-Flächen, deren dreidimensionaler Eindruck sehr verblüfft. Solche Methoden werden zur elektronischen Erzeugung von Landschafts-
oder Wolkenbildern in Trickfilmen und dergleichen zunehmend eingesetzt.

Im einfachsten Fall, der hier erläutert werden soll, legt man eine zunächst ebene Fläche als Dreieck durch drei Punkte fest. Es entstehen
damit drei Strecken (Seiten) der Fläche, wobei den Eckpunkten eine definierte Höhe (z. B. 0) zugeschrieben wird. Nun halbiert man diese drei
Seiten und legt für die entstehenden drei neuen Punkte als jeweilige
Höhe das arithmetische Mittel aus den Höhen der (eindeutigen) Nachbar-
punkte fest, aber stets um einen zufälligen Wert verändert, der innerhalb definierter Grenzen angesetzt wird. Mit diesem ersten Schritt wird
das ursprünglich ebene Ausgangsdreieck demnach in vier zusammenhän-
gende kleinere Dreiecke zerlegt, deren Ecken nicht mehr alle in einer
Ebene liegen:

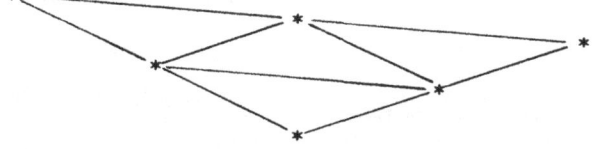

(Ansicht von oben,
ohne Raumwirkung)

Dieser erste Schritt wird jetzt für jedes der vier Teildreiecke wiederholt; das ergibt nach dem zweiten Schritt 16 Dreiecke, allgemein nach
dem n. Schritt 4^n kleine Dreiecke. Jede der drei Ausgangsstrecken
ist dann 2^n mal unterteilt. Dem Listing des Programms sind zwei Bilder der ersten und zweiten Teilungsstufe zur Verdeutlichung beigege-
ben.

Um dieses Verfahren per Programm zu bearbeiten und das Ergebnis zeichnen zu können, kann man folgendermaßen vorgehen:

Die nach und nach entstehenden Punkte werden symbolisch durch zwei Koordinaten X,Y beschrieben, die wegen der gewünschten ganzzahlig fortgesetzten Teilbarkeit anfangs als Zweierpotenzen anzusetzen sind:

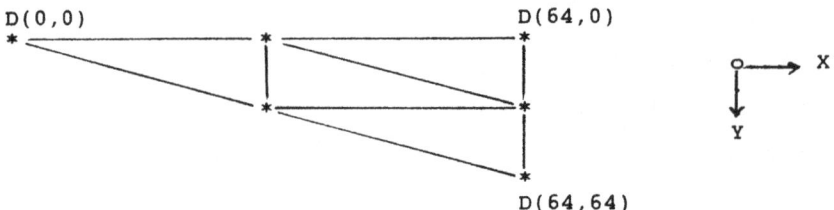

Diese beiden Koordinaten dienen gleichzeitig zum Aufruf eines Feldes D(X,Y), in dessen Elementen die zugehörigen Höhen eingetragen werden. Anfangs ist etwa D(0,0) = D(64,0) = D(64,64) = 0. Nach dem ersten Schritt sind dann die Höhenwerte der bereits gezeichneten weiteren Punkte

D(32,0), D(64,32) und D(32,32)

festgelegt: D(32,0) = (D(0,0) + D(64,0))/2 + RANDOM usw. Bei der gewählten Feldgröße kann man offensichtlich solange fortgesetzt teilen, bis Koordinaten mit Einer-Abstand erreicht sind, in der oberen Begrenzungslinie etwa die Punktfolge D(1,0), D(3,0), ... Da die anfängliche Schrittweite 64/2 = 32 beträgt, ist das nach dem fünften Schritt der Fall, d.h. bei der Feldgröße (64,64) sind sechs Schritte (in beiden Richtungen gleichmäßig) möglich. Weitere Rechnungen haben dann keinen Sinn mehr.

Sind alle D(X,Y) mit X: 0...64 und Y: Y <= X berechnet, so kann die Fläche geplottet werden. Wegen der vorhandenen Bildschirmbegrenzung wird die X-Koordinate mit 4, die Y-Koordinate nur mit 3 multipliziert und dann an dieser Stelle die Höhe D(...) nach oben abgetragen. Ein Faktor gestattet eine Verzerrung, um den räumlichen Eindruck zu verstärken: Man zeichnet statt

(X, Y-D)   besser   (X - fakt * Y, Y - D),

versetzt also die Punkte umso mehr nach links, je weiter "vorne" sie liegen. Damit hohe Punkte der Fläche nicht oben aus dem Bild fallen, wird allen Y ein fester Wert M hinzugefügt. Tatsächlich zeichnet das Programm nicht die Punkte, sondern läßt die Fläche durch Verbindungsstrecken benachbarter Punkte entstehen. Damit der Algorithmus nachvollzogen werden kann, sind wiederholte Routinen ausgeschrieben und nicht durch Prozeduren gekürzt. Eine entsprechende Komprimierung des Programms kann der Leser nachträglich selbst vornehmen, wenn ihm das nicht ganz einfache Verfahren verständlich geworden ist.

Dieses Programm läßt viele Variationen zu: Man kann mit unterschiedlichen Anfangshöhen der drei Eckpunkte beginnen, also die Fläche neigen. Man kann weiter die Höhenlinien je nach der "Seehöhe" in verschiedenen Farben anlegen, etwa Blau, Grün, Braun und Weiß. Das Ergebnis ist dann in der Tat fast trickfilmhaft. Im Grafikteil ist der Fall angedeutet, daß für Höhen unter NN (= 0) die Seefläche als Ebene gezeichnet wird.

In der Mathematik kennt man verschiedene Darstellungsmethoden zur möglichst anschaulichen, wirklichkeitsgetreuen Gestaltung von sog. "Schrägbildern", mit Zentralperspektive oder nicht. - Besonders wichtig sind die sog. "Axonometrien", unter ihnen vor allem die orthogonalen:

Ein Raumgebilde, z.B. ein Würfel, wird mit parallelen Strahlen senkrecht auf eine Bildebene projiziert, in der man dann das zweidimensionale Bild betrachten kann. Dreht man das Objekt zuvor im Raum, so ist jedes gewünschte Abbild erzielbar. Bildebene soll hier natürlich der Monitor sein; der Würfel als Objekt befinde sich auf gleicher Höhe vor diesem im Raum. Diese Projektionsart erfordert umfangreiche Berechnungen, für die wir einen eigenen Abschnitt vorsehen.

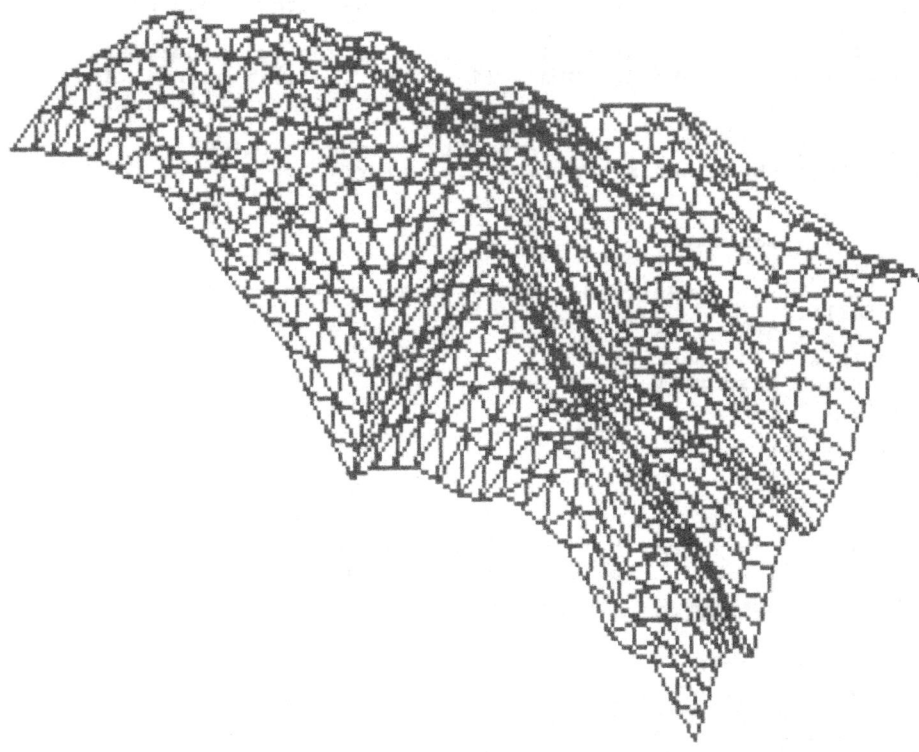

Abb. 3.2: Beispiel einer zufallsgesteuerten Fraktalfläche
(Parameter STUFE im Programm ZUFALLSFLAECHE = 5)

```
PROGRAM zufallsflaeche;
                             (* erzeugt eine sog. Fractal - Flaeche *)
VAR x, y, zaehler, stufe, schritt : integer;
        u1, v1, u2, v2, m, fakt : integer;
                            bild : ARRAY[0..64,0..64] OF integer;

PROCEDURE zufall;
BEGIN
bild[x,y] := bild[x,y] + round(random(2*schritt) - schritt DIV 2);
(* IF bild[x,y] <= 0 THEN bild[x,y] := 0 *)
END;

PROCEDURE grafik;
BEGIN
draw(u1, v1, u2, v2, 7);
END;

BEGIN                      (* Hauptprogramm fuer Schirm 320 mal 200 *)
bild[0,0] := 0;
bild[64,0] := -30; bild[64,64] := 0; (* setzen der Stuetzpunkte *)
write('Fractalflaeche der Stufe (1 ... 6) .. '); readln(stufe);
schritt := 64;
FOR zaehler := 1 TO stufe DO BEGIN
                             schritt := schritt DIV 2;
  writeln('Arbeit auf Stufe ... ', zaehler);
  y := 0;
  REPEAT
   x := y + schritt;
   REPEAT
   bild[x,y] := round((bild[x-schritt,y] + bild[x+schritt,y])/2);
   zufall;
   x := x + 2*schritt
   UNTIL x > 64 -schritt;
   y := y + 2*schritt
  UNTIL y > 63;

  x := schritt;
  REPEAT
   y := schritt;
   REPEAT
   bild[x,y] := round((bild[x-schritt,y-schritt] +
                       bild[x+schritt,y+schritt])/2);
   zufall;
   y := y + 2*schritt
   UNTIL y > x;
   x := x + 2*schritt
  UNTIL x > 64 - schritt;

  y := schritt;
  REPEAT
   x := y + schritt;
   REPEAT
    bild[x,y] := round((bild[x,y-schritt] + bild[x,y+schritt])/2);
    zufall;
    x := x + 2*schritt
    UNTIL x > 64;
   y := y + schritt
   UNTIL y > 64 - schritt;
                          END;                 (* OF zaehler *)
```

```
graphmode;
m := 40; fakt := 1;

y := 0;
REPEAT
x := y;
REPEAT
u1 := 4*x; v1 := m + 2*y - bild[x,y];
u2 := 4*(x+schritt); v2 := m + 2 * y - bild[x+schritt,y];
u1 := u1 + 30 - fakt*y; u2 := u2 + 30 - fakt*y;
grafik;
x := x + schritt
UNTIL x > 63;
y := y + schritt
UNTIL y > 63;

x := schritt;
REPEAT
y := 0;
REPEAT
u1 := 4*x; v1 := m + 2*y - bild[x,y];
u2 := 4*x; v2 := m + 2*(y+schritt) - bild[x,y + schritt];
u1 := u1 + 30 - fakt*y; u2 := u2 + 30 - fakt*(y+schritt);
grafik;
y := y + schritt
UNTIL y > x-1;
x := x + schritt
UNTIL x > 64;

y := 0;
REPEAT
x := y;
REPEAT
u1 := 4*x; v1 := m + 2*y - bild[x,y];
u2 := 4*(x+schritt);
v2 := m + 2*(y+schritt) - bild[x+schritt,y+schritt];
u1 := u1 + 30 - fakt*y; u2 := u2 + 30 - fakt*(y+schritt);
IF (bild[x,y] > 0) OR (bild[x+schritt,y+schritt] > 0)
               OR (y = x) THEN grafik;
                      (* siehe auch Zeile in proc. Zufall *)
x := x + schritt
UNTIL x > 63;
y := y + schritt
UNTIL y > 63;
END.
```

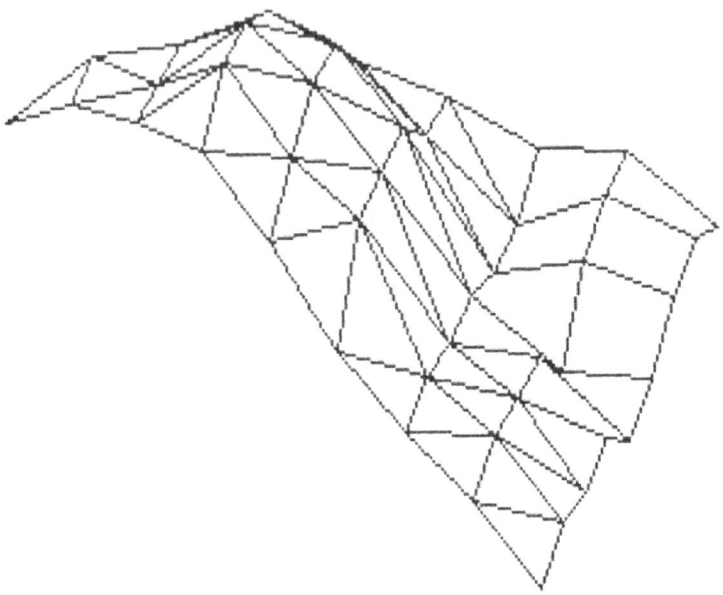

Abb. 3.3: Beispiel einer zufallsgesteuerten Fraktalfläche
(Parameter STUFE im Programm ZUFALLSFLAECHE = 3)

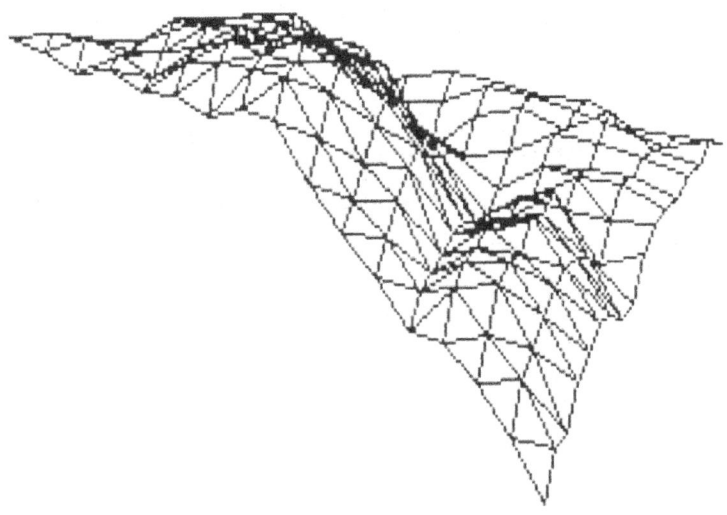

Abb. 3.4: Beispiel einer zufallsgesteuerten Fraktalfläche
(Parameter STUFE im Programm ZUFALLSFLAECHE = 4)

3.4 Grafik wie im Kino

Den eben angesprochenen Würfel legen wir im Raum durch seine acht
Ecken in möglichst symmetrischer Lage zum Ursprung fest (der dann
später in Monitormitte zu liegen kommt), also die "Bodenebene" mit
negativen Z-Werten, etwa mit W = 30:

$(W, W, -W)$, $(-W, W, -W)$, $(-W, -W, -W)$ und $(W, -W, -W)$.
Dies sind die Eckpunkte 1, 2, 3 und 4.

(X, Y, Z) ist der allgemeine Punkt in einem EUKLIDischen Koordinatensystem mit dem Ursprung (0, 0, 0). Der Würfel hat somit die Kantenlänge 2 * W, hier also 60. - Der "Deckel" unseres Würfels (Punkte 5, 6, 7
und 8) sieht ganz analog aus, nur ist die dritte Koordinate stets +W.
Das Programm übernimmt diese Koordinaten indiziert in drei Feldern
X[i], Y[i] und Z[i], einmal wegen einer nachfolgenden Prozedur zur
allgemeinen Transformation von Koordinaten, ferner noch, damit die
Kanten später möglichst schnell in passenden Schleifen gezeichnet werden können, nämlich durch Verbinden aufeinanderfolgender Punkte
1/2/3/... .

Das räumliche Koordinatensystem (X, Y, Z) wird nunmehr (unter Beach-
tung der "Korkenzieher-Regel") so vor dem Bildschirm gedacht, daß die
X-Achse nach rechts zeigt, die Y-Achse nach hinten und die Z-Achse
nach oben. Beim Übergang vom Raum in die Monitor-Ebene können daher
die Y-Werte einfach unterdrückt werden: In der Projektion geht diese
Koordinate eben verloren! Ungedreht wie oben erscheint daher unser
Würfel als Quadrat in doppelter Zeichnung (vordere bzw. hintere Würfel-
fläche).

Der Trick besteht nun darin, den Würfel vor der Projektion in irgendeiner Weise zu drehen, d.h. die Koordinaten der Eckpunkte durch Rechnung
zu verändern, ohne daß die Raumstruktur leidet. Die drei oben genannten Felder werden daher mit einer "Drehungsmatrix" auf neue Koordinaten XB[i], YB[i] und ZB[i] umgerechnet, die Bilder der Eckpunkte in
Ausgangslage. Diese Bildpunkte werden dann gezeichnet bzw. in der vereinbarten Reihenfolge verbunden.

Die folgende Mathematik kann der Laie überlesen; die im Programm ein-
gelagerten Prozeduren ABBREV(iation) und MATRIX kann er gleichwohl -
wie noch gezeigt wird - auch woanders benutzen ...

Jede neue Lage des Objekts - also des Würfels - im Raum ist durch drei
Winkel Alpha, Beta und Gamma bestimmt, die sog. Winkel der EULERschen
Drehung. Sie heißen im Programm A, B und G. Zur Vorführung des Ef-
fekts werden sie in einer Schleife langsam verändert, beginnend jeweils
mit dem Wert 0.

Mathematisch wird jeder Punkt (X, Y, Z) mit der Drehmatrix

$$
\begin{bmatrix} XB \\ XY \\ ZB \end{bmatrix} = \begin{bmatrix} a11 & a12 & a13 \\ a21 & a22 & a23 \\ a31 & a32 & a33 \end{bmatrix} * \begin{bmatrix} X \\ Y \\ Z \end{bmatrix}
$$

der aik (i,k: 1...3), d.h. beispielsweise

XB = a11 * X + a12 * Y + a13 * Z
(oder "erste Bildkoordinate = erste Zeile mal Spalte" usw.)

in den gedrehten Bildpunkt (XB, YB, ZB) umgerechnet, unter Wahrung aller Längen und Winkel im Raumobjekt. Dabei gilt

a11 = cos(G) * cos(A) - sin(G) * cos(B) * sin(A) ,
a12 = - cos(G) * sin(A) - sin(G) * cos(B) * cos(A) ,
a13 = sin(G) * sin(B) ,
...
...
a33 = cos(B),

wie aus der Prozedur MATRIX abgelesen werden kann. Diese Prozedur ist universell; andere Raumobjekte werden mit dieser Prozedur nur durch eine kürzere oder längere Schleife (im Beispiel i: 1...8) "behandelt". Die sich ergebenden Koordinaten XB, YB und ZB werden gerundet, weil in ABBILD nur ganzzahlige Werte geplottet werden können. (YB, d.h. S wird zunächst nicht gebraucht.)

ABBILD beginnt mit einer Zentrierung von XB und ZB zur Bildschirmmitte (S1, S2) und "entzerrt" den Bildschirm durch Streckung in horizontaler Richtung um den Faktor 1,2: In Grundposition, d.h. parallel zum Bildschirm, soll ein Quadrat vier gleichlange Seiten haben. Analog könnte man stattdessen in Z-Richtung (also vertikal) mit ca. 0,8 stauchen. Der Abstand der Pixels auf dem Monitor ist nämlich in den beiden Richtungen etwas verschieden.

Gezeichnet schließlich wird der nunmehr gedrehte Würfel durch Verbinden der Punkte 1/2, 2/3, 3/4 und 4/1, sodann entsprechend der Deckel 5/6, 6/7, 7/8 und 8/5. Zuletzt kommen die Verbindungskanten 1/5, 2/6, 3/7 und 4/8. Leider kann ein Würfel nicht "in einem Zug durchgezeichnet" werden, wie sich mathematisch mit der sog. Theorie der Graphen zeigen läßt. Trotzdem ist das Programm in TURBO-Pascal recht schnell und ergibt mit der Version 3 und schnellem Prozessor beinahe einen "Kinoeffekt".

Sie möchten ein anderes Objekt in Drehung darstellen? Bitte:

Nehmen wir ein reguläres Tetraeder, d.h. eine Pyramide mit einem gleichseitigen Dreieck als Grundfläche. Setzen Sie mit ungefähr W = 30 (0.7 steht in Näherung für die halbe Wurzel aus 2)

(W, 0, 0), (-W/2, 0.7*W, 0), (-W/2, -0.7*W, 0)

für ein gleichseitiges Dreieck in der Ebene Z = 0, und

(0, 0, 1.15*W)   für den vierten Eckpunkt, die Spitze.

Werden diese Punkte mit der Prozedur MATRIX gedreht (i = 1 ... 4) und dann in ABBILD miteinander verbunden (1/2, 2/3, 3/1, weiter 4 mit 1, 2 und dann noch 3), so ist die Aufgabe gelöst. Die Kantenlänge des Tetraeders beträgt 1.41 * W.

Aus der Reihe der sog. PLATONischen Körper ist ferner noch das Oktaeder, ein regulärer Achtflächer, sehr leicht darstellbar. Es hat zudem die Eigenschaft, in fortlaufender Verbindung seiner acht Eckpunkte in einem Zug gezeichnet werden zu können. Hier ist eine Übersichtsskizze zur Raumlage, nach der dann passende Koordinaten leicht gewählt und eingegeben werden können. Der Ursprung soll wieder in Bildschirmmitte liegen:

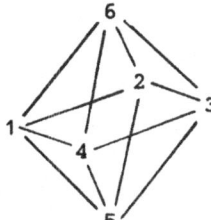

1,2,3,4 ist ein Quadrat
in der Ebene Z = 0.
Die Punkte 5 und 6 liegen
auf der Z-Achse.

Verbindungsweg beispielsweise
1/2, 2/3, 3/4, 4/5, 5/2, 2/6, 6/4,
4/1, 1/6, 6/3, 3/5 und 5/1.

Das Programm Quader hat noch einen Mangel: Der Quader erscheint durchsichtig. Wie kann man die Sichtbarkeit in das Programm einbeziehen? - Da wir uns die Y-Achse in positiver Richtung nach hinten denken, ist jedenfalls jener Eckpunkt des Würfels von vorne zu sehen, dessen Y-Wert am kleinsten ist. Man bestimmt daher vor der Projektion diesen Punkt (jetzt muß in der Prozedur MATRIX die Umrechnung der Y[i] mitlaufen!) mit einer kleinen Suchschleife bei den Y-Werten und beginnt den Würfel von dort aus zu zeichnen. Die neue Prozedur ABBILD ist nach dem Programm wiedergegeben. Das Programm wird dadurch etwas langsamer, aber wirklichkeitsgetreuer.

Die Prozedur Matrix weist zwar Übergabeparameter auf, wirkt aber auf globale Variable R, S und T. Das ist didaktische Absicht im Hinblick auf die Übertragbarkeit in andere Programme, die dann freilich drei Variablenzeilen aus dem Programm QUADER übernehmen müssen. Das nachfolgende Programm RAUMKURVE zeigt, wie es geht:

Hier können Sie die EULER-Winkel A, B und G frei wählen (und damit deren Bedeutung erproben) und dann eine Schraubenlinie zeichnen lassen:

```
X = D * SIN(WINKEL)
Y = D * COS(WINKEL)
Z = GANGHÖHE * VORSCHUB          (Winkel im Bogenmaß!)
```

Zuvor wird vom Ursprung aus das Raumkoordinatensystem in der jeweils gedrehten Lage mit abgebildet.

Da hier punktweise und nicht durch Verbinden von Eckpunkten einer Struktur gezeichnet wird, kommen keine Koordinatenfelder vor. Nur die Prozedur ABBILD muß dem Problem angepaßt werden; ABBREV und MATRIX werden unverändert übernommen. Das Programm zeigt, daß von Flächen abgesehen (dazu siehe 3.6) mit MATRIX und ABBREV jedes Abbildungsproblem axonometrisch exakt gelöst werden kann. Der wahre Punkt (U, V, W) wird in (R, S, T) transformiert und dann mit jeweils strukturbezogenem ABBILD gezeichnet.

ABBREV und MATRIX sind auch als Basis für ein einfaches CAD-Programm geeignet: A, B und G werden festgelegt; in einer Schleife fragt man dann X, Y und Z interaktiv wiederholt ab und läßt diese Punkte "verrechnet" fortlaufend verbinden! Mindestens für lineare Strukturen ist das Verfahren sehr gut brauchbar. Die notwendigen Eingaben können mit gotoxy(1,24); read(x,y,z); an der Unterkante der nach und nach entstehenden Grafik getätigt werden. Man vergleiche dazu auch Abschnitt 3.8.

```
PROGRAM quader;
                        (* berechnet und zeichnet Wuerfelansichten *)
VAR          n, i, s1, s2, w : integer;
                    a, b, g : real;                      (* Winkel *)
    sa, sb, sg, ca, cb, cg : real;              (* trig. Funkt. *)
                    r, s, t : real;              (* neue Koord. *)
                    x, y, z : ARRAY[1..8] OF real;
                 xb, yb, zb : ARRAY[1..8] OF integer;

PROCEDURE abbrev;                          (* Variable global ! *)
BEGIN
sa := sin(a); sb := sin(b); sg := sin(g);
ca := cos(a); cb := cos(b); cg := cos(g)
END;

PROCEDURE matrix(u, v, w : real);          (* sog. EULER - Drehung *)
BEGIN                        (* dreidim. Koord. Transformation *)
r := (cg*ca - sg*cb*sa) * u - (cg*sa + sg*cb*ca) * v + sg*sb * w;
s := (sg*ca + cg*cb*sa) * u + (cg*cb*ca - sg*sa) * v - cg*sb * w;
t :=            sb*sa * u +            sb*ca * v +    cb * w
END;                        (* s nur fuer Folgeprogramme noetig *)

PROCEDURE abbild;           (* speziell fuer Struktur mit Punkten *)
  BEGIN
  FOR i := 1 TO 8 DO BEGIN
                      xb[i] := round(1.2 * (s1 - xb[i]));
                      zb[i] := s2 - zb[i]
                      END;
  plot(156,s2,7);
  FOR i := 1 TO 3 DO draw(xb[i],zb[i], xb[i+1],zb[i+1],7);
  draw(xb[4],zb[4], xb[1],zb[1],7);
  FOR i := 5 TO 7 DO draw(xb[i],zb[i], xb[i+1],zb[i+1],7);
  draw(xb[8],zb[8], xb[5],zb[5],7);
  FOR i := 1 TO 4 DO draw(xb[i],zb[i], xb[i+4],zb[i+4],7)
  END;

BEGIN   (* ------------------------------- Hauptprogramm --- *)
w := 15;                            (* Ecken des Wuerfels *)
s1 := 130; s2 := 100;
x[1] :=  w; y[1] :=  w; z[1] := -w;
x[2] := -w; y[2] :=  w; z[2] := -w;
x[3] := -w; y[3] := -w; z[3] := -w;
x[4] :=  w; y[4] := -w; z[4] := -w;
FOR i := 5 TO 8 DO BEGIN
   x[i] := x[i-4]; y[i] := y[i-4]; z[i] := - z[i-4]
                END;
a := 0; b := 0; g:= 0;
FOR n := 1 TO 100 DO BEGIN
    a := a + 0.05; b := b + 0.05; g := a + b;
    abbrev;
    FOR i := 1 TO 8 DO BEGIN
                      matrix(x[i], y[i], z[i]);  (* zentral; *)
                      xb[i] := round(r);
                      (* yb[i] := round(s); siehe bem. bei s *)
                      zb[i] := round(t)
                      END;
    graphmode; abbild
                END
END.   (* ------------------------------------------------------ *)
```

```
(* Diese Prozedur wird im Programm QUADER anstelle der dortigen
   gleichen Namens zur Sichtbarkeitspruefung eingetragen.
   s in matrix rechnen! *)

PROCEDURE abbild;       (* fuer Sichtbarkeit mit VAR s aus matrix *)
VAR min, ind, k, 1, m : integer;
BEGIN
min := 0;
FOR i := 1 TO 8 DO BEGIN
                   xb[i] := round(1.2 * (s1 - xb[i]));
                   IF yb[i] < min THEN BEGIN
                                       min := yb[i];
                                       ind := i
                                       END,
                   zb[i] := s2 - zb[i]
                   END;
plot(156, s2, 7);
IF ind > 4 THEN BEGIN
   FOR i := 5 TO 7 DO draw(xb[i], zb[i], xb[i+1], zb[i+1], 7);
   draw(xb[8], zb[8], xb[5], zb[5], 7)
              END
         ELSE BEGIN
   FOR i := 1 TO 3 DO draw(xb[i], zb[i], xb[i+1], zb[i+1], 7);
   draw(xb[4], zb[4], xb[1], zb[1], 7)
              END;
k := ind + 4; IF k > 8 THEN k := k - 8;
draw(xb[ind], zb[ind], xb[k], zb[k], 7);
1 := k + 1; IF 1 MOD 4 = 1 THEN 1 := 1 - 4;
m := k - 1; IF m MOD 4 = 0 THEN m := m + 4;
draw(xb[m], zb[m], xb[k], zb[k], 7);
draw(xb[k], zb[k], xb[1], zb[1], 7);
k := 1 + 4; IF k > 8 THEN k := k - 8;
draw(xb[1], zb[1], xb[k], zb[k], 7);
k := m + 4; IF k > 8 THEN k := k - 8;
draw(xb[m], zb[m], xb[k], zb[k], 7)
END;

(* Im Hauptprogramm ist yb[i] := ... auszurechnen! *)
(* Diese Prozedur kann auch mit Zentralprojektionen kombiniert
   werden. Siehe dazu weitere Prozedur in Abschnitt 3.5. *)
```

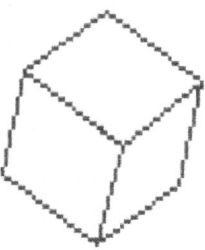

Abb. 3.5: Abbildung eines Quaders mit Sichtbarkeitsprüfung
          der Kanten

```
PROGRAM raumkurve;
                             (* berechnet und zeichnet Schraubenlinie *)

VAR                    a, b, g : real;                        (* Winkel *)
      sa, sb, sg, ca, cb, cg : real;                    (* trig. Funkt. *)
                       r, s, t : real;                    (* neue Koord. *)
                       x, y, z : real;
                          d, i : integer;
PROCEDURE abbrev;                               (* Variable global ! *)
BEGIN
sa := sin(a); sb := sin(b); sg := sin(g);
ca := cos(a); cb := cos(b); cg := cos(g)
END;

PROCEDURE matrix(u, v, w : real);          (* sog. EULER - Drehung *)
BEGIN                            (* dreidim. Koord. Transformation *)
 r := (cg*ca - sg*cb*sa) * u - (cg*sa + sg*cb*ca) * v + sg*sb * w;
 s := (sg*ca + cg*cb*sa) * u + (cg*cb*ca - sg*sa) * v - cg*sb * w;
 t :=              sb*sa * u +              sb*ca * v +     cb * w
 END;

PROCEDURE abbild;                          (* fuer allg. Raumkurven *)
BEGIN
plot(160 - round(r), 100 - round(t), 7)
END;

BEGIN  (* ----------------------------------------- Hauptprogramm *)
writeln('Eingabe der drei EULER - Winkel');
write('a = '); readln(a);
write('b = '); readln(b);
write('g = '); readln(g);
d := 90; graphmode; abbrev;
FOR i := 0 TO 60 DO BEGIN             (* z-Achse = Schraubenachse *)
                x := 0; y := 0; z := i;
                matrix(x, y, z); abbild
                END;
FOR i := 0 TO 30 DO BEGIN                            (* x-Achse *)
                x := i; y := 0; z := 0;
                matrix(x, y, z); abbild
                END;
FOR i := -d TO +d DO BEGIN                           (* y-Achse *)
                x := 0; y := i; z := 0;
                matrix(x, y, z); abbild
                END;
FOR i := 0 TO 1440 DO BEGIN             (* vier volle Drehungen *)
    x := d * sin(pi*i/180);
    y := d * cos(pi*i/180);
    z := -40 + 20 * i/360;                  (* red. Ganghoehe 20 *)
    matrix(x, y, z);
    abbild
                END
END.
```

3.5 Zentralprojektionen

Auch Zentralprojektionen mit perspektivischer Verzeichnung lassen sich jetzt einfach durchführen. Wir greifen dazu auf die beiden Prozeduren des Programms QUADER aus Abschnitt 3.4 zurück, die noch um eine weitere ergänzt werden müssen. Zur Geometrie:

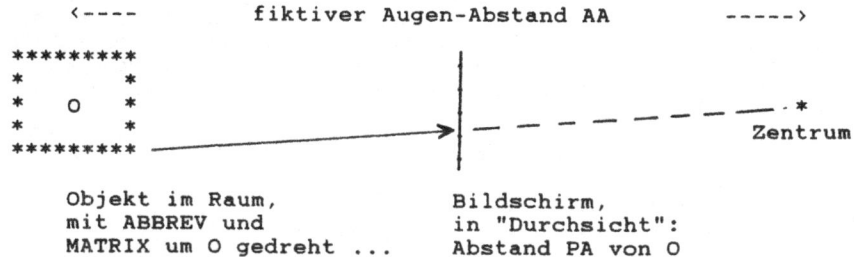

```
<----        fiktiver Augen-Abstand AA         ----->

********                        |
*      *                        |
*   o  *                        |                    — • *
*      *                        |  — — — — — — — — —
********  ——————————————————————>| — — —              Zentrum
                                |
```

Objekt im Raum,	Bildschirm,
mit ABBREV und	in "Durchsicht":
MATRIX um o gedreht ...	Abstand PA von o

Je kleiner AA wird, umso ausgeprägter ist die Perspektive, d.h. die Verzeichnung; mathematisch beruht sie auf dem Strahlensatz, wobei im Blick auf das Programm QUADER beachtet werden muß, daß X- und Z-Achse parallel zum Bildschirm gelegt werden, also jetzt der veränderliche Abstand über Y (seinerzeit YB bzw. S nach der Drehung) einkalkuliert werden muß. Allgemein ist dann:

NEU = ALT * (AA - PA) / (AA + Y)

für die neuen Bildkoordinaten XB und ZB am Monitor. Die nunmehr notwendige weitere Prozedur ZENTRAL ist im Hauptprogramm QUADER der Prozedur MATRIX unmittelbar nachzuschalten; in MATRIX muß S "mitlaufen", da es zwar nicht in ABBILD, wohl aber in ZENTRAL gebraucht wird. Nun ist QUADER unmittelbar perspektivisch startbar. Anstelle der Schleife für A, B und G kann man für die Winkel drei feste Werte vorgeben. Dann bleibt der Würfel in einer bestimmten Raumlage und könnte stattdessen mit veränderlichem AA betrachtet werden, d.h. mit sich ändernder Perspektive.

Änderungen von PA bewirken nur eine ähnliche Vergrößerung oder Verkleinerung des entstehenden Bildes; PA kann nicht ganz beliebig gewählt werden: Ist ein Y dem Betrag nach größer als PA, so erfolgt für diesen Teil des Objekts eine Vergrößerung. Betrachten Sie in obiger Skizze negative Y-Werte, die rechts vom Bildschirm liegen. Ein guter Effekt ergibt sich beim Würfel für etwa PA = 50 und AA um 250. Läßt man AA und PA gleichmäßig wachsen, so verschwindet der Würfel immer kleiner werdend im Unendlichen ...

```
procedure zentral;          (* AA, PA wie R, S und T global reell *)
begin
r := r * (aa - pa) / (aa + s);
t := t * (aa - pa) / (aa + s)                    (* s := s; *)
end;
(* in QUADER:       MATRIX(...) nachschalten, dort markiert ... *)
(* als Effekt: aa := aa+5; pa := pa+5 als Hauptprogrammschleife *)
```

Zwei geringfügig seitlich verschobene Würfelbilder in den Farben rot (links) und grün (rechts) ergeben mit Stereobrille betrachtet ein echtes Raumbild! - Das Programm QUADER kann leicht in diesem Sinn ausgebaut werden.

3.6 Dreidimensionales

Im Abschnitt 3.4 wird zur wirklichkeitsgetreuen Abbildung eines räumlichen Objekts eine sog. orthogonale Axonometrie eingesetzt, ein bei jeder Wahl der dort vorkommenden drei Winkel rechnerisch aufwendiges
Verfahren. In der Praxis benutzt man gerne einfachere "Schrägbilder",
ebenfalls Axonometrien, aber mit beliebiger Projektionsrichtung. In diesem Fall besteht zwischen den Verkürzungen in den verschiedenen Ach-
senrichtungen keinerlei mathematischer Zusammenhang; solche Abbildungen sind rechnerisch viel einfacher und erlauben es insbesondere mit
einem sehr einfachen Trick, Flächen räumlich mit Berücksichtigung der
Sichtbarkeit darzustellen.

Ein beliebiger Raumpunkt (X, Y, Z) wird dabei mit den Formeln

        XB = X0 + X * COS(PHI) - Y * COS(PSI)
        YB = Y0 - X * SIN(PHI) - Y * SIN(PSI) - Z

in den Bildpunkt (XB, YB) des "Grafikfensters" (Bildschirm) übertragen.
(XB, YB) = (0, 0) ist dabei die linke obere Ecke des Monitors, (X0, Y0)
ist das ziemlich frei wählbare Bild des Ursprungs, sogar außerhalb des
Bildschirms, wenn der Zeichenbereich für X bzw. Y geeignet gewählt
wird.

Die folgende Abbildung erläutert das näher:

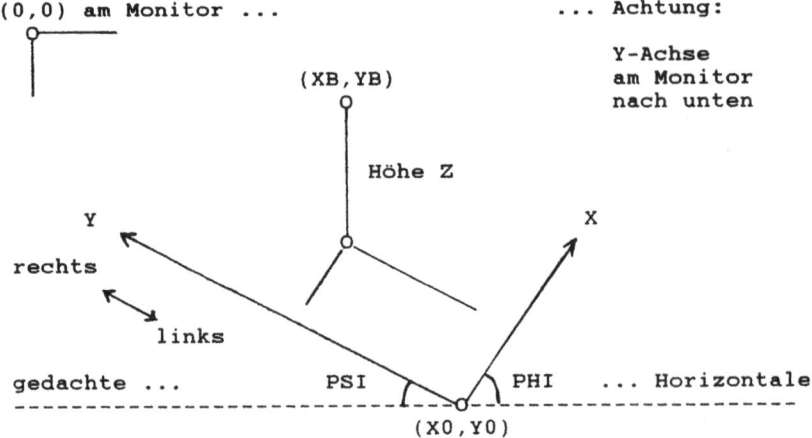

Welcher Bereich tatsächlich gezeichnet werden kann, hängt von der
Wahl (X0, Y0) ab; im Programm ist ein rechteckiger Grundbereich von
XL bis XR auf der X-Achse und entsprechend von YL bis YR auf der Y-
Achse vorgesehen, für den nur

        XLinks < XRechts   und   YLinks < YRechts

gelten muß. Negative Werte sind durchaus zulässig. Zum Zeichnen einer
beliebigen Fläche Z = F(X, Y) mit Hilfe von Koordinatenlinien hält man
X in Stufen fest und verändert Y in einer geeigneten Schleife bzw.
umgekehrt. In vielen Fällen genügt zur anschaulichen Darstellung sogar
eine einzige Kurvenschar. Mit diesem Verfahren ist es nun leicht, auch
die Sichtbarkeit (man redet von "hidden lines") zu berücksichtigen:

Angenommen, es werden die X-Koordinatenlinien zu jeweils festem X-Wert gezeichnet. Man beginnt mit der "vordersten" Linie, d.h. jener mit dem kleinsten X-Wert und zeichnet die nächste "dahinterliegende" nur dort, wo sie "höher" liegt, d.h. die zugehörige YB-Koordinate des Bildschirms weiter oben zu liegen kommt. Dies ist mit einer "Maske" leicht zu bewerkstelligen, nämlich mit einem Feld, das die jeweils vorher berechnete Linie punktweise festhält; exakt in X-Richtung sieht dies beispielsweise so aus, wobei die X-Achse nur als Punkt erscheint:

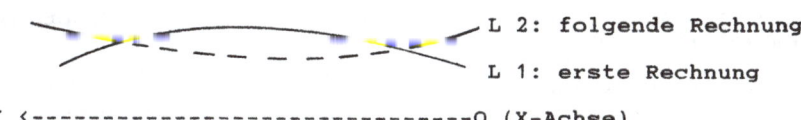

```
                                              L 2: folgende Rechnung

                                              L 1: erste Rechnung

   Y <--------------------------------O (X-Achse)
```

Die Maske folgt zunächst der Linie 1, dann Linie 2, dieser aber nur dort, wo sie höher liegt, sonst weiterhin Linie 1 usw. Nach jedem Rechenschritt wird also die Maske teilweise oder ganz neu gesetzt und jeweils ihre "Oberkante" gezeichnet. Das wiedergegebene Programm DGRAF enthält zur Demonstration die Fläche

$$Z = (X - Y) * (X - Y) * \sin(Y / 10) / 150.$$

Sie wird mit gewissen Winkeln gegen die Horizontale im Bereich 0 ... 170 für X und 0 ... 100 für Y gezeichnet. Hier sind Beispiele weiterer Funktionen, die instruktive Grafiken ergeben:

```
Z = 20 * SIN(X / 20) * COS(Y / 20);
Z = - 8 * EXP( SIN(X * Y / 28 / 28) );
Z = 10 * SIN( (X * X + Y * Y) / 625 );
Z = 100 * EXP( - ((X * X / 400) - (Y * Y / 400))/2 ).
```

Man verändert dabei PHI und PSI passend (um 0.5) und wählt beispielsweise X und Y jeweils symmetrisch - 90 ... + 90.

Das überraschend einfache Programm ist absichtlich ohne Prozeduren geschrieben, damit auch der mathematisch weniger geübte Leser "durchblickt" und experimentelle Änderungen ausprobieren kann. Es ließe sich ohne weiteres fast um die Hälfte kürzer schreiben. Eine weitere Verbesserung für oftmaligen Gebrauch kann man erzielen, wenn man die anfangs gesetzten Parameter nach dem Muster des Programms VORGABE anzeigen läßt und nur bei Bedarf ändert, ansonsten übernimmt. Das Programm müßte dann in eine Schleife mit Abbruchbedingung eingebettet werden. Dies erspart den Wechsel zum Editor. Schließlich ist noch eine Variable (* H optional *) vorgesehen, die es gestattet, die Fläche "oben" abzuschneiden, wenn sie nach oben zu hoch wird. In der wiedergegebenen Grafik ist diese Option eingesetzt worden.

DGRAF kann man u.U. anmerken, daß es ursprünglich in APPLESOFT-BASIC geschrieben worden ist. Erstmals veröffentlicht findet man die Idee in der Zeitschrift "BYTE", 1/1986 auf Seite 153 ff unter "EASY 3-D GRAPHICS" mit verschiedenen Bildern.

```
PROGRAM dgraf;
                (* zeichnet dreidimensionale Flaechen axonometrisch *)
              (* Beschreibung in BASIC in "BYTE", 1/1986, s. 153 ff *)
VAR  x0, y0, xb, yb, xl, xr, yl, yr,
                      x, y, d, i, r : integer;
   u, v, z, phi, psi, cf, sf, cp, sp, h : real;
                         maskar : ARRAY[0..320] OF integer;
FUNCTION f(x: integer): real;
   BEGIN
   f := (x - y)*(x - y) * sin(y / 10) / 150
   END;                              (* diese Funktion wird gezeichnet *)

BEGIN (* ------------------------------------- Hauptprogramm *)
graphmode;

x0 := 130; y0 := 190;                    (* Ursprung am Bildschirm *)
phi := 0.4; psi := 0.5;          (* Winkel x/y-Achse gegen Horizont *)
xl := 0; xr := + 170;
yl := 0; yr := + 100;                     (* gezeichneter Bereich *)
d := 10;                          (* Abstand Koord.Linien in Pixels *)
                              (* auch Eingabe ueber Menu sinnvoll *)

   cf := cos(phi); sf := sin(phi); cp := cos(psi); sp := sin(psi);

(* zum Abschneiden der Grafik oben .. dazu vier korresp. Zeilen *)
(* h := y0 - xr * sf - yr * sp - 2; *)

FOR r := 1 TO 2 DO BEGIN
     (* Maske auf unteren Monitor-Rand setzen ... *)
     FOR i := 0 TO 320 DO maskar[i] := 199;

CASE r OF         (* dies sind die beiden Koord.linien - Scharen *)

1:   BEGIN
     y := yl;
     FOR x := xl TO xr DO BEGIN
     xb := round(x0 + x * cf - y * cp);
     z := f(x);
(*   IF z > h THEN z := h;      *)
     yb := round(y0 - x * sf - y * sp - z);
     IF yb < maskar[xb] THEN maskar[xb] := yb
                    END;
     x := xl;
     WHILE x <= xr DO BEGIN
     u := x0 + x * cf; v := y0 - x * sf;
     FOR y := yl TO yr DO BEGIN
     xb := round(u - y * cp);
     z := f(x);
(*   IF z > h THEN z := h;      *)
     yb := round(v - y * sp - z);
     IF yb < maskar[xb] THEN maskar[xb] := yb;
                    END;                       (* OF FOR *)
     FOR i := 1 TO 319 DO draw(i, maskar[i], i+1, maskar[i+1], 7);
     x := x + d;
                    END;                       (* OF WHILE *)
     END;                                      (* OF CASE 1 *)

2:   BEGIN
     x := xl;
```

```
        FOR y := yl TO yr DO BEGIN
        xb := round(x0 + x * cf - y * cp);
        z := f(x);
(*      IF z > h THEN z := h;        *)
        yb := round(y0 - x * sf - y * sp - z);
        IF yb < maskar[xb] THEN maskar[xb] := yb;
                            END;
        y := yl;
        WHILE y <= yr DO BEGIN
        u := x0 - y * cp; v := y0 - y * sp;
        FOR x := xl TO xr DO BEGIN
        xb := round(u + x * cf);
        z := f(x);
(*      IF z > h THEN z := h;        *)
        yb := round(v - x * sf - z);
        IF yb < maskar[xb] THEN maskar[xb] := yb;
                            END;                        (* OF FOR *)
        FOR i := 1 TO 319 DO draw(i, maskar[i], i+1, maskar[i+1], 7);
        y := y + d;
                            END;                        (* OF WHILE *)
        END;                                            (* OF CASE 2 *)
        END                                             (* OF CASE *)
                            END;            (* OF Faelle r = 1, 2 *)

                            (* restliche Frontlinie loeschen *)
FOR i := 0 TO 320 DO plot(i, 199, 0);
END.
```

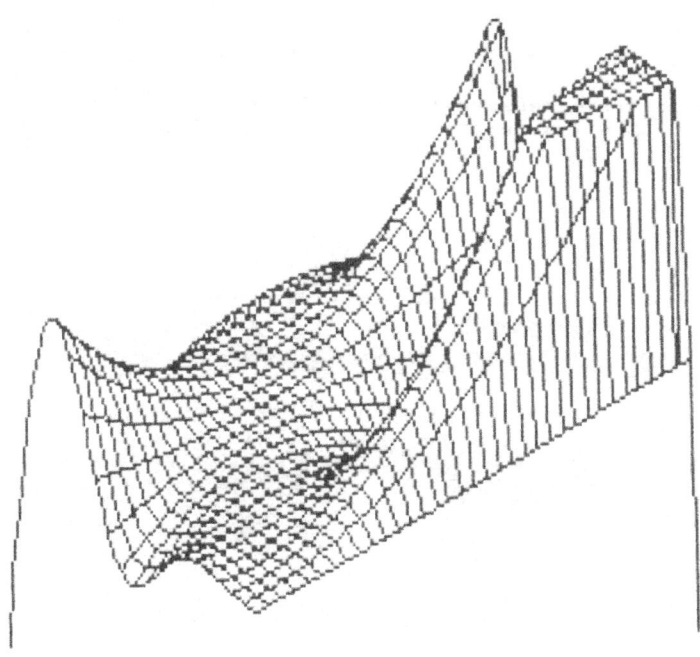

Abb. 3.6: Dreidimensionale Darstellung der Funktion
          Z = (X-Y) * (X-Y) * sin(Y/10) / 150

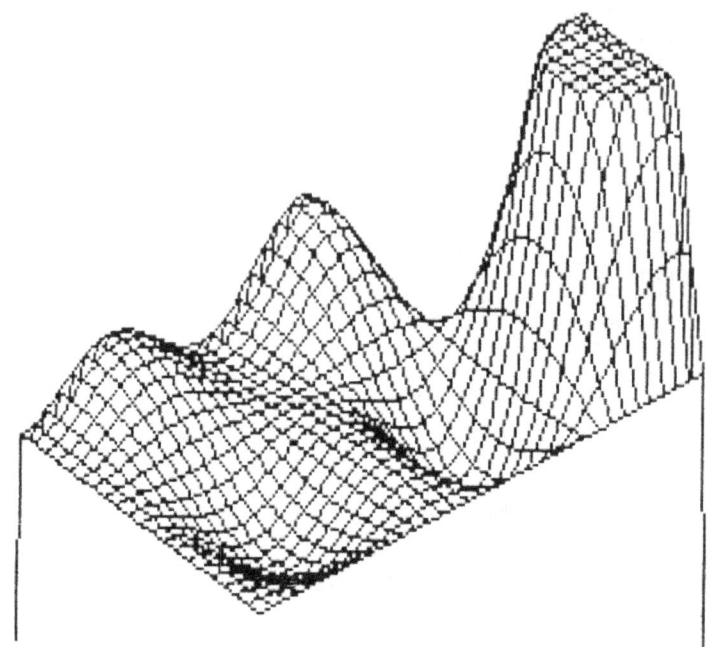

Abb. 3.7: Dreidimensionale Darstellung der Funktion
Z = ((X-80) * X/100 + 1) * sin(X/20) * sin(Y/20)

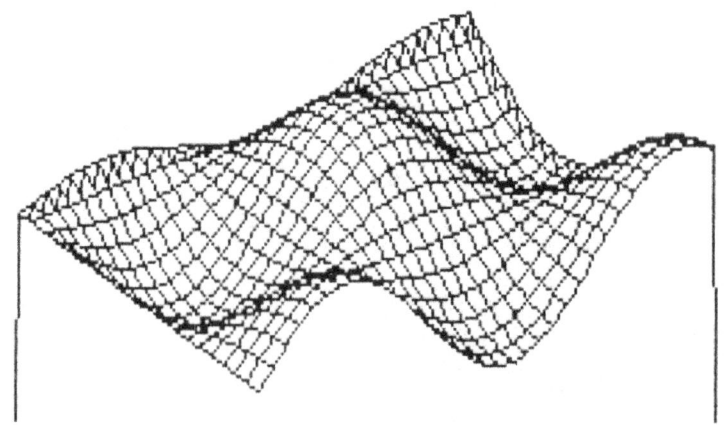

Abb. 3.8: Dreidimensionale Darstellung der Funktion
Z = 20 * sin(X/20) * cos(Y/20)

3.7   Darstellungen mit Höhenlinien

Neben den Flächendarstellungen der bisherigen Abschnitte ist noch eine
weitere möglich: durch Höhenlinien. Ist also eine Funktion Z = f(X, Y)
gegeben, so müssen die Graphen h = f(X, Y) für verschiedene h gezeichnet werden. Wenn diese Relation nach X oder Y auflösbar ist, kann
ein schnelles Programm erstellt werden. Wir demonstrieren hier den all-
gemeineren aber langsameren Weg, der immer möglich ist: Der gesamte
zu zeichnende Bereich wird rechnend überstrichen, wobei ein Punkt der
gesuchten Höhenlinie stets dann ausgeworfen wird, wenn ein gewünschtes
h beim Berechnen von Z gefunden wird. Damit wird ein Auflösen der
Relation überflüssig, wenn auch um den Preis geringen Tempos.

Das erste Programm HOEHENLINIE liefert ein axonometrisches Bild eines
nach unten offenen Rotationsparaboloids, allerdings ohne Berücksichtigung von Überdeckungen, also ein durchsichtiges Modell. Sechs verschiedene Höhenlinien (Kreise) werden (als Ellipsen) gezeichnet, einschließlich der Kuppe. Die benutzten Variablen und die Abbildungsgeometrie
entsprechen dem Programm DGRAF in der früheren Bedeutung. Man beachte den Trick mit der Mengenabfrage, der alle gewünschten Höhenlinien in einem Durchgang zu berechnen gestattet.

Ein weiteres sehr anschauliches Beispiel für dieses Programm ist die
Ebene H := X + Y mit der zusätzlichen Programmzeile vor der Anweisung f := ROUND(h); : if h < 0 then h := 0. Wollte man im Programm
die Sichtbarkeit berücksichtigen, so müßte der gesamte Definitionsbe-
reich für jede Höhenlinie eigens durchlaufen werden, mit zusätzlichen
Abfragen für verdeckte Linien wie im Programm DGRAF. Die Maske wird
dann aber komplizierter.

Auch die aus der Kartografie bekannte Landschaftsdarstellung der sog.
kotierten Projektion ist realisierbar. Das Programm GRAFKART erstellt
ein solches Bild aus der Vogelperspektive, im Beispiel jenes der hyper-
bolischen Fläche Z = (X - Y) * Y. Das Rechenverfahren entspricht jenem
im ersten Programm, die Umsetzung ist aber wegen des Fehlens der
axonometrischen Projektion einfacher. Mit der Festlegung einer "Meeres-
höhe" kann man die Höhenlinien des "Landes" inverstieren gegenüber jenen
der "See" darstellen, was eine besonders eindrucksvolle Grafik ergibt. In
Bildmitte erkennt man einen Sattel (sich kreuzende Höhenlinien), von
dem aus die Landschaft nach beiden Seiten ansteigt, während man in
den beiden anderen Richtungen an das "Meeresufer" gelangt. Je breiter
die Höhenlinien ausfallen, desto geringer ist das sog. Gefälle; senkrecht
zu den Höhenlinien verlaufen bekanntlich die sog. Fallinien, die nicht
ohne weiteres gezeichnet werden können: Hierzu müßte man die sog.
partiellen Ableitungen von Z ins Spiel bringen.

Im Anschluß an das Programm GRAFKART geben wir ohne weiteren Kom-
mentar noch ein paar ganz unterschiedliche Programme an. Sie können
Ausgangspunkt für diverse Experimente sein. So kommt einmal eine
SOUND-Routine vor, ferner ein Programm BABEL, das zur Erzeugung der
Titelgrafik dieses Bandes verwendet worden ist. Das Programm REFLE-
XION ist lange Zeit nur sporadisch gelaufen; für fallweise sehr kleine
Winkel gegen die Umrandung erfolgte nämlich ohne den Trick der "Auf-
rundung" der Ortskoordinaten fast stets ein unprogrammgemäßer "Früh-
ausstieg" aus der äußeren Schleife. Mit einer anderen als der gewählten
Rechenmethode (die dieses Problem vermeidet), wäre das Programm sehr
langsam geworden ...

```
PROGRAM hoehenlinien;
                              (* zeichnet f(x,y) mit Hoehenlinien *)
VAR  x, y, z, x0, y0, xl, xr, yl, yr,
                          u, v : integer;
           phi, psi, cf, sf, cp, sp : real;
                            hoehe : SET OF 0 .. 100;

FUNCTION f(x, y : integer) : integer;
   VAR h : real;
   BEGIN
   h := 75 - (x*x + y*y)/100;                (* aktuelle Funktion *)
   f := round(h)
   END;

BEGIN

   x0 := 160; y0 := 100;            (* Bedeutung wie in dgraf.pas *)
   phi := 0.5; psi := 0.5;
   xl := -90; yl := -90;
   xr := +70; yr := +70;

cf := cos(phi); sf := sin(phi); cp := cos(psi); sp := sin(psi);

graphmode;
hoehe := [0, 15, 30, 45, 60, 75];        (* gewuenschte H-Linien *)
FOR x := xl TO xr DO BEGIN
    FOR y := yl TO yr DO BEGIN
    z := f(x,y);
    IF z IN hoehe THEN
               BEGIN u := round(x0 + x * cf - y * cp);
                     v := round(y0 - x * sf - y * sp - z);
                     plot(u, v, 7)        END
             END                                     (* OF y *)
          END                                        (* OF x *)
          END.


PROGRAM grafkart;

VAR x, y, x0, y0, xl, yl, xr, yr, z, nn : integer;
                        hoehe : SET OF 0 .. 100;

FUNCTION f(x, y : integer) : integer;
VAR h : real;
BEGIN                                    (* nn : "Meereshoehe" *)
h := (x - y) * y / 150 + 10 + nn;
f := round(h)
END;

BEGIN

   x0 := 160; y0 := 100;                   (* symmetrischer Bereich *)
   xl := -155; xr := 155;     (* x-Achse nach rechts, y nach oben *)
   yl := -95 ; yr := 95;
   nn := 40;                   (* Meereshoehe, oberhalb z.B. gruen *)
   graphmode;

hoehe := [0, 10, 20, 30, 40, 50, 60, 70, 80, 90, 100];
```

3.8 Ein "denkendes" Programm

Das Programm DENKGRAFIK ist schon recht anspruchsvoll; es verarbeitet einen eingegebenen Satz, der aus vereinbarten Befehlen besteht, nach Art eines Compilers in die Einzelbefehle, wobei eine strenge Syntax einzuhalten ist:

Alle Befehle müssen mit Kleinbuchstaben geschrieben werden; sofern ein Befehl einen (oder zwei) Parameter zuläßt, ist dieser als ganze Zahl jeweils nachzusetzen. Jedes Sprachelement dieser beiden Typen muß vom Vorgänger durch genau ein "blank" abgetrennt werden.

Wenn das Programm gestartet wird, kennt es folgende Befehle:

        ende
        list (mit Verlust der gezeichneten Grafik!)

für Programmende bzw. Auslisten der vorhandenen Befehle, dann

        move X
        turn X
        turnto X
        jump X Y
        glide X Y   (mit 'down', sonst Wirkung von 'jump')

mit ganzen Zahlen X bzw. Y. Diese Befehle sind der bekannten sog. Turtle-Grafik nachgebildet; ihre Bedeutung kann man durch direkte Eingabe nach dem Start beobachtend feststellen. Voreinstellungen sind dabei die Koordinaten der Bildschirmmitte, ferner "down":

        down
        up

sind nämlich noch zwei Befehle, mit denen der "Schreibstift" abgesenkt oder angehoben wird (zeichnen oder nicht zeichnen).

Das Programm ist nach >>> stets eingabebereit, etwa

        >>>   **move 20 turn 30 <RETURN>** oder
        >>>   **jump 0 0 glide 100 100 <RETURN>**.

In den Beispielen sind bereits zwei Befehle zu einem Satz verbunden. Weitere korrekte Eingaben sind etwa

        up move 10 down turn 20,
        turnto 0 oder
        move 50 turn 120 move 50 turn 120 move 50 turn 120 move 50

Der letzte Satz generiert auf dem Bildschirm ein Dreieck: Eine solche Sprache ist in der Tat simpel und effektiv zugleich und beispielsweise auch in LOGO realisiert.

Das Dreieck des Beispiels kann man aber viel leichter haben, denn das Programm kann Scheifen bilden:

        mal X ..... /

ist nämlich ebenfalls bekannt. Das Dreieck ergibt sich daher mit dem viel kürzeren Satz

```
mal 4 move 50 turn 120 /
```

unmittelbar! Demnach liefert

```
mal 6 move 50 turn 60 /
```

ein reguläres Sechseck. Dem / können selbstverständlich weitere Befehle nachfolgen, wie ein Versuch lehrt. Dies ist möglich, weil die Prozedur "gliedern" sich bei Bedarf selbst aufrufen kann, das Programm also rekursiven Code erzeugt. (In BASIC ist dieser Trick nicht möglich, ein entsprechendes Programm ist also bedeutend schwieriger zu schreiben; vergleiche Bemerkungen in 3.4).

Am schönsten aber ist die Lernfähigkeit des Programms: Ein noch unbekannter Befehl wird mit "!" eingeleitet, dann benannt und in der Folge mit bekannten Befehlen beschrieben:

```
!sechseck mal 6 move 50 turn 60 /
```

bewirkt, daß "sechseck" in die Liste der bekannten Befehle aufgenommen wird und in Zukunft unter diesem Namen erkannt wird. Mit "list" kann man sich davon überzeugen; es wird sogar eine nähere Erläuterung gegeben. Klar, daß solchermaßen geschaffene Befehle wiederum in neuen eingesetzt werden können:

```
!super mal 6 sechseck turn 60 /
```

zeichnet das Sechseck sechsmal gedreht zu einem bekannten Muster. Damit ist grafischer Kreativität praktisch keine Grenze mehr gesetzt. Mit "ende" ist freilich alles vergessen. Damit man also den Bildschirm nicht nur auf diese Art löschen kann (dann wären auch alle in der Zwischenzeit aufgebauten neuen Befehle weg), gibt es noch den Befehl

```
sauber
```

zum "Putzen". Weitere "default" - Befehle sind leicht einzubauen: Man schreibt die entsprechende Prozedur (mit oder ohne Parameter zahl), erhöht f um Eins, fügt den Namen in der CASE-Verzweigung und in der Prozedur VORRAT hinzu und passt die LIST-Option an.

Ist der Befehl ohne Parameter, so wird er am besten auf Platz 10 nach "sauber" gesetzt. Hat der Befehl einen Parameter, so fügt man ihn auf Platz 5 ein, bei zwei Parametern auf Platz 7, jeweils dann unter Verschieben aller folgenden Befehle um eine Position nach hinten. Die ersten beiden c-Abfragen in der Prozedur LOOK sind auf diese Weise dann am einfachsten anzupassen. Die Schleife (c = 1) steht ganz am Anfang und bleibt damit unberührt. Naheliegend ist

```
kreis(mittelpunkt, radius)
```

als zusätzliche Installation, obwohl dies mit den bisherigen Befehlen schon mittelbar möglich ist! Kaum schwieriger ist es, einen nicht sehr nützlichen neuen Befehl wieder zu streichen:

```
weg sechseck.
```

Eine noch fehlende Prozedur "weg" müßte in diesem Fall das Feld festar durchsehen und alle auf "sechseck" folgenden neuen Befehle dort sowie

in merkar um eine Position nach vorne schieben und dann m wieder um
Eins verringern. Das Programm wird dadurch etwas komfortabler. Und
nun viel Spaß als Grafik-Designer!

Das Programm DENKGRAFIK ist eigentlich als Compiler zu betrachten. Es
analysiert eingegebene Sätze in einer Kunstsprache "TURTLE" unter Be-
achtung vereinbarter Regeln (über Parameter) und Strukturen (Schleifen
"mal" und Klammern "merkar") und ordnet den erkannten Befehlen hier
Grafik-Routinen zu, die dann ausgeführt werden. Diese Aktionen könnten
auch etwas ganz anderes sein ...

Mit dem Pascal-Compiler hat das Quellprogramm DENKGRAFIK nur inso-
fern etwas zu tun, als das Maschinenprogramm DENKGRAFIK mit der Me-
tasprache Pascal erstellt worden ist. Zum Compilieren unserer Kunstsprache TURTLE wird nur noch die Betriebssystemebene eingesetzt, von
der aus das MC-Programm gestartet wird. Pascal kommt nicht mehr vor.
In der vorliegenden Fassung ist DENKGRAFIK genaugenommen noch ein
Interpreter, der Kommandos nach und nach verarbeitet, interaktiv (oder
auch, das ginge, als vorher geschriebenes Textfile). Denn ein "weit hinten" fehlerhafter Satzbaustein wird erst erkannt, wenn zuvor schon u.U.
richtige Teilbausteine abgearbeitet worden sind, wie in einem BASIC-
Programm. Es ist angedeutet, wie man eine Fehlerbehandlungsroutine
einbauen kann. Vorläufig werden nur gewisse elementare Fehler erkannt,
bei anderen kommt hingegen ein Absturz (als RUN-TIME-ERROR).

Abhilfe sähe so aus: Eine komplette Befehlssequenz müßte in einem ersten Durchlauf (C) auf Ausführbarkeit getestet werden. Ein eventueller
RUN-TIME-Fehler wird dann abgefangen und der Text würde zur Verbesserung zurückgegeben. Ist die Übersetzung hingegen erfolgreich, so wird
sie als TURTLE-Sequenz in einem File ... für spätere Abarbeitung abgelegt. Dies entspricht den Optionen C und R des TURBO-Sprachsystems.
Mit R wird die Sequenz dann aufgerufen und erzeugt unmittelbar (nicht
interaktiv) eine Grafik. Es gibt beispielsweise solche Programme zum
Abarbeiten von BASIC-Quelltexten "via Pascal" im eben besprochenen
Sinn; sie ersetzen keinen direkten Interpreter (oder Compiler), sondern
entspringen eher individuellem Leistungsstreben von Programmierern.
Methodisch sind sie allerdings von größtem Interesse.

Nachzutragen wäre noch, daß in der vorliegenden Programmversion von
DENKGRAFIK eine Klammerung von mal nicht möglich ist, d.h. in einer
Eingabezeile darf das Zeichen "/" nur als Ende einer Sequenz

        mal X .... /

vorkommen, die keine Klammer enthält. Wegen der Möglichkeit, diese
Sequenz notfalls mit Superbefehlen (die wie Klammern wirken) zu beschreiben, ist das kein Mangel. Wollte man eine solche Schachtelung,
dann müßte das Programm um eine komplizierte Zusatzroutine erweitert
werden. Verstanden wird aber

        mal X ..... / .... mal Y ..... /

mit klammerfreien Befehlssequenzen.

```
PROGRAM denkgrafik;
(*$U+*)
CONST              f = 9;                          (* f+2 feste Befehle *)

TYPE kommando = string[80];
        befehl = string[10];    (* max. Wortlaenge ohne Parameter *)

VAR     eingabe : kommando;
        festar  : ARRAY[1..20] OF befehl;
        merkar  : ARRAY[10..25] OF kommando;    (* 16 neue Befehle *)
        m, code : integer;                          (* moeglich *)

        x0, x1, y0, y1 : integer;                (* fuer Grafik *)
        color, winkel : integer;

PROCEDURE sauber;                          (* setzt Anfangsparameter *)
BEGIN
x0 := 160; y0 := 100; color := 7; winkel := 0;   graphmode
END;

PROCEDURE move(zahl : integer);    (* bewegt um Zahl in Richtung *)
BEGIN
x1 := x0 + round(zahl * cos(winkel*pi/180));
y1 := y0 - round(0.75 * zahl * sin(winkel*pi/180));
draw(x0, y0, x1, y1, color);
x0 := x1; y0 := y1
END;

PROCEDURE turn(zahl: integer);                    (* dreht um Winkel *)
BEGIN
winkel := winkel + zahl; winkel := winkel MOD 360
END;

PROCEDURE turnto(zahl: integer);   (* dreht nach Richtung Winkel *)
BEGIN
winkel := zahl
END;

PROCEDURE jump(zahl1, zahl2: integer);   (* springt nach z1, z2 *)
BEGIN                              (* (0,0) ist links unten *)
x0 := zahl1 ; y0 := 200 -round(0.75 * zahl2)
END;

PROCEDURE glide(zahl1, zahl2: integer);    (* zieht nach z1, z2 *)
BEGIN
x1 := zahl1; y1 := 200 - round(0.75 * zahl2);
draw(x0, y0, x1, y1, color);
x0 := x1; y0 := y1
END;

PROCEDURE down;
BEGIN   color := 7   END;

PROCEDURE up;
BEGIN   color := 0   END;
```

```
PROCEDURE vorrat;                                      (* Festbelegung *)
BEGIN
festar[1] := 'mal';
festar[2] := 'move';
festar[3] := 'turn';
festar[4] := 'turnto';
festar[5] := 'jump';
festar[6] := 'glide';
festar[7] := 'down';
festar[8] := 'up';
festar[9] := 'sauber'
END;                                                   (* ergaenzbar *)

PROCEDURE list;                    (* jeweils aktuelle Befehlsliste *)
VAR i : integer;
BEGIN
textmode; writeln('Vorhanden sind derzeit ... ');
writeln('      ende'); writeln('       list');
writeln('      !bef  Einleitung fuer neuen Befehl');
FOR i := 1 TO f+m DO BEGIN
                    write(festar[i]);
                    IF i IN [1..6] THEN write(' X');
                    IF i IN [5..6] THEN write(' Y');
                    IF i = 1 THEN write(' ... /');
                    IF i > f THEN write(' ---> ', merkar[i]);
                    writeln
                    END;
                    readln; graphmode
END;

PROCEDURE syntax;                                      (* ausbaufaehig *)
BEGIN
gotoxy(5, 24); writeln(' F E H L E R ! '); delay(500)
END;
(* ------------------------------------------------------------ *)
PROCEDURE trennen(satz: kommando);
VAR        s : integer;
    inarbeit : befehl;

  PROCEDURE schleife(zahl: integer; teil: kommando);    (* mal *)
  VAR i : integer;
  BEGIN
  FOR i := 1 TO zahl DO trennen(teil)
  END;

  PROCEDURE endsignal(kette: kommando; was: char);
  BEGIN                           (* sucht Befehlsende 'was' *)
  s := 0;
  REPEAT
  s := s + 1
  UNTIL (copy(kette, s, 1) = was) OR (s > length(kette))
  END;

  PROCEDURE comp(einzeln: befehl); (* sieht befehlsliste durch *)
  VAR k, l, c, num, num1: integer;
                    teil: kommando;
  BEGIN
  c := 0;
  REPEAT  c := c + 1 UNTIL (festar[c] = einzeln) OR (c > f+1+m);
```

```
IF c < 7 THEN BEGIN
                endsignal(satz, ' ');
                val(copy(satz,1,s-1), num, code);
                satz := copy(satz, s+1, length(satz) - s + 1)
                END;
IF (c = 5) OR (c = 6) THEN BEGIN (* c = 3 hat zwei parameter *)
                endsignal(satz,' ');
                val(copy(satz,1,s-1), num1, code);
                satz := copy(satz, s+1, length(satz) - s + 1)
                END;
IF c = 1 THEN BEGIN                  (* c = 5:  mal endet mit / *)
                endsignal(satz,'/');
                teil := copy(satz, 1, s - 2);
                satz := copy(satz, s+2, length(satz) - s -1)
                END;
CASE c OF                                (* Liste vergleichen *)
1 : schleife(num, teil);
2 : move(num);
3 : turn(num);
4 : turnto(num);
5 : jump(num, num1);
6 : glide(num, num1);
7 : down;
8 : up;
9 : sauber                END;                       (* OF CASE *)
                                    (* hier folgen superbefehle *)
IF (c > f) AND (c < f+1+m) THEN trennen(merkar[c]);
IF c = f+2+m THEN syntax
END;
BEGIN  (* -------------------------- Hauptprozedur trennen --- *)
  REPEAT                           (* rekursiv ueber comp --- *)
  IF length(satz) > 0 THEN BEGIN
  endsignal(satz, ' ');
  inarbeit := copy(satz, 1, s - 1);
  IF copy(inarbeit, 1, 1) = '!'
      THEN BEGIN                     (* Superbefehl generieren *)
      m := m + 1;
      festar[f+m] := copy(inarbeit, 2, s-2);
      merkar[f+m] := copy(satz, s+1, length(satz) - s);
      satz := ''
          END
      ELSE BEGIN               (* erstes Befehlswort abtrennen *)
      satz := copy(satz, s+1, length(satz) - length(inarbeit));
      comp(inarbeit)                        (* zur Analyse *)
          END;
                      END
  UNTIL satz = ''
END;                                        (* of trennen --- *)
BEGIN  (* ---------------------------------- Hauptprogramm --- *)
m := 0;
sauber; vorrat;
REPEAT
gotoxy(1,24); clreol; write('>>>  '); read(eingabe);
IF eingabe = 'list' THEN list
                    ELSE IF eingabe <> 'ende'
                            THEN trennen(eingabe)
UNTIL eingabe = 'ende';
textmode
END.   (* ------------------------------------------------- *)
```

4 EINSATZ VON TURBO-TOOLBOX-PROGRAMMIERHILFEN

Der Wert einer Programmiersprache hängt entscheidend von der ange-
botenen Programmierumgebung ab. Hierzu gehören eine gute Bedienbar-
keit, eine übersichtliche und verständliche Dokumentation, ein komfortabler Editor, und nicht zuletzt schnelle Compilierläufe und ein effektiver Maschinencode. Alle diese Kriterien sind bei TURBO-Pascal gegeben.

Aber es kommt noch eine wesentliche Forderung hinzu. In den voran-
gegangenen Kapiteln haben wir gezeigt, wie man sich im Laufe der Zeit
eine umfangreiche Programmbibliothek zusammenstellen kann. Darüber
hinaus wäre es aber wünschenswert, auch auf fremde Programmteile
zugreifen zu können. Erst dann ist ein wirklich professionelles Programmieren möglich, und man kann sich mit vertretbarem Aufwand auch an
größere Programmiervorhaben wagen. Sind die Software-Schnittstellen
(d.h. die Übergabe-Parameter in den Funktions- bzw. Prozedurköpfen)
solcher fremder Programmteile klar definiert, und werden keine oder
nur wenige globale Variablen verwendet, ist ein Einbau in eigene Programme problemlos.

Der Hersteller von TURBO-Pascal (BORLAND International Inc.) unterstützt dieses Prinzip mit verschiedenen Programmsammlungen, die unter
dem Oberbegriff "Toolbox" vertrieben werden. Zur Zeit werden sechs
Toolbox-Pakete angeboten, mit deren Hilfe man relativ schnell auch
umfangreiche Programmpakete selbst entwickeln kann:

- TURBO-TUTOR, ein Lehrprogramm für TURBO-Pascal mit einer Sammlung grundlegender Hilfsprogramme,

- TURBO-GRAPHIX, ein Graphikpaket (nur für IBM-Rechner oder kompatible),

- TURBO-DATABASE, eine Programmsammlung zum Erstellen von Datenbanken,

- TURBO-EDITOR, eine Programmsammlung zum Schreiben komfortabler
  Editoren (nur für IBM-Rechner oder kompatible),

- TURBO-GAMEWORKS, eine Sammlung von Spielen im Pascal-Quellcode.

Sieht man von der Spielesammlung "Gameworks" ab, enthalten alle TOOL-
BOX-Pakete sehr nützliche Funktionen, Prozeduren und Beispielprogramme, die man auch in ernsthaften Programmiervorhaben vorteilhaft einsetzen kann. Zu jeder TOOLBOX wird ein Handbuch mitgeliefert, in dem
die Hilfsprogramme in ausreichender Ausführlichkeit beschrieben sind.

Die nun folgenden Programmbeispiele sollen die Einsatzmöglichkeiten der
Toolbox-Programmpakete zeigen. Um die Beispiele nachvollziehen zu
können, müssen Sie natürlich die jeweilige Toolbox besitzen.

4.1 Die Toolbox "TURBO-TUTOR"

Wie der Name dieser Toolbox schon andeutet, ist sie als Lehrprogramm
für TURBO-Pascal, bestehend aus Übungsbuch mit Begleitdiskette, konzi-
piert. Teil 3 jedoch enthält eine Sammlung von Beispielprogrammen, die
für viele Anwendungsfälle sehr nützlich sind. So findet man Beispiele
zur Ausführung von MS-/PC-DOS-Systembefehlen, desgleichen von CP/M-

Systembefehlen, I/O-Fehlerbehandlungsroutinen, sowie Hilfsprogramme zum
Betreiben einer seriellen Schnittstelle und einer Maus. Diese Beispiele
sind abgeschlossene Programme, die man sich aber leicht in Prozeduren
umschreiben kann, damit sie in eigene Programme eingebaut werden können. Um dieses Vorgehen zu erläutern, greifen wir uns ein Beispielprogramm heraus, mit dem das Inhaltsverzeichnis eines Laufwerks auf dem
Bildschirm dargestellt werden kann. Gerade diese Aufgabe muß in vielen
Anwenderprogrammen gelöst werden.

Nehmen wir hierzu an, wir würden mit einem MS-DOS-Rechner arbeiten.
Auf der TURBO-TUTOR-Diskette finden wir zwei Beispielprogramme: ein
einfaches "DIRECTRY.PAS" und ein etwas komfortableres "QDL.PAS". Bei
letzterem kann man für die Ausgabe verschiedene Optionen wählen (z.B.
mit oder ohne versteckte Dateien, mit oder ohne Systemdateien). Wir
werden uns für unser Beispiel mit "DIRECTRY.PAS" begnügen.

Unser eigenes Programm (DIREXAMP.PAS), in das wir "DIRECTRY.PAS"
einbauen, können wir sehr einfach halten, da wir ja lediglich die gene-
relle Vorgehensweise bei der Verwendung von TOOLBOX-Beispielprogram-
men zeigen wollen. Es soll nur nach Löschen des Bildschirms das Inhaltsverzeichnis des aktuellen Laufwerks erscheinen. Durch Drücken
einer beliebigen Taste erfolgt dann der Programmabbruch.

Bei dieser Gelegenheit können wir gleich einen schwerwiegenden Nachteil der ursprünglichen Fassung von "DIRECTRY.PAS" beheben: Jeder Eintrag des Inhaltverzeichnisses erscheint in einer eigenen Zeile. Besser
ist aber in den meisten Fällen eine Ausgabe in fünf Spalten, um mehr
als 25 Einträge gleichzeitig darstellen zu können. Wenn wir uns das Listing von "DIRECTRY.PAS" ansehen, stellen wir fest, daß ziemlich am
Ende des Programms ein Ausgabebefehl

```
IF (Fehler = 0) THEN
writeln(NamR);
```

auftaucht. NamR ist die Variable, die den aktuellen Eintrag enthält.
Wenn wir im Deklarationsteil eine Zählvariable "Spalte" einführen, können wir eine Formatierung in fünf Spalten leicht erreichen (siehe folgendes Beispiel). Gleichzeitig wandeln wir den Programmkopf "PROGRAM
DirList" in einen Prozedurkopf "PROCEDURE DirList" um. Wenn wir nun
noch den Punkt nach dem letzten "END" in einen Strichpunkt umändern,
ist unsere Prozedur fertig. Wir können sie in dieser Form in eigene
Programme einbauen.

```
PROGRAM DirExamp;
PROCEDURE DirList;
....
VAR ....
    Spalte : Integer;
....

BEGIN                                           (* DirList *)

  Spalte := 0;
  .....
    IF (Fehler = 0)
      THEN
```

```
        BEGIN
          Write(NamR:15);
          Spalte := Spalte + 1;
          IF spalte mod 5 = 0 THEN writeln;
        END;
  END
END;                                      (*  von   DirList  *)

BEGIN                                     (*  Hauptprogramm *)
    dirlist;
    writeln;
    writeln('Ende des Demo-Programms');
    writeln('Abbruch mit beliebiger Taste');
    REPEAT UNTIL keypressed;
END.
```

Analog dazu kann man in CP/M-Systemen das Beispiel "CPMDIR.PAS" umändern.

Zum Schluß muß noch erwähnt werden, daß die Toolbox "TURBO-TUTOR"
ein Listprogramm "LISTT.PAS" enthält, das nach unserer Meinung das
beste ist, das in irgendeinem TURBO-Paket angeboten wird. Der Lei-
stungsumfang entspricht in etwa dem von TLIST, jedoch ist es komfortabler zu bedienen. Außerdem liegt es im TURBO-Quellcode vor, so daß
eigene Änderungen und Anpassungen leicht möglich sind. Dem Standard-
programm "LISTER.PAS" ist es vom Funktionsumfang her weit überlegen.

4.2 Die Toolbox "TURBO-DATABASE"

TURBO-DATABASE stellt alle Prozeduren und Funktionen zum Aufbau einer Datenbank zur Verfügung. Dabei sind die Datensätze in einem binären Baum (B-TREE) organisiert, wodurch ein sehr schnelles Auffinden
gewährleistet wird. Man könnte z.B. unser Beispiel "Gemeindebücherei"
aus Abschnitt 2.4 sehr elegant mit dieser Toolbox programmieren. Wenn
man sich das mitgelieferte Beispielprogramm "BTREE.PAS" ansieht (der
Quelltext ist auch im Handbuch zur Toolbox ausgelistet), erkennt man,
daß es nicht genügt, nur Module aus der Toolbox zu kombinieren, wie es
z.B. bei "FIRST-ED" aus der EDITOR-Toolbox der Fall ist, sondern daß
man die Programmteile für eine komfortable Ein- und Ausgabe und für
eine sinnvolle Verkettung der Toolbox-Bausteine selbst schreiben muß.
Es ensteht in jedem Fall ein ähnlich langes Programm wie "BTREE.PAS",
so daß wir an dieser Stelle auf ein Programmbeispiel verzichten müssen.

4.3 Die Toolbox "TURBO-EDITOR"

In Abschnitt 2.1 mußten wir eine Eingabemaske erstellen. Wir haben
dazu den Editor mißbraucht, der in der Datei TURBO.COM enthalten ist.
Dieses Vorgehen war nur möglich, weil wir mit diesem Editor eine Datei
erstellt haben, auf die wir dann von unserem TURBO-Pascal-Programm
aus zugreifen konnten. Ein echtes Einbinden dieses Editors in eigene
Programme ist aber nicht möglich. Außerdem schleppt man bei dieser
Methode den gesamten TURBO-Compiler mit, da man den Editor nicht
abspalten kann.

Die Toolbox "TURBO-EDITOR" enthält sämtliche Unterprogramme und Definitionen, die zum Aufbau eines komfortablen Editors nötig sind. Da
alle Routinen im Pascal-Quelltext vorliegen, kann man sich entsprechende Programmteile mit "Include" in sein eigenes Programm einbauen. Auf
diese Weise kann der Editor individuell an die Anforderungen angepaßt
werden.

In der EDITOR-Toolbox finden wir ein Beispielprogramm "FIRST-ED.PAS",
das in der Handhabung dem Editor aus "TURBO.COM" sehr ähnlich ist.
Wir wollen nun zeigen, wie man "FIRST-ED" für unseren Maskeneditor
benutzen kann.

Nehmen wir an, unser Programm soll "MASKED.PAS" heißen. Wir definieren vom TURBO-Hautmenü aus ein Workfile "MASKED". Dann kopieren wir
mir <CTRL> KR das Beispielprogramm "FIRT-ED.PAS" in unser Workfile.
Ein Einbinden mit "Include" funktioniert in diesem Fall nicht, da FIRST-
ED selbst ebenfalls Include-Dateien enthält, der Include-Befehl aber
nicht geschachtelt werden darf.

Wenn wir uns das Listing von "FIRST-ED" ansehen, stellen wir fest, daß
nach einem Deklarationsteil, in dem die Toolbox-Unterprogramme mit
"Include" eingebunden werden, ein sehr kurzes Hauptprogramm folgt:

```
    ...
    BEGIN
    EditInitialize;
    EditSystem;
    ClrScr;
    END.
```

Wenn wir dieses Hauptprogramm noch etwas erweitern, können wir dem
Benutzer einige Hinweise zum Erstellen einer Maske geben:

```
BEGIN                                    { HAUPTPROGRAMM }

  ClrScr;
  writeln('Maskeneditor: ');
  writeln;
  writeln('Eingabefelder werden mit ####....#### markiert');
  writeln('Sie koennen beliebig beschriftet werden');
  writeln('Abspeichern der Maske mit CTRL KR');
  writeln('Start des Maskeneditors mit beliebiger Taste');
  REPEAT until keypressed;

  EditInitialize;                        { Initialisieren }
  EditSystem;                            { Editor-Schleife }
  ClrScr;
END.
```

Nach dem Abspeichern der Maske können wir den Editor mit <CTRL> KX
verlassen. Alle anderen Kommandos entsprechen denen aus dem norma-
len TURBO-Pascal-Editor.

Obwohl das Hauptprogramm von FIRST-ED nur aus wenigen Zeilen besteht, haben wir es doch mit einem sehr leistungsfähigen Editor zu tun,
dessen Fähigkeiten wir in unserem Masken-Beispiel gar nicht alle aus-
nutzen können (wie z.B. die Möglichkeit, gleichzeitig mehrere Textfen-
ster zu eröffnen, Merker zu setzen, Text zu formatieren usw.).

Es versteht sich von selbst, daß wir, wenn unser Programm ausgetestet ist, dieses compilieren. Andernfalls müssen wir vor jedem Programmstart die relativ lange Compilierzeit in Kauf nehmen.

Die Toolbox "TURBO-EDITOR" enthält noch ein zweites komplettes Beispielprogramm "MICROSTAR", das laut Handbuch den Anspruch erhebt, ein komfortables Textprogramm zu sein. Von der Bedienung her wird es diesem Anspruch auch gerecht. Untersucht man es jedoch näher, dann stellt man fest, daß die Entwickler dieses Programmpakets kurz vor Erreichen des Ziels (hervorragendes Textsystem) Schluß gemacht haben. Es fehlen nämlich einige für ein Textsystem unbedingt erforderliche Eigenschaften.

So ist zwar ein automatisches Formatieren des erstellten Textes vorgesehen, es werden jedoch Steuerzeichen für den Drucker beim Zeilenumbruch mitgezählt. Dieser Mangel läßt sich, wie wir an einem Beispiel zeigen werden, relativ leicht beheben. Weiterhin kann man zwar Punktbefehle wie bei "WORDSTAR" eingeben, diese werden jedoch nicht ausgeführt, sondern beim Drucken lediglich unterdrückt (von Punktbefehlen spricht man, wenn eine Zeile mit einem Punkt beginnt; diese Zeilen gehören nicht zum Text, sondern sind Befehle an den Drucker oder an das Textprogramm selbst). Durch Erweitern der Prozedur "PRINTNEXT" in der Datei "PRINT.MS" kann man erreichen, daß der Drucker Punktbefehle annimmt. Dies bewirkt man am einfachsten, indem man nach Erkennen eines Punktbefehls durch Aufruf der Prozudur "PUSHCHAR" die entsprechenden Drucker-Steuerzeichen in den Druckerpuffer einfügt.

Der größte Mangel von MICROSTAR besteht wohl darin, daß man beim Formatieren eines Textes keine Möglichkeit zur Silbentrennung (auch nicht halbautomatisch) hat. Will man diese Funktion verwirklichen, kommt man mit kleinen Eingriffen in den Programmcode von MICROSTAR nicht mehr aus, sondern man muß die gesamte Struktur der Formatierroutine verändern. Ein Beispiel hierzu würde den Rahmen dieses Buches sprengen.

Im Auslieferungszustand ist die Toolbox "TURBO-Editor" also hervorragend zum Aufbau von Programmeditoren geeignet, den Ansprüchen, die man an ein Textsystem stellt, wird sie nicht gerecht.

Programmbeispiel: Ignorieren der Steuerzeichen beim Zeilenumbruch

Der Zeilenumbruch wird mit Hilfe der Prozedur "REFORMAT" erreicht, die in der Datei "CMD.MS" enthalten ist. Dort gibt es eine Variable p^.Bufflen, die die Länge der aktuellen Zeile enthält, während in p^.txt^ die aktuelle Zeile selbst gespeichert ist (wie man sieht, sind in MICROSTAR die Textzeilen über Zeiger verkettet). Die Variable Rmargin enthält den rechten Rand.

Wir werden nun den Wert in "Rmargin" um die Anzahl der Steuerzeichen in der aktuellen Zeile vergrößern. Dadurch erreichen wir, daß bei Auftreten von Steuerzeichen die Zeile später umgebrochen wird. Vor Bearbeitung der nächsten Zeile müssen wir ihn aber wieder auf den alten Wert zurücksetzen, weshalb wir ihn in der neu einzuführenden Variablen "Merker" zwischenspeichern. Zum Untersuchen der aktuellen Zeile auf Steuerzeichen führen wir noch eine Zählvariable "Zähler" ein. Die Änderungen an der Prozedur "EDITREFORMAT" sehen dann folgendermaßen aus:

```
BEGIN {EditReformat}
  VAR Merker, Zaehler : Integer;              {neu eingefuehrte Variable}
  .....
  WHILE Reformatting DO
    BEGIN
      CurLine := p;
      Colno := Pcol;                               {bis hier vorhanden}
      Merker := Rmargin            {rechten Rand zwischenspeichern}
      FOR Zaehler := 1 TO p^.Bufflen DO
        IF p^.txt^[Zaehler] < #32 THEN Rmargin := Rmargin + 1;
        .....
      Rmargin := Merker;                   {alten Rand wiederherstellen}
    END;  {while Reformatting}
    .......
```

Wir hoffen, daß dieses Beispiel demonstriert, wie vorteilhaft es ist, ein
Editorsystem im Quelltext vorliegen zu haben, wenn man es an spezielle
Forderungen anpassen will. Es soll aber nicht verschwiegen werden, daß
gravierende Änderungen sehr gute Pascal-Kenntnisse erfordern, da wir es
hier mit einem ziemlich umfangreichen Programmsystem zu tun haben, in
dem sehr häufig auf die Verkettung von Texten mit Hilfe von Zeigern
zurückgegriffen wird. Außerdem ist auch ein gewisses detektivisches
Gespür nötig, da im Begleitbuch nur die wichtigsten Typen und Variablen (aber längst nicht alle) beschrieben sind.

4.2 Die Toolbox "TURBO-GRAPHIX"

TURBO-Graphix enthält eine Reihe von Prozeduren, die eine umfangreiche Erweiterung des Graphik-Befehlssatzes darstellen. Als wichtigste
Befehlserweiterungen sind zu nennen:

- Drawline: Zeichnen von Linien,
- DrawCircle: Zeichnen von Kreisen und Ellipsen,
- Drawsquare: Zeichnen von Rechtecken,
- DrawAscii: ASCII-Zeichen in Zeichnung einfügen,
- DrawText: Textstrings in Zeichnung einfügen,
- DrawCartPie: Zeichen von Tortendiagrammen in kartesischen
                  Koordinaten
- DrawPolarPie: Zeichnen von Tortendiagrammen in Polar-
                  koordinaten,
- DrawAxis: Zeichnen und Beschriften von Achsenkreuzen.
- DrawHistogram: Zeichnen von Balkendiagrammen,
- DrawPolygon: Zeichnen von Polygonen und Linienzügen.

Im TURBO-GRAPHIX-Handbuch sind die Graphikbefehle sehr gut beschrieben und anhand vieler Beispiele erläutert. Wir wollen deshalb an
dieser Stelle auf weitere Beispiele verzichten. Statt dessen werden wir
auf ein Problem näher eingehen, das einem Benutzer der TURBO-GRA-
PHIX-Toolbox beim Zeichnen von Diagrammen mit beschrifteten Achsen
unangenehm auffällt: Die Achsen werden im allgemeinen nicht in einem
dezimalen Raster, sondern in einem völlig willkürlichen beschriftet. Um
die Beschriftung verbessern zu können, müssen wir zunächst untersuchen, wie sie zustande kommt.

Bei TURBO-GRAPHIX kann man Fenster (Windows) definieren. Ein Window ist ein Bildschirmfenster, es wird also ein Teil des Bildschirms
(oder auch der gesamte Bildschirm) zur Zeichenfläche erklärt. Weiterhin
gibt es den Begriff "Welt" (World). Die Definition einer Welt ist nichts

anderes als eine Maßstabsanpassung. Man bildet mit ihrer Hilfe den Wertebereich einer Zeichnung auf ein Fenster ab. (TURBO-GRAPHIX erlaubt auch das Zeichnen in absoluten Bildschirmkoordinaten, dabei passiert es aber leicht, daß man ungewollt über die zur Verfügung stehende Zeichenfläche hinauszeichnet. Mit einer geeigneten "Welt" kann man dies zuverlässig verhindern).

Im Graphikmodus wird der Bildschirm in Bildschirmpunkte (Pixel) eingeteilt. Die Anzahl der Pixel hängt von der Auflösung des eingesetzten Bildschirm-Adapters Ihres Rechners ab. Sie beträgt z.B. unter Verwendung von TURBO-GRAPHIX bei der IBM-Farbkarte 640 x 200, bei der Hercules-Monochrom-Karte 720 x 350, bei Zenith-Rechnern 640 x 225 und bei Olivetti-Rechnern 640 x 400. Definiert man ein Fenster (Window), das kleiner als der gesamte Bildschirm ist, enthält das Fenster eine geringere Anzahl von Bildpunkten, ihre **Dichte** wird jedoch nicht verändert.

Am besten erkennt man an einem Beispiel, wie TURBO-GRAPHIX die Achsenbeschriftung durchführt. Damit unser Beispiel auf allen Rechnerversionen und Graphic-Adaptern lauffähig ist, werden wir uns auf eine maximale Zeichenfläche von 640 x 200 Pixel beschränken. Wir definieren nun ein Graphikfenster mit

```
DefineWindow(1,0,0,50,200);
```

Dabei ist der erste Parameter die Fensternummer, dann folgen jeweils die x- und die y-Koordinate der linken unteren und der rechten oberen Fensterecke. Zu beachten ist dabei noch, daß in y-Richtung der Parameter im Funktionsaufruf "DefineWindow" der Anzahl der Pixel entspricht, während in x-Richtung der Parameter mit acht multipliziert werden muß, um die Anzahl der Pixel zu erhalten. Unser Fenster ist also 50*8 = 400 Pixel breit und 200 Pixel hoch.

Als Demonstrationsbeispiel wählen wir den Verlauf einer gedämpften Schwingung mit der Frequenz f = 10 Hz und der Dämpfungszeitkonstanten TAU = 0,1 s. Die Kreisfrequenz der Schwingung beträgt dann OMEGA = 2*PI*f = 62,8 s-1. Die Amplitude der Schwingung betrage A = 3 cm. Der Schwingungsverlauf in Abhängigkeit von der Zeit t läßt sich durch folgenden Ausdruck angeben:

$$y = A * e^{-t/TAU} * cos(OMEGA * t)$$

Nehmen wir weiterhin an, wir wollen den Verlauf der Schwingung im Bereich von 0 bis 0,3 Sekunden betrachten, dann können wir unseren Wertebereich (World) für die x-Achse von 0 bis 0,3 und für die y-Achse von -3 bis +3 (also von -A bis +A) definieren:

```
DefineWorld(1,0,3,0.3,-3);
```

Nun setzen wir noch willkürlich ein Fenster mit 400 Pixel Breite (50 x 8) und 200 Pixel Höhe fest.

```
DefineWindow(1,0,0,50,200);
```

Das vollständige Listing des Programms "SCHWING1.PAS" zum Zeichnen der oben beschriebenen Funktion sieht dann folgendermaßen aus:

```
PROGRAM Schwing1;

{$I typedef.sys}
{$I graphix.sys}
{$I kernel.sys}
{$I windows.sys}
{$I axis.hgh}
{$I polygon.hgh}

CONST tmax       = 0.3;
      Amplitude = 3;
      Tau        = 0.1;
      Omega      = 62.8;
      n          = 100;
VAR   Antwort    : char;

PROCEDURE Plotschwingung;
VAR a:PlotArray;
    x1,x2:integer;

PROCEDURE MakeArray(VAR a:PlotArray;n:integer);

VAR i:integer;
    delta,t:real;

BEGIN  { MakeArray }
  delta:=tmax/(n-1);
  FOR i:=1 TO n DO
    BEGIN
      a[i,1]:=(i-1)*delta;
      t := a[i,1];
      a[i,2] := Amplitude * exp(-t/Tau) * cos(OMEGA * t);
    END;
END; { MakeArray }


BEGIN { Plotschwingung }
  ClearScreen;

  MakeArray(a,n);                              {Plotarray fuellen}

  DefineWindow(1,0,0,50,200);
  DefineWorld(1,0,3,0.3,-3);
  SelectWorld(1);
  SelectWindow(1);
  SetBackground(0);
  DrawBorder;

  DrawAxis(8,-8,0,0,0,0,0,0,false);           { Achsen zeichnen }

  DrawPolygon(a,1,n,0,0,0);                    { Polygon zeichnen }

END; { Plotschwingung }
```

```
BEGIN   { Hauptprogramm }

InitGraphic;                          { Graphicsystem initialisieren }

Plotschwingung;                             { Schwingung zeichnen }


read(kbd,Antwort);              { Diagramm auf Drucker ausgeben? }
IF Upcase(Antwort) = 'D' THEN
  BEGIN
    write(lst,#27#108#4);                  { linken Rand setzen }
    hardcopy(false,6);                     { Diagramm drucken }
  END;
REPEAT UNTIL keypressed;            { Warten auf Tastendruck }

LeaveGraphic;                          { System zuruecksetzen }

END.
```

Abb. 4.1 zeigt eine Hardcopy des Bildschirminhaltes für unser Beispielprogramm. Wir sehen, daß die Einteilung der Achsen nicht in einem dezimalen Raster erfolgt, sondern scheinbar willkürlich.

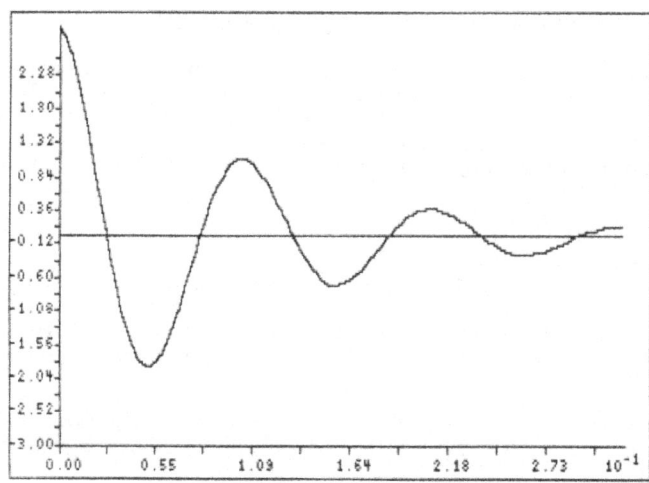

Abb. 4.1 Hardcopy des Bildschirminhalts für SCHWING1.PAS

Die Prozedur "DRAWAXIS" teilt dabei den Wertebereich nach einem star-
ren Pixelraster ein: in y-Richtung erfolgt alle 7 Pixel eine Markierung
(mit Beschriftung), in x-Richtung alle 30 Pixel. Ein Intervall in x-Richtung ist also immer 30 Pixel breit, während die Intervallbreite in y-
Richtung 7 Pixel beträgt. Dies geschieht völlig unabhängig von der verwendeten Welt und vom gewählten Fenster. Ist das Fenster größer, erhält man mehr Intervalle, bei einem kleineren Fenster weniger. Auch
bei einer höher auflösenden Graphic-Karte (z.B. Hercules) ändert sich
die Intervallbreite nicht. Eine dezimale Einteilung kann sich "zufällig"
nur dann ergeben, wenn Welt und Fenster in einem bestimmten Verhält-
nis zueinander stehen. Diese Zufälligkeit wollen wir nun bewußt steuern, um eine dezimale Einteilung der Achsen zu erzwingen.

Dazu müssen wir zunächst den Aufbau eines Diagramms untersuchen. Die Prozedur DRAWAXIS reserviert links von der eigentlichen Zeichenfläche, aber innerhalb des definierten Fensters einen Beschriftungsrand von 32 Pixel. Ebenso gibt es einen rechten Rand (16 Pixel), einen unteren Rand (14 Pixel) und einen oberen Rand (6 Pixel). Gegenüber dem definierten Graphik-Fenster ist also die Zeichenfläche in y-Richtung um 20 und in x-Richtung um 48 (= 6*8) Pixel kleiner.

Nun zurück zu unserem Beispiel. Der Wertebereich erstreckt sich in x-Richtung von 0 bis 0,3. Dieser Bereich entspricht auch den x-Koordinaten unserer "Welt". Wenn wir ein Intervall 0,025 s breit machen, können wir unseren Schwingungsverlauf in sechs Bildschirmintervallen (0,3 : 0,025 = 6) darstellen. Dies ergibt eine Breite der Zeichnung von 12 x 30 = 360 Pixel. In y-Richtung müssen wir einen Wertebereich von -3 cm bis +3 cm vorsehen. Die Welt erstreckt sich demnach von -3 bis +3. Teilen wir diesen Wertebereich in 24 Intervalle ein, so entspricht jedem Intervall eine Amplitude von 0,25 cm, was wiederum eine Einteilung im Dezimalraster ergibt.

Nach diesen Überlegungen können wir unser Fenster definieren.

x-Richtung:

Pixel gesamt = 32(linker Rand) + 16(rechter Rand) + 12 x 30 = 408

Da wir in x-Richtung die Pixel in Achtergruppen angeben müssen, teilen wir diesen Wert durch acht und erhalten die Zahl 51, die wir bei der Fensterdefinition eingeben müssen. In unserem Fall geht die Teilung 408:8 genau auf, normalerweise müssen wir runden, was sich aber auf die Genauigkeit der Zeichnung und der Achsenbeschriftung kaum auswirkt.

y-Richtung:

Pixel gesamt = 14(unterer Rand) + 6(oberer Rand) + 24 x 7 = 188.

(Benutzt man die in der Prozedur vorgesehene Option, das Diagramm mit einer Überschrift zu versehen, muß das Fenster in y-Richtung noch um 16 Pixel größer sein).

Wir müssen nach dieser Rechnung in unser Programm folgende Definitionen einfügen:

```
DefineWorld(1,0,3,0.3,-3);
```

und

```
DefineWindow(1,0,0,51,188);
```

Das Demo-Programm SCHWING2.PAS unterscheidet sich vom obigen Listing SCHWING1.PAS nur durch diese beiden Zeilen. Abb. 4.2 zeigt eine Hardcopy des Bildschirminhaltes nach diesem Beispielprogramm.

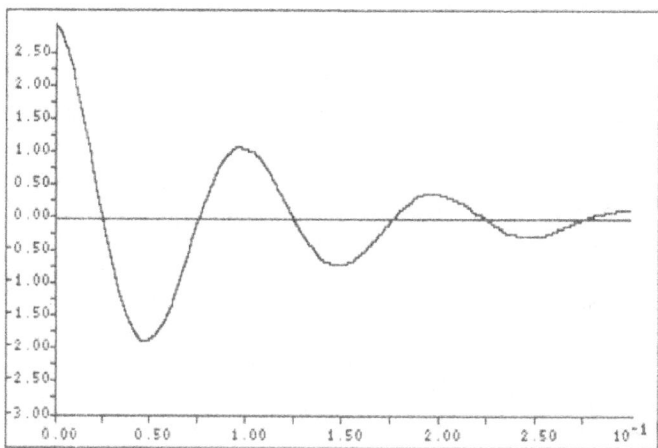

Abb. 4.2 Hardcopy des Diagramms aus SCHWING2.PAS

Wir haben in unserem Beispiel die Fenstergröße an den Wertebereich (World) angepaßt. Ebenso kann man natürlich bei vorgegebener Fenstergröße den Wertebereich anpassen, indem man ihn so erweitert, daß er mit der Anzahl der bei einer bestimmten Fenstergröße vorhandenen Achsunterteilungen übereinstimmt. Dabei sollte man aber die Fenstergröße von vornherein so wählen, daß sie ein Vielfaches von 30 plus Rand beträgt.

Meist ist es bei der Erstellung von Diagrammen möglich, den Wertebereich abzuschätzen. Ist dies nicht der Fall, kann man sich eine Prozedur schreiben, die nach den oben beschriebenen Kriterien die Zeichenfläche an den Wertebereich so anpaßt, das sich in jedem Fall eine dezimale Achsbeschriftung ergibt.

Zum Schluß müssen wir noch eine weitere Eigenart der Prozedur "Drawaxis" besprechen. Sie bereitet nämlich für die nachfolgende Prozedur "Drawpolygon" ein Fenster vor, bei dem gegenüber dem ursprünglich definierten der Beschriftungsrand bereits abgezogen ist. Dadurch wird verhindert, daß in den Beschriftungsrand hineingezeichnet wird. Nach Aufruf von "Drawpolygon" wird aber wieder das gesamte Fenster zur Zeichenfläche, wodurch sich auch eine Maßstabsveränderung nachfolgender Zeichnungen ergibt.

Ein weiteres Beispiel soll dies verdeutlichen. Wir benutzen dazu wieder die gedämpfte Schwingung, wollen aber in dasselbe Diagramm die Hüllkurve der Schwingung

$$y = + A * e^{-t/TAU}$$

als punktierte Linie (SetLineStyle(1)) einzeichnen. Wir definieren also zwei zusätzliche Plotarrays, in die wir die entsprechenden Werte für die Hüllkurve schreiben. Damit erhalten wir das Listing "SCHWING3.PAS":

```
PROGRAM Schwing3;

{$I typedef.sys}
{$I graphix.sys}
{$I kernel.sys}
{$I windows.sys}
{$I axis.hgh}
{$I polygon.hgh}

CONST tmax      = 0.3;
      Amplitude = 3;
      Tau       = 0.1;
      Omega     = 62.8;
      n         = 100;
VAR   Antwort   : char;

PROCEDURE Plotschwingung;
VAR a,b,c:PlotArray;
    x1,x2:integer;

PROCEDURE MakeArray(VAR a,b,c:PlotArray;n:integer);

VAR i:integer;
    delta,t:real;

BEGIN
  delta:=tmax/(n-1);
  FOR i:=1 TO n DO
    BEGIN
      a[i,1]:=(i-1)*delta;
      b[i,1] := a[i,1];
      c[i,1] := a[i,1];
      t := a[i,1];
      a[i,2]:=Amplitude*exp(-t/Tau)*cos(Omega*t);
      b[i,2]:=Amplitude*exp(-t/Tau);
      c[i,2]:=-Amplitude*exp(-t/Tau);
    END;
END;


BEGIN
  ClearScreen;

  MakeArray(a,b,c,n);                       { Plotarray fuellen }

  DefineWindow(1,0,0,51,188);
  DefineWorld(1,0,3,0.3,-3);
  SelectWorld(1);
  SelectWindow(1);
  SetBackground(0);
  DrawBorder;

  DrawAxis(8,-8,0,0,0,0,0,0,false);         { Achsen zeichnen  }

  DrawPolygon(a,1,n,0,0,0);                 { Polygon zeichnen }
  SetLinestyle(1);
  DrawPolygon(b,1,n,0,0,0);                 { Polygon zeichnen }
  DrawPolygon(c,1,n,0,0,0);                 { Polygon zeichnen }
  END;
```

```
BEGIN

  InitGraphic;                        { Graphicsystem initialisieren }

  Plotschwingung;                         { Schwingung zeichnen }


  read(kbd,Antwort);            { Diagramm auf Drucker ausgeben? }
    IF Upcase(Antwort) = 'D' THEN
      BEGIN
        write(lst,#27#108#4);                { linken Rand setzen }
        hardcopy(false,6);                  { Diagramm drucken }
      END;
  REPEAT UNTIL keypressed;         { Warten auf Tastendruck }

  LeaveGraphic;                      { System zuruecksetzen }

END.
```

Dabei entsteht folgendes Diagramm:

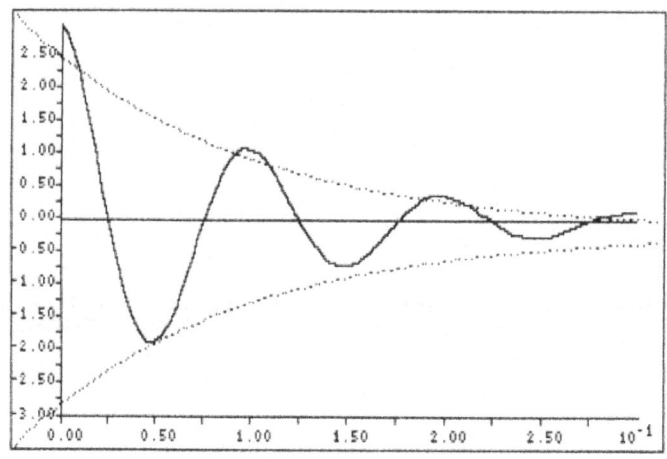

Abb. 4.3: Gedämpfte Schwingung mit verschobener Hüllkurve
(einmaliger Aufruf von "DrawPolygon")

Am einfachsten kann man diese Fehler ausmerzen, wenn man vor jedem
Aufruf von "DrawPolygon" die Prozedur "Drawaxis" nochmals aufruft:

```
....
DrawAxis(8,-8,0,0,0,0,0,0,false);          { Achsen zeichnen }
DrawPolygon(a,1,n,0,0,0);                   { Polygon zeichnen }
SetLinestyle(1);
DrawAxis(8,-8,0,0,0,0,0,0,false);          { Achsen zeichnen }
DrawPolygon(b,1,n,0,0,0);                   { Polygon zeichnen }
DrawAxis(8,-8,0,0,0,0,0,0,false);          { Achsen zeichnen }
DrawPolygon(c,1,n,0,0,0);                   { Polygon zeichnen }
....
```

Mit dem auf diese Weise erhaltenen Programm SCHWING4.PAS wird die richtige Hüllkurve (Abb. 4.4) gezeichnet. Denselben Effekt hätte man auch erreicht, wenn man nach dem ersten Aufruf von "DrawAxis" ein Fenster mit der Größe und der Lage der echten Zeichenfläche (also ohne Beschriftungsrahmen) definiert hätte.

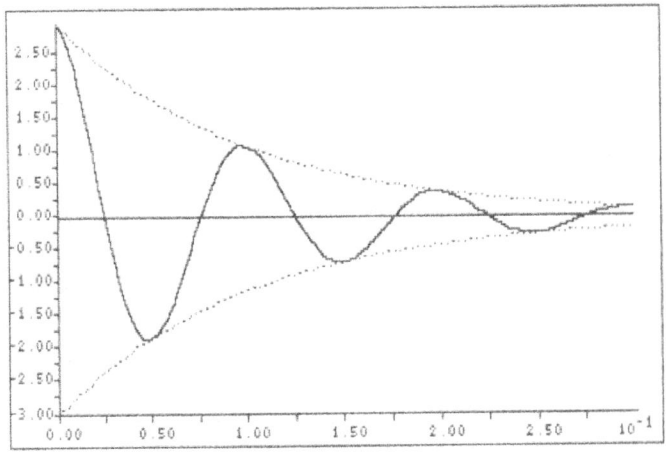

Abb 4.4: Hardcopy des Diagramms einer gedämpften Schwingung mit Hüllkurve (mehrmaliger Aufruf von DRAWPOLYGON)

ANHANG A: INSTALLATION VON TURBO AUF CP/M-SYSTEMEN

Auf Ihrem 8-bit-Rechner wird das Sprachsystem TURBO "unter CP/M" eingesetzt, d.h. Turbo kann nur geladen werden, wenn zuvor das Betriebssystem CP/M installiert worden ist und fallweise mit seinen Kommandos zur Verfügung steht. Wenigstens die nachfolgenden sollten Sie kennen:

Wie kann man das Inhaltsverzeichnis einer Diskette lesen?
(Das entsprechende Kommando heißt DIR.)

Wie kann man einzelne Files löschen oder umbenennen?
(ERA und REN mit zusätzlichen Parametern ...)

Diese Kommandos sind immer aufrufbar, wenn CP/M aktiv ist, d.h. wenn eine Eingabezeile am Bildschirm mit einer Laufwerksbezeichnung wie etwa A> oder B> beginnt. Weiter:

Wie werden Disketten formatiert bzw. kopiert, wie kann man einzelne Files kopieren?
(Dies leisten COPY bzw. PIP mit verschiedenen Parametern; beide Kommandos sind nur mit eingelegter Systemdiskette verfügbar. Sie müssen zum Gebrauch jeweils geladen werden.)

Weitere Informationen finden sich in Ihrem CP/M Handbuch; die folgenden Angaben beziehen sich auf die CP/M Version 2.23, die von anderen Implementationen des Betriebssystems im Detail geringfügig abweichen kann.

Mit dem TURBO-Handbuch haben Sie zwei Disketten erhalten; die eine enthält alle zur Benutzung von TURBO notwendigen Programme, die andere bringt ein Paket von Beispielen, das wir hier nicht brauchen. Beide Disketten müssen zuerst kopiert werden, da sie schreibgeschützt sind. Dann wird TURBO ein für allemal "installiert", d.h. auf den von Ihnen benutzten Rechner zugeschnitten. Die notwendigen Schritte beschreiben wir jetzt für den Neuling der Reihe nach.

Schalten Sie den Rechner ein, wobei sich im Systemlaufwerk A: eine CP/M Systemdiskette befinden muß und warten Sie ab, bis sich das Betriebssystem mit A> auf dem Bildschirm meldet.

Mit DIR (und <RETURN>, einmal sei es erwähnt) können Sie sich nunmehr die Diskette 1 in Laufwerk A: ansehen. Sie muß unter anderem das File TURBO.COM enthalten (sonst haben Sie u.U. die zweite Diskette oder eine ganz andere eingelegt.) Wir werden diese Diskette zuerst kopieren und zwar so, daß sie auch noch das Betriebssystem CP/M enthält. Später kann diese Kopie dann unmittelbar zum "Kaltstart" des Rechners verwendet werden, d.h. für eine Startroutine bis auf die Ebene von TURBO ohne Diskettenwechsel. Eine direkte Kopie der Diskette 1 liefert beim Einschalten des Rechners kein arbeitsfähiges Sprachsystem, sondern einen "Absturz" mit verwirrenden Monitormeldungen ...

Testen Sie jetzt sicherheitshalber, ob CP/M noch verfügbar ist; mit <RETURN> muß die Meldung A> kommen. Über dieses Laufwerk laden Sie nun das (sog. transiente, d.h. bei Bedarf jeweils zu ladende) Kommando COPY. Nach der Meldung * (dies ist die Bereitschaftsanzeige für COPY) legen Sie eine neue Diskette in A: ein und tippen die Kommandozeile A:=A:/S mit <RETURN>. Nach Ausführung kommt wieder *. Jetzt können Sie mit CTRL-C wieder auf die Betriebssystemebene von CP/M zurückkehren. Nun sollten Sie testen: Schalten Sie den Rechner aus und dann wieder ein. Mit der eben generierten Diskette muß ein Kaltstart erfolgen, d.h. CP/M meldet sich mit A>. Im übrigen lehrt DIR, daß keine anzeigbaren Files (auf dieser formatierten und mit CP/M versehenen) Diskette vorhanden sind.

Legen Sie jetzt wieder die CP/M Systemdiskette in das Laufwerk A: ein und laden Sie von dort PIP. Meldung * abwarten! Jetzt wird die TURBO Diskette 1 in A: eingelegt und dann als Kommando nach * die Zeile A:=A:*.* eingegeben. - Wir kopieren mit einem Laufwerk auf die eben generierte Diskette. Nach einigen Diskettenwechseln, die das System jeweils anfordert (Vorsicht vor Verwechslungen!), ist PIP abgearbeitet: * meldet sich wieder. (Abbruch wie oben mit CTRL-C.) Nun kann die Diskette 1 weggelegt werden; wir haben eine Kopie erstellt, die außerdem CP/M enthält. Allerdings ist diese Diskette noch nicht installiert.

Von der CP/M Ebene aus starten Sie jetzt mit der neuen Diskette das Programm TINST.COM mittels TINST <RETURN>. Es erscheint ein Menü, aus dem Sie zuerst die Option S wählen. Tippen Sie dann "Ihren" Bildschirm ein, für einen APPLE-Rechner z.B. die Nummer 21. Die Frage nach der Frequenz ist normalerweise mit 4 (MHz) zu beantworten. Sollte der Rechner jetzt "hängen", so müßten Sie ihn nochmals mit der neuen Diskette starten, damit Laufwerk A: unter CP/M den Schreibschutz $R/O aufhebt. Nützlich könnte es auch sein, vorher noch STAT, COPY und PIP auf diese neue Diskette zu kopieren: Dann könnten Sie mit STAT auf $R/W umstellen.

Sind Sie über die Option S von TINST hinausgekommen, wählen Sie die Option C an, die Installation der EDITOR-Kommandos. In vielen Fällen können Sie die Voreinstellungen ("defaults") einfach mit <RETURN> übernehmen. Sehen Sie sich vorher die Liste durch, die wir nach Kapitel 1 beigefügt haben. Sind Tastenbelegungen darunter, die anderweitig notwendig oder unumgänglich sind, wird es kompliziert ... Dazu ein Beispiel:

Auf älteren APPLE-Rechnern werden die linken Klammern (eckig bzw. geschweift) mit CTRL-K erzeugt. Da aber mit CTRL-K CTRL-D in TURBO der EDITOR verlassen werden soll, kann man mit dieser Voreinstellung Quelltexte nicht mehr verlassen! Für diesen Fall bietet sich beispielsweise an, in der gesamten (!) Kommandoliste CTRL-K durch CTRL-P zu ersetzen. Das ist nicht ohne Tücke, denn in der Liste der Defaults kommt beispielsweise CTRL-Q CTRL-K vor, was zu CTRL-Q CTRL-P wird. Dieses Kommando kommt aber bereits vor, wäre also nunmehr zweimal vorhanden! Es wird daher im bereits vorhandenen Fall zu CTRL-Q CTRL-Z abgeändert, eine der wenigen noch verbleibenden Möglichkeiten. Wichtige Regeln sind:

Keine zwei Kommandos dürfen gleich sein. Ein Kommando mit sich wiederholenden Zeichen wie CTRL-Q CTRL-Q ist nicht erlaubt. Ein Zeichen, das in einem Kommando an erster Stelle eingesetzt wird, darf nicht als Einzelkommando gesetzt werden. Im obigen Beispiel sogar vieler Kommandos vom Typ CTRL-P CTRL-... ist also CTRL-P als einzelnes Kommando nicht mehr zulässig. Da es in der Liste der Vorschläge als letztes vorkommt, müßte es dort abgeändert werden, etwa in CTRL-P CTRL-F. Ein Einzelbuchstabe für den Ersatz von CTRL-P ist nicht mehr verfügbar. - Da auf älteren APPLE-Rechnern die sehr nützliche DELETE-Taste nicht vorkommt, muß sie durch ein Kommando simuliert werden: Im Rahmen der Defaults bietet sich die Wahl CTRL-O an. In der Vorschlagsliste ist diese Einstellung noch verfügbar.

Insgesamt: Wer mit den Defaults arbeiten kann, kann zufrieden sein. Sind aber Änderungen unumgänglich, so wird man die Option C aus dem Installationsmenü vermutlich wenigstens zweimal durchlaufen müssen, da Fehler im ersten Durchgang fast an der Tagesordnung sind. Nach einigen vergeblichen Versuchen erkennt man übrigens die eben zitierten Einschränkungen nach und nach und wird somit klüger ...

Ist das Programm TINST.COM erfolgreich beendet, so schalten Sie den Rechner aus und wieder ein. Nach der Meldung A> von CP/M tippen Sie nun testhalber TURBO <RETURN> und warten Sie die erste Zwischenfrage zur expliziten Fehlerliste ab. Antworten Sie dann mit Y)es ohne <RE-TURN> und warten Sie auf das TURBO Hauptmenü. Rufen Sie nun die Option E) für Edieren auf und geben Sie als WORKFILE etwa TEST ein. Jetzt erscheint die Kopfzeile des EDITORs. Tippen Sie ein paar Zeichen, verlassen Sie dann den EDITOR mit dem vorgesehenen Kommando (also CTRL-K CTRL-D oder dem von Ihnen installierten CTRL-P CTRL-D unseres Beispiels) und gehen Sie mit Q für Quittieren (d.h. Verlassen von TUR-BO) weiter. Die Frage S)ave sollten Sie dabei mit Y)es beantworten.

Hat alles geklappt? Dann haben Sie Ihre ganz persönliche TURBO Systemdiskette zustande gebracht. Sie sollte (DIR) auch ein File TEST.PAS enthalten, das Sie mit ERA TEST.PAS sogleich wieder löschen. Kopieren Sie sich diese Diskette gleich mehrmals und heben Sie das zuerst erstellte "Original" zusammen mit der Diskette 1 von BORLAND gut auf.

Die Kopien werden Ihre Arbeitsdisketten. Sie können auf diesen alle TINST.* Programme löschen. Diese "reduzierten" Systemdisks sind beim Einschalten des Rechners startfähig: Sie enthalten das CP/M-Betriebssystem, dazu die Files TURBO.COM (EDITOR und Compiler), TURBO.OVR und TURBO.MSG, ferner das Drucker-Programm TLIST.COM oder ein entsprechendes und eventuell noch vorher (oder auch erst jetzt) kopierten Kommando-Files STAT, COPY und PIP von CP/M. Für den vollwertigen Einsatz von TURBO ist übrigens nur das File TURBO.COM unbedingt notwendig, so daß Sie bei kleinen Systemen notfalls TURBO.OVR etc. löschen können.

Ein paar Bemerkungen zur Diskette 2: Diese enthält ein sehr umfangreiches Programmbeispiel, das in dem File READ ME etwas dürftig beschrieben wird. READ ME können Sie mit dem TURBO EDITOR als WORK-FILE READ.ME laden und auf dem Bildschirm lesen oder auch mit TLIST ausdrucken lassen. Unter CP/M gibt es noch das Kommando TYPE zum direkten Lesen (mit CTRL-S anhalten, mit beliebiger Taste wieder weitermachen ...).

Auf einer Kopie von Diskette 2 (das Original ist zur Sicherheit schreibgeschützt) können Sie das in READ ME angesprochene Programm MC als MC.COM wie folgt erzeugen: Laden Sie TURBO, rufen Sie mit O die sog. Compiler-Optionen des Hauptmenüs auf, wählen Sie dort C und kehren Sie mit Q in das Hauptmenü zurück. Legen Sie jetzt in A: die Kopie von Diskette 2 ein und laden Sie als M)ainfile über das Kommando M das File MC in den Arbeitsspeicher. Mit C können Sie es dann compilieren. - Das dauert seine Zeit, denn es müssen insgesamt 1261 Zeilen Quelltext übersetzt werden. In mehreren "Schüben" werden dabei sog. INCLUDE-Files von der Diskette 2 eingebunden. Nach dem Verlassen von TURBO können Sie das abgespeicherte Programm MC.COM mit dem Kommando MC starten. Es erklärt sich über eine Option HELP einigermaßen selbst und ist dem bekannten VISICALC ähnlich. Allerdings ist die Bedienung von MC anfangs nicht ganz einfach, da die Benutzerführung samt gegebenem Beispiel sehr mangelhaft gestaltet ist ...

Noch einige Bemerkungen zum Schreibschutz unter CP/M, der zwar sinnvoll ist, aber oft Ärger verursacht:

Die oben beschriebene (persönliche) Systemdiskette mit Kaltstart-Eigen-
schaft kann gelesen und auch beschrieben werden. Sie liegt normalerweise in Laufwerk A:. Schalten Sie später auf B: um, so können Sie von
dort her zwar in den Rechner laden und mit einem fertigen Programm
arbeiten, aber nicht hinausschreiben. Stets erfolgt eine BDOS ERROR
Meldung auf B:, auch wenn Sie auf A: zurückschalten. Ein von B: in den
EDITOR geladener Quelltext kann daher nach Bearbeitung nicht abgespeichert werden. Beim entsprechenden Versuch verlieren Sie den Text
zusammen mit TURBO! Anders gesagt: Ein zu bearbeitender Quelltext
(nicht dagegen Texte, die nur compiliert werden sollen, ohne das ent-
stehende MC-Programm abspeichern zu wollen) muß von der Systemdiskette in A: "hergeholt" werden. Hier hilft zum Beispiel der folgende
Trick weiter:

Rufen Sie den gewünschten Quelltext als WORKFILE von A: aus auf, obwohl er tatsächlich auf einer Diskette in B: gespeichert ist. Das System
meldet jetzt NEW FILE. Nunmehr lesen Sie den Text im EDITOR mit
BLOCK READ (üblicherweise CTRL-K CTRL-R) von B: her ein, also z.B.
B:FILE.TYP. Nach der Bearbeitung speichert das System den Text auf A:
ab, wo hoffentlich noch genügend Platz vorhanden ist (vor S)ave mit D
nachschauen!). Sollte dies nicht der Fall sein, käme nach S wieder eine
BDOS ERROR Meldung, alles wäre verloren. Hat die Systemdiskette in A:
keinen ausreichenden Speicherplatz mehr, so hilft es nicht, diese Diskette einfach gegen eine andere in A: auszuwechseln. Das System bemerkt diesen Vorgang und betrachtet die andere Diskette als schreibgeschützt. Auch hierfür gibt es einen Trick:

Der Schreibschutz unter CP/M wird aufgehoben, wenn Sie nur zum
"Schein" das Laufwerk wechseln, d.h.: Das im EDITOR stehende Programm
kann auf eine von der Ursprungsdiskette in A: eingelegte unterschiedliche CP/M Diskette abgespeichert werden, wenn Sie nach dem Verlassen
des EDITORs (aber vor dem Abspeichern mit S) zuerst die Diskette in A:
auswechseln, dann über L wiederum das Laufwerk A: anfordern (einfach
<RETURN>) und jetzt (!) mit S abspeichern! Die Reihenfolge der Schritte
ist wichtig! Verlassen Sie beispielsweise den EDITOR und geben Sie dann
unmittelbar Q zum Verlassen von TURBO, so fragt das System, ob Sie
abspeichern wollen. Jetzt muß Y oder N geantwortet werden. Bei Y erfolgt der Versuch der Speicherung. Ist die Diskette in A: voll oder aus-
gewechselt, so kommt BDOS ERROR und die Arbeit am Quelltext war ver-
gebens. Also: Im Zweifelsfall nach dem Verlassen des EDITORs erst Diskette in A: anschauen, gegebenenfalls wechseln und Laufwerk A: zum
Schein erneut anfordern, dann speichern und TURBO verlassen.

Probieren Sie diese Vorgehensweise so lange aus, bis sie Ihnen in
"Fleisch und Blut" übergegangen ist. Sie haben sonst später immer wieder Ärger mit geschriebenen und nicht ablegbaren Programmen.

ANHANG B: INSTALLATION VON TURBO AUF MS-/PC-DOS-SYSTEMEN

Die Bedienung von MS-/PC-DOS ist sehr ähnlich zu der von CP/M. Das Kommando zum Lesen des Inhaltsverzeichnisses einer Diskette heißt auch DIR, löschen kann man wahlweise mit ERASE oder DEL, und zum Umbenennen von Files gibt es den Befehl RENAME oder abgekürzt REN. Auch ein COPY-Kommando ist implementiert. Umsteiger von CP/M müssen aber beachten, daß bei MS-/PC-DOS im Gegensatz zu CP/M zuerst die **Quelle** und dann das **Ziel** genannt werden müssen.

Auch bei MS-/PC-DOS ist das Einrichten einer "bootfähigen" TURBO-Diskette, d.h. einer Diskette, die die wichtigsten Teile des Betriebssystems enthält, angebracht. Am einfachsten erreicht man dies, indem man eine neue (oder auch eine gebrauchte) Diskette z.B. ins Laufwerk A: einlegt und sie mit FORMAT A:/S formatiert. Bei der Option .../S wird gleich beim Formatieren das Betriebssystem mit auf die Diskette geschrieben. Dazu kopiert man auf alle Fälle TURBO.COM und je nach Bedarf TURBO.MSG und TLIST.COM bzw. LISTER.PAS (TURBO-Version 3). TINST.DTA enthält die Installierungsdaten für das Terminal, sie fehlt deshalb bei der IBM-Version. Dafür sind bei dieser für die Grafik die beiden Dateien GRAPH.P und GRAPH.BIN nötig. Auch TINST.COM wird man sich zunächst auf diese "TURBO-Systemdiskette" kopieren, denn man sollte auf keinen Fall auf der Originaldiskette "heruminstallieren". Nach erfolgter Installation kann TINST.COM wieder gelöscht werden.

Bei der Formatierung mit .../S sind alle internen MS-/PC-DOS-Kommandos (wie z.B. COPY, DIR, ERASE, PATH, RENAME usw.) verfügbar. Externe Kommandos (wie DISKCOPY, FORMAT usw.) kann man sich bei Bedarf dazukopieren.

Es werden von BORLAND zwei ähnliche TURBO-Versionen ausgeliefert:

a) Eine allgemeine MS-DOS-Version für beliebige Rechner, die unter MS-DOS betrieben werden. Diese Rechner werden meist über ein Datensichtgerät (Terminal) bedient. Da bei dieser Version alle Grafik-Möglichkeiten fehlen, sollte man sie nicht für IBM-Rechner oder kompatible verwenden (obwohl sie auch auf diesen läuft).

b) Eine PC-DOS-Version für IBM-XT/AT und für sogenannte IBM-kompatible Rechner. Während das Betriebssystem für die IBM-Rechner "PC-DOS" heißt, laufen die kompatiblen meist unter "MS-DOS", aber auch für diese ist die PC-DOS-Version die richtige. Ein Unterschied ist für den Benutzer nicht feststellbar, wenn der Rechner wirklich "kompatibel" ist.

Für die Installation der allgemeinen Version gelten im Prinzip die im Anhang A für CP/M-Rechner gegebenen Hinweise. Da die meisten Terminals festgelegte Befehlssequenzen aufweisen, kann es zu Überschneidungen mit den TURBO-EDITOR-Kommandos kommen, so daß letztere mit Hilfe von TINST umdefiniert werden müssen. Die auftretenden Probleme sind die gleichen wie bei CP/M.

Einen großen Vorteil bietet MS-DOS jedoch: Der bei CP/M gefürchtete BDOS ERROR kann hier nicht auftreten, denn MS-DOS (und auch PC-DOS) läßt einen Laufwerks- bzw. Diskettenwechsel ohne Fehlermeldung zu.

Bei IBM-Rechnern (und bei den kompatiblen) ist ein Umdefinieren der EDITOR-Kommandos im allgemeinen nicht nötig. Auch eine Terminal-Installation entfällt, da das Terminal praktisch in den Rechner "integriert" ist. Zwei Installationsvorgänge sind jedoch von Bedeutung: Die Festlegung des Bildschirmadapters und die Installation der Funktionstasten.

TINST bietet eine Auswahl aus folgenden Bildschirmtypen: Monochrom-Display, Color-Display 80x25, Color-Display 40x25, b/w-Display 80x25 und b/w-Display 40x25. Der Benutzer muß lediglich das zutreffende Display eingeben.

Die Funktionstasten lassen sich belegen, indem man aus dem TINST-Hauptmenü die Option "[C]ommand installation" auswählt. Für alle EDITOR-Kommandos kann neben der vorgegebenen eine alternative Kommandofolge eingegeben werden. Für die meistgebrauchten Kommandos drückt man dann eben als Alternativkommando die gewünschte Funktionstaste. So kann man z.B. zum Verlassen des Editors (Standard: CTRL-K CTRL-D) zusätzlich die Funktionstaste F10 (oder eine andere, evtl. auch mit SHIFT) installieren.

Will man bei der IBM-Version mit Grafik arbeiten, sollte man unbedingt die Datei GRAPHICS.COM auf die TURBO-Diskette kopieren und diese **vor** dem Start von TURBO (am besten mit Hilfe der AUTOEXEC.BAT-Datei) durch Eingabe von GRAPHICS aktivieren. Mann kann dann jederzeit eine in TURBO erstellte Grafik mit der Tastenkombination SHIFT-PrtSc ausdrucken, falls man einen geeigneten Grafikdrucker besitzt.

Probleme mit dem Schreiben auf verschiedene Laufwerke oder mit Diskettenwechsel gibt es im allgemeinen nicht. Da MS-/PC-DOS einen Diskettenwechsel nicht bemerkt, sollte der Benutzer von sich aus Sorgfalt und Systematik im Umgang mit Disketten und Dateinamen walten lassen. Besitzt man zwei Laufwerke, läßt man am besten die TURBO-Systemdiskette im Laufwerk A: und speichert seine TURBO-Programme und seine Dateien auf einer anderen Diskette im Laufwerk B:. Will man es besonders bequem haben, schreibt man in die AUTOEXEC.BAT-Datei (unter anderem) die Befehlsfolge:

```
. . .
PATH A:\
B:
TURBO
```

Obwohl Laufwerk B: auf diese Weise angemeldet wurde, läßt sich TURBO durch die vorherige Eingabe des PATH-Kommandos jederzeit von A: aus starten. Auch MS-DOS-Kommandos sind ausführbar. Man spart sich auf diese Weise die Eingabe von B:... vor dem Dateinamen bzw. das Umschalten des Laufwerks im TURBO-Hauptmenü. Außerdem wird TURBO gleich beim Einschalten des Rechners automatisch gestartet.

Besitzt man eine Festplatte, kann man diese Methode sinngemäß auch auf Unterverzeichnisse anwenden. Man speichert z.B. TURBO.COM in der sog. ROOT-Directory und schreibt sich mit dem TURBO-Editor eine Batch-Datei TU.BAT mit folgendem Inhalt:

```
. . .
PATH C:\        (dieses Kommando kann auch in AUTOEXEC.BAT stehen)
CD C:\DATEN
TURBO
```

TURBO startet nach Eintippen von TU, das Unterverzeichnis DATEN ist angewählt, und man kann sofort einen Dateinamen mit W) eingeben.

ANHANG C: LITERATURVERZEICHNIS

[1]   ERBS, H.: 33 Spiele mit Pascal. Teubner, Stuttgart (1983).
      Vollständig programmierte, teils sehr anspruchsvolle Strategien (Nim, Kalah,
      Reversi, Mastermind u.a.) in UCSD-Apple-Grafik, aber leicht in TURBO kon-
      vertierbar.

[2]   GRABOWSKI, R.: Computer-Grafik mit dem Microcomputer.
      Teubner, Stuttgart (1985).
      Ausführliche Beschreibung grundlegender Abbildungsverfahren mit vollständigen
      Programmbeispielen, leider in BASIC.

[3]   HERSCHEL, R.: TURBO-Pascal. Oldenbourg, München-Wien (1985).
      Systematische Syntaxdarstellung, knappe Beispiele, streng gegliedert.

[4]   JOEPGEN, H.: TURBO-Pascal. Hanser, München-Wien (1985).
      Mischung aus Lehrbuch für TURBO und Sachbuch für den Laien. Viele
      Randinformationen, z.T. Behandlung sehr anspruchsvoller Probleme. Nicht als
      Nachschlagewerk konzipiert.

[5]   NIEVERGELT, J. und VENTURA, A.: Die Gestaltung interaktiver
      Programme. Teubner, Stuttgart (1983).
      Allgemeine Ausführungen zum Benutzerverhalten von EDV-Programmen, dazu
      12 ausgeführte Beispiele in Pascal.

[6]   SGONINA, J. und WARNER, A.: TURBO-Pascal (Tips und Tricks).
      Data-Becker, Düsseldorf (1985).
      Im wesentlichen Programmsammlung mit sehr nützlichen Beispielen zu vielen
      Standardproblemen. Allgemeine Beschreibung von Sortierverfahren und
      Suchbäumen.

[7]   RENNER, G.: TURBO-Pascal. Vogel, Würzburg (1986).
      Systematische Einführung, streng gegliedert. Umfangreiche Beispiele zu Pro-
      grammbibliotheken.

[8]   SCHUMANN J., GERISCH M.: Software-Entwurf. VEB-Verlag Technik,
      Berlin (1984)
      Für Fortgeschrittene ein sehr umfassendes Buch, das eine Fülle prinzipieller
      Fragen detailliert erklärt.

[9]   WIRTH, N.: Systematisches Programmieren. Teubner, Stuttgart
      (1985, 5. Auflage)
      Elementare Einführung in die Methoden des Programmentwurfs.

[10] WIRTH, N.: Algorithmen und Datenstrukturen. Teubner, Stuttgart
      (1986, 4. Auflage)
      Grundlegendes Werk über Algorithmen und Datenstrukturen vom Entwickler
      der Programmiersprache Pascal.

[11] ZAKS, R.: Einführung in Pascal und UCSD-Pascal. Sybex,
      Düsseldorf(1982).
      Ausführliche Einführung in Pascal. Sehr gut zum Selbststudium geeignet. Die
      Beispiele sind leicht in TURBO übertragbar.

ANHANG D: DEMO-PROGRAMME ZU TYPISCHEN TURBO-ANWENDUNGEN

Starten von COM-Files aus TURBO-Programmen

Das folgende Programm START demonstriert, wie man ein .COM-Programm (mit der Option C) compiliertes TURBO-Programm oder auch ein beliebiges anderes) aus einem TURBO-Programm heraus aufruft. Zu diesem Zweck **muß auch das aufrufende Programm** in compilierter Form auf Diskette vorliegen.

```
PROGRAM start;
(* demonstriert Start eines COM-File auf Disk programmgesteuert *)
          (* Erstellen Sie dazu z.B. ROULETTE.COM auf Diskette *)

VAR comtext : string[12];
    runfil : FILE;

BEGIN
writeln('Eingabebeispiel: ROULETTE.COM');
write('Zu startendes Programm: ... '); readln(comtext);
assign(runfil, comtext);
execute(runfil)
END.
```

```
(* Hinweis: Beim Compilieren von ROULETTE wird als Speicherbedarf
            angegeben: CODE 29 $ und DATA 3 $.
   Daher:   Ehe START.COM mit C) des TURBO-Compilers auf Dis-
            kette erzeugt wird, stellt man fuer dieses File das
            minimum cOdesegement auf wenigstens 30, das minimum
            Datasegment auf z.B. 4 mittels O bzw. D ein.
   Start:   TURBO verlassen und START direkt aufrufen ...   *)
```

Grafik und Töne

Die beiden folgenden Programme (MOBILE und KLAVIER) zeigen beispielhaft, wie man mit TURBO interaktiv optische und akustische Ausgaben steuern kann.

```
PROGRAM mobile;
                            (* interaktive Grafik-Steuerung *)
VAR  h1, h2, a, b, c, d, n : integer;
                    taste : char;

PROCEDURE move (VAR k1, k2 : integer; zeichen: char);
   BEGIN
     IF zeichen = 'I' THEN k2 := k2 - 2;
     IF zeichen = 'M' THEN k2 := k2 + 2;
     IF zeichen = 'J' THEN k1 := k1 - 4;
     IF zeichen = 'K' THEN k1 := k1 + 4
   END;

PROCEDURE kreuz (k1, k2, color : integer);
BEGIN  draw (k1-6, k2, k1+6, k2, color);
       draw (k1, k2-4, k1, k2+4, color)
END;
```

```
PROCEDURE linear (k1, k2, color : integer);
BEGIN
   draw (a, b, k1, k2, color);
   draw (k1, k2, c, d, color)
END;

BEGIN (* ------------------------------------------------- *)

clrscr;
writeln('Mit den Tasten I, J. K und M bewegen Sie sich im');
writeln('Grafikfenster nach den vier Richtungen ...'); writeln;
writeln('Zunaechst setzen Sie zwei Punkte, dies jeweils nach ');
writeln('beliebiger Bewegung durch Betaetigen von E ...');
writeln;
writeln('Dann erscheint der dritte Punkt ... Bewegen! ...');
writeln('Leertaste ... '); read(kbd, taste);
hires;                                      (* Hochaufl. Grafik *)
FOR n := 1 TO 2 DO BEGIN
    h1 := 300; h2 := 100;
    REPEAT
        kreuz (h1, h2, 7);
        read (kbd, taste); taste := upcase(taste);
        kreuz (h1, h2, 0);
        move (h1, h2, taste)
    UNTIL taste = 'E';
    plot (h1, h2, 7);
    IF n = 1 THEN BEGIN  a := h1; b := h2  END
             ELSE BEGIN  c := h1; d := h2  END
                 END;                       (* OF FOR *)

(* Die folgende Routine verbindet ueber Stuetzpunkt linear, aber
         prinzipiell ist jede Kurve, z.B. Parabel, moeglich . Dann
                       Prozedur linear anders formulieren *)
h1 := 320; h2 := 100;
REPEAT
    kreuz (h1, h2, 7);
    linear (h1, h2, 7);
    read (kbd, taste); taste := upcase(taste);
    kreuz (h1, h2, 0);
    linear (h1, h2, 0);
    move (h1, h2, taste)
UNTIL taste = 'E';
linear (h1, h2, 7);
read (kbd, taste)
END.


PROGRAM klavier;
                        (* chromatische Tonleiter ab Taste s ... *)
TYPE      zahl = string[1];
VAR taste, merk : char;
            v : real;
            t : ARRAY[1..20] OF char;
         demo : string[40]; k : integer;
```

```
PROCEDURE keymerk;
BEGIN
  t[3] := 's';  t[4] := 'e';  t[5] := 'd';  t[6] := 'r';
  t[7] := 'f';  t[8] := 'g';  t[9] := 'z'; t[10] := 'h';
  t[11] := 'u'; t[12] := 'j'; t[13] := 'i'; t[14] := 'k';
  t[15] := 'l'; t[16] := 'p'; t[17] := 'ö'; t[18] := 'ü';
  t[19] := 'ä'
END;
PROCEDURE oktave (zeichen : zahl);          (* Taste 3 ergibt v = 1 *)
    VAR code, hoch : integer;               (* moeglich: 1 bis 6 *)
    BEGIN  nosound; val(zeichen, hoch, code);
    IF code = 0 THEN v := exp((hoch - 3) * ln(2))
                                            END;

PROCEDURE ton (zeichen : char);
    CONST basis = 322;           (* Grundton auf Taste s mit v = 1 *)
    VAR x : real; n : integer;
    BEGIN
    IF zeichen = 'a' THEN x := basis/1.05946  (* 12.Wurzel aus 2 *)
                ELSE
    IF zeichen IN
    ['s','e','d','r','f','g','z','h',
                        'u','j','i','k','l','p','ö','ü','ä']
                THEN BEGIN n := 2;
                     REPEAT  n := n + 1
                     UNTIL (t[n] = zeichen) OR (n > 18);
                     x := basis * exp((n-3)/12 * ln(2))
                     END;
    sound (round(v * x)); delay (50)  END;

BEGIN (* ------------------------------- Hauptprogramm ----- *)
keymerk; clrscr; write('Klaviertastatur eine Oktave:');
gotoxy(55,1); writeln('.  E R   Z U I   .');
gotoxy(55,2);  writeln('. S D F G H J K L .');
v := 1;
demo := 'sdfdgfdasjhgfdfshlkkjhjhhgfdfghjgdsfds';
FOR k := 1 TO length(demo) DO
  BEGIN
    ton(copy(demo,k,1));
    delay(300); nosound; delay(100)
  END;

write ('Oktaven 1 ... (3) ... 6; 0 = Ende. Meine Melodie ... ');
REPEAT
   read (kbd, taste);                       (* Leertaste = Ton Ende *)
   IF taste = merk
              THEN BEGIN
                     nosound;
                     delay(50);
                     ton(taste)
                   END
              ELSE IF taste IN [' ', '1', '2', '3', '4', '5', '6']
                     THEN oktave (taste)
                     ELSE ton(taste);
   IF taste <> ' ' THEN merk := taste
UNTIL taste = '0';
nosound
END.
```

Lösen linearer Gleichungssysteme

Zum Lösen von linearen Gleichungssystemen existieren viele
Algorithmen. Die Programme GAUSS und DIOPHANT sollen eine
Vorstellung von den Lösungsmethoden vermitteln.

```
PROGRAM gauss;
                   (* zum Loesen linearer Gleichungssysteme bis c x c *)
CONST c = 10;
VAR a               : ARRAY[1..c, 1..c] OF real;    (* K.- Matrix *)
    b, x            : ARRAY[1..c] OF real; (* rechte Seite u. L. *)
    t, n, i, k, j   : integer;
    m, s, f         : real;

PROCEDURE lesen;
   BEGIN FOR i := 1 TO n DO
     BEGIN
       FOR k := 1 TO n DO
         BEGIN
           read(a[i,k]); write('    ')
         END;
       write(' rechts  '); readln(b[i])
     END
   END;

PROCEDURE tauschen;
   BEGIN
   t := i;
REPEAT t := t + 1
UNTIL (a[t,i] <> 0) OR (t = n + 1);
   IF t = n + 1 THEN writeln('System unterbestimmt : ABBRUCH!!!')
               ELSE
               FOR k := 1 TO n DO BEGIN
                                  m := a[t,k]; a[t,k] := a[i,k];
                                  a[i,k] := m
                                  END;
   m := b[t]; b[t] := b[i]; b[i] := m
END;

PROCEDURE dreieck;
   BEGIN
   FOR i := 1 TO n - 1 DO BEGIN
                      IF a[i,i] = 0 THEN tauschen;
                      FOR j := i+1 TO n DO BEGIN
                             f := a[j,i]/a[i,i];
                             FOR k := i TO n DO
                             a[j,k] := a[j,k] - f * a[i,k];
                             b[j] := b[j] - f*b[i]
                                      END
                   END
   END;

PROCEDURE ausgabe;
   BEGIN
   FOR i := 1 TO n DO writeln('x(', i, ') = ', x[i] : 7 : 2)
   END;
```

```
BEGIN (* ------------------------------- Hauptprogramm ------ *)
clrscr; writeln('Eliminationsverfahren nach Gauss:');
        writeln('================================='); writeln;
        write('Grad n < ', c+1, ' des Systems ... '); readln(n);
        writeln; writeln('Eingabe der Koeffizienten des Systems
        ... '); writeln;
lesen;
clrscr;
dreieck;
writeln('Ergebnis ... '); writeln;
  IF a[n,n] = 0 THEN writeln('unterbestimmt ...');
  x[n] := b[n] / a[n,n];
  FOR i := n - 1 DOWNTO 1 DO
    BEGIN
      s := 0;
      FOR k := i+1 TO n DO
          s := s + a[i,k] * x[k];
      x[i] := (b[i] - s) / a[i,i]
    END;

ausgabe;
END.



PROGRAM diophant;
  (* Loest lin. Gleichungen mit ganzen Koeffizienten ganzzahlig *)

VAR  a, b, c, x, xe, n, y, z : integer;

BEGIN
clrscr; writeln('Ganzzahlige Loesungen der Gleichung ...');
writeln('a * x  +  b * y  = c');
writeln('... mit ganzzahligen Koeffizienten:'); writeln;
write('a = '); readln(a);
write('b = '); readln(b);
write('c = '); readln(c); writeln;
     (* Hier eventuell g.g.T. bestimmen und Programm abbrechen. *)
write('Beginnen mit x = ... '); readln(x);
write('   ... bis ( > ', x, ') '); readln(xe); writeln;
writeln('Loesungen ...:');
writeln;
z := 0;
FOR n := x TO xe DO
    IF (c - a * n) MOD b = 0 THEN
      BEGIN
        write('(', n, ',', (c - a * n) DIV b, ')', '  ');
        z := z + 1;
        IF z MOD 5 = 0 THEN writeln
      END;

writeln; writeln;
writeln(z, ' Loesungen.');
IF z = 0
   THEN writeln('... denn der g.g.T. von a und b teilt c nicht!')
   END.
```

Simulationen

In vielen Simulationsprogrammen wird ein Zufallsgenerator benötigt.
Deshalb enthält TURBO auch die Standardfunktion RANDOM. Das folgende
Beispiel ROULETTE soll zeigen, nach welchem Prinzip ein derartiger
Zufallsgenerator aufgebaut ist. In WETTE wird mit Hilfe der Standardfunktion RANDOM für eine Gruppe von Personen, die sich in einem Raum
befinden, das Auftreten von Doppelgeburtstagen (d.h. zwei Personen
haben zum selben Datum Geburtstag) simuliert. Schließlich simuliert das
letzte Programm SCHLANGE das Auftreten von Warteschlangen an Schal-
tern.

```
PROGRAM roulette;
                        (* zeigt wie 'random' im Prinzip funktionniert *)
    (* Standardbezeichner wie random koennen umdefiniert werden! *)

VAR xz, i : integer;
        r : real;
    taste : char;

FUNCTION random : real;                         (* ohne Parameter *)
    CONST m = 1024; a = 29;

    BEGIN
    xz := (a * xz + 1) MOD m;       (* "Zufallszahlen" 0 ... 1023 *)
    random := xz/m                  (* "Zufallszahlen" 0 ... 1    *)
    END;

(* Dieser Generator wird mit Programmstart irgendwo im Zyklus der
   Reste xz gesetzt und laeuft dann bei jedem Aufruf um einen Takt
   weiter ... *)

BEGIN (* ---------- Demoprogramm, per Startwert reproduzierbar *)

clrscr;
write('Geben Sie einen ganzzahligen Startwert ein ... ');
readln(xz);  (* xz global definiert, random also reproduzierbar *)

writeln; writeln('Dies sind alle moeglichen Reste xz ... ');
delay(2000);

FOR i := 0 TO 1024 DO BEGIN
                    IF i MOD 14 = 0 THEN writeln;
                    r := random; write(xz : 5)
                    END;
writeln; writeln;
writeln('Weiter mit beliebiger Taste ... '); read(kbd, taste);
clrscr; writeln('Jetzt laeuft der Generator weiter ... ');

delay(2000);
FOR i := 0 TO 95 DO BEGIN
                    IF i MOD 4 = 0 THEN writeln;
                    write(xz : 4, ' >> ', random : 5 : 3, '    ')
                    END;
writeln; writeln; write('Taste ...'); read(kbd, taste)
END.
```

(* Greift ein Programm auf den Inhalt eines nicht weiter bekannten
Speicherplatzes zu, so kann von dort aus xz gesetzt werden; auf
diese Weise wird random dann "echt zufaellig", d.h. durch stets
neuen Einstieg in den Zyklus unbekannt ... *)

```
PROGRAM wette;
    (* simuliert die Frage nach Doppelgeburtstag in einer Gruppe *)

VAR n, i, k, z, s, w : integer;
                tagar : ARRAY[1..365] OF integer;
BEGIN
clrscr;
writeln('Auf einer Party sind n Personen anwesend. - Kann man ');
writeln('wetten, ob darunter wenigstens zwei uebereinstimmenden');
writeln('Geburstag (Tag und Monat) haben? ... '); writeln;
write('Bei wieviel Personen soll die Wette gelten? '); readln(n);
writeln;
writeln('Jetzt werden fuenfzig solcher Gruppen simuliert ...');
s := 0;
FOR i := 1 TO 50 DO BEGIN
                FOR k := 1 TO 356 DO tagar[k] := 0;
                z := 0;
                REPEAT
                    w := random(365) + 1;
                    tagar[w] := tagar[w] + 1;
                    z := z + 1
                UNTIL (tagar[w] > 1) OR (z > n);
                IF tagar[w] > 1 THEN s := s + 1
                END;
writeln;
writeln(100*s / 50 :5:1, ' Prozent Wahrscheinlichkeit, dass Sie');
writeln('die Wette gewinnen ...')
END.



PROGRAM Schlange;
                    (* simuliert ein Ein-Kanal-Bedienungs-System *)
                        (* Z.B. Fahrkartenschalter mit Warten *)

TYPE zeit = integer;                        (* Alle Zeiten in Sek. *)
VAR   uhrzeit, azeitsum, takt1, takt2 : zeit;
                kundennr, schlange : integer;

PROCEDURE time (lauf : zeit);       (* Zeitausgabe Kundenankunft *)

VAR std, min, sek : zeit;

    BEGIN
        sek := lauf MOD 60; min := lauf DIV 60; std := min DIV 60;
        min := min MOD 60; write ('          ');
        write (std : 2, ':', min : 2, ':', sek : 2)
    END;
```

```
PROCEDURE anzeige;

   BEGIN
     write (kundennr : 3); time (uhrzeit);
     writeln (schlange : 10);
   END;

FUNCTION kundekommt : zeit;              (* Exponentialverteilung *)

   BEGIN
     kundekommt := round (200 * exp(-2 * random))
   END;
                   (* entspricht mittl. Kundenabstand von 85 Sek. *)

FUNCTION sprechzeit : zeit;                 (* Gleichverteilung *)

CONST a = 120;

   BEGIN
     sprechzeit := 20 + round (a * random)
   END;
              (* entspricht Mindestzeit 20 Sek., im Mittel 80 Sek. *)

BEGIN (* --------- Hauptprogramm: Beim Oeffen wartet ein Kunde. *)
kundennr := 1;                        (* kann veraendert werden *)
clrscr; uhrzeit := 0; azeitsum := 0; schlange := kundennr - 1;
writeln ('Kunde Nr. ... kommt um ...... Wartende  ');
takt1 := kundekommt; takt2 := sprechzeit;

REPEAT
   IF uhrzeit < azeitsum THEN REPEAT     (* Aufbau Warteschlange *)
           schlange := schlange + 1; anzeige;
           uhrzeit := uhrzeit + takt1; takt1 := kundekommt;
           kundennr := kundennr + 1
                       UNTIL uhrzeit >= azeitsum
                    ELSE
   IF uhrzeit > azeitsum THEN          (* ev. Abbau Warteschlange *)
      IF schlange = 0 THEN BEGIN
              anzeige; kundennr := kundennr + 1;
              azeitsum := uhrzeit;
              uhrzeit := uhrzeit + takt1; takt1 := kundekommt;
              azeitsum := azeitsum + takt2; takt2 := sprechzeit
                    END
              ELSE BEGIN schlange := schlange - 1;
              azeitsum := azeitsum + takt2;
              takt2 := sprechzeit
                    END
              ELSE BEGIN          (* uhrzeit = azeitsum *)
            anzeige; kundennr := kundennr + 1;
            uhrzeit := uhrzeit + takt1; takt1 := kundekommt;
            azeitsum := azeitsum + takt2; takt2 := sprechzeit
                    END
UNTIL uhrzeit > 7200            (* Schalter zwei Stunden offen *)

END.
(* Algorithmus nach: SIMULATIONEN IN BASIC (von H. Mittelbach)  *)
(* in dieser MCP-Buchreihe. Dort Erklaerung/Flussdiagramm etc.  *)
```

ANHANG E: GLOSSAR UND STICHWORTVERZEICHNIS

Abakus

(lateinisch) heißt die einfachste digitale Rechenmaschine, bekannt als Kinderrechenmaschine, aber z.B. in China (dem Ursprungsland) noch viel im Einsatz. Auf einem Abakus können alle Grundrechenarten ausgeführt werden, nicht nur Addition und Subtraktion! Eine einfache analoge Rechenmaschine hingegen ist der Rechenstab; beide "Rechnertypen" sind heute elektronisch realisiert, wobei die üblichen "Computer" im allgemeinen digitale Konstruktionen sind, d.h. mit einem endlichen und diskreten Zahlenvorrat (Bereich) arbeiten. Analogrechner hingegen bearbeiten das Problem simulatorisch, d.h. mit einer zu "steckenden" Schaltung, wobei die Ergebnisse z.B. auf Amperemetern oder Oszilloskopen abgelesen werden. Beispiel: Die Frage nach der Schwingungsdauer eines Pendels wird digital durch Bearbeiten der Formel, analog durch einen entsprechend aufgebauten Schwingkreis beantwortet.

Abbildungsverfahren aus der Geometrie

Kapitel 3 über Grafik bringt verzerrungsfreie Drehungen am Beispiel des Würfels und einer Raumkurve in Abschnitt 3.4, weiter Zentralprojektionen (3.5) und dann beliebige Schrägbilder (Axonometrien) von dreidimensionalen Flächen (3.6). Die Frage der Sichtbarkeit (verdeckte Linien) wird in 3.4 und 3.6 untersucht. Darstellungen mit Höhenlinien und Bilder von Flächen aus der Vogelperspektive (kotierte Projektionen) findet man in 3.7.

Archivierung von Programmen

Beim modularen Programmieren erhält man sehr schnell eine umfangreiche Sammlung von Programm-Modulen. Hinweise zu Archivierung in Abschnitt 2.2.4.

Algorithmus

(nach Al Chwarizmi, um 800 n.C.) heißt ein eindeutiges, schematisches (und endliches, d.h. irgendwann abbrechendes) Verfahren zur Lösung eines Problems, z.B. der Divisionsalgorithmus für 122 : 12, den man in der Grundschule lernt. Ein A. kann verbal oder mit Diagrammen (Flußdiagramme, Struktogramme) beschrieben werden, wobei typisch (und für die EDV notwendig) ist, daß er mechanisch-maschinell ausführbar ist. Ein lauffähiges Programm muß noch nicht "richtig" sein; dies trifft erst zu, wenn es sich um die Übersetzung (in Quelltext und dann Maschinencode) eines korrekten A. handelt. Es gibt sequentielle, parallele und rekursive Algorithmen. Alle Typen kommen in diesem Buch vor. - Rechner (aber auch Steuerungsautomaten als Festprogramm-"Rechner": Waschmaschine!) sind Geräte zum Abarbeiten von Algorithmen, die offenbar keineswegs nur mathematisch ausgerichtet sein müssen!

Benutzeroberfläche

nennt man die Eigenschaften eines Rechnersystems oder Programmpakets, die der Anwender in Laufzeit (z.B. am Bildschirm) wahrnimmt. Sie tritt insbesondere bei der sog. "Benutzerführung" durch eindeutige Menüs zutage. Siehe hierzu vor allem Kapitel 2.

Bildschirmgestaltung

*Eine ansprechende Gestaltung des Bildschirms erleichtert die Da-
teneingabe erheblich. Beispiel (Dateneingabe mit Hilfe von Bildschirmmasken) in 2.1.*

BLOCK READ und BLOCK WRITE

*Diese Editoroptionen dienen der isolierten Erstellung bzw. Einbin-
dung von Programmbausteinen "per Hand", im Gegensatz zu INCLUDE
(siehe dort). Sie werden im Anhang A und in 1.2 erklärt.*

Compileroptionen

*"Voreinstellungen" zu gewünschten Verhaltensweisen des Compilers,
etwa der Erzeugung von rekursivem Code (unter CP/M, siehe 1.3),
der Einbindung von Modulen als Quelltextbausteine beim Compilieren (siehe unter INCLUDE) oder der Möglichkeit willkürlicher Un-
terbrechungen eines Programms unter Laufzeit (siehe 1.3).*

Datei

*(Kunstwort analog zu Kartei) ist eine Menge von inhaltlich-logisch
strukturierten Daten, d.h. Datensätzen, die in der Regel als File
auf Diskette vorliegen bzw. nach Generierung dorthin ausgelagert
werden; siehe Sortieren/Suchen. - Daten hingegen sind Einzelinfor-
mationen (Zeichen und Zeichenketten als Bit-Folgen), mit denen der
Rechner (d.h. der zentrale Prozessor CPU) unmittelbar arbeitet.
Obgleich im allgemeinen Sprachgebrauch "Datei" und "File" gleich-
gesetzt werden, umfaßt der Begriff "File" mehr, denn es gibt beispielsweise auch Textfiles, die nicht als Dateien im obigen Sinne
interpretierbar sind; gewisse Filetypen werden bereits vom System
durch Suffixe wie .PAS, .COM usw. für spätere Verwendung kenntlich
gemacht.*

Directory

*heißt das Inhaltsverzeichnis einer Diskette oder Festplatte. Der
Aufruf einer D. von TURBO-Programmen aus wird in 1.7 beschrieben.*

Dokumentation

*nennt man die hinreichend genaue Beschreibung dessen, was ein Pro-
gramm oder Baustein tut, welche Variablen vorkommen usw. Von einer
guten D. (möglichst weitgehend schon im Kopf des Quelltextes)
hängt die effiziente Nutzung einer Bibliothek entscheidend ab.
Größere Programme ohne D. sind Änderungen und Verbesserungen
schwer zugänglich und damit u.U. fast wertlos. Hinweise zur D. von
Programmen in 2.5.*

Druckersteuerung

*d.h. Anbindung dieses peripheren Geräts an Rechner und Programm.
Erstes Beispiel in 1.3, das alle notwendigen Schritte erklärt. Zur
Umschaltung zwischen Bildschirm und Drucker per Programm siehe
zunächst dortiges Programm INHALTSVERZEICHNIS und weiter dann Abschnitt 1.4.*

Dynamische Datenstrukturen

*Ausführliche Erläuterungen der dynamischen Datenstrukturen (Zei-
ger, verkettete Listen, Dateien) in Abschnitt 2.3.*

Ein- und Ausgabe von Daten

*Erläuterung der Umschaltung zwischen beliebigen Ein- und Ausgabe-
kanälen in Abschnitt 1.4.*

Formatierung

*nennt man die Ausgabe von Zahlen (und auch Strings) entsprechend
einem Format, einem vorgegebenen Schema. F. ist in Pascal einfach;
die Anweisung z.B. WRITELN(X:10:3) mit den Parametern 10 und 3
schreibt die Zahl X (vom Typ REAL) mit drei Stellen (gerundet)
nach dem Komma und maximal 6 Stellen davor formatgerecht, d.h.
z.B. in einer Schleife rechtsbündig untereinander. Das Komma zählt
in der F. mit! Für Strings und Ganzzahlen (Typ INTEGER) entfällt
der zweite Parameter. Eine nicht ausführbare Formatierung (wegen
Überlänge von X) wird ignoriert, hat also keinen Laufzeitfehler
zur Folge; allerdings geht die Rechtsbündigkeit verloren. - Mit
dem Trick WRITE(X:10:0) können reelle Zahlen scheinbar ganzzahlig
ausgegeben werden, auch bei Bereichsüberschreitung von INTEGER;
siehe folgendes Stichwort. Bei der F. von Disketten wird eine Markierung der später zu beschreibenden Spuren und Sektoren vorgenommen.*

Ganzzahlenrechnung

*Der Variablentyp INTEGER ist in TURBO auf ganze Zahlen von -32768
bis +32767 beschränkt, so daß für größere Ganzzahlen die Prozeduren DIV und MOD fehlen. (In vielen Fällen kann aber mit dem Typ
REAL noch exakt über den G.-Bereich hinaus gerechnet werden; zur
Ausgabe siehe Formatierung.) Software etwa für kaufmännische Anwendungen hat diese Einschränkung natürlich nicht. BIGNUMBER in
1.2 zeigt einen Ausweg über Felder, 1.9 einen anderen über
Strings.*

Grafik unter TURBO

*wird (bisher) vorwiegend nur auf sog. IBM-kompatiblen Rechnern
kommerziell angeboten; einfache Demonstrationsprogramme in 3.2,
ansonsten siehe unter Abbildungsverfahren und Zufallsgenerator
sowie in Anhang D (Programm MOBILE).*

INCLUDE

*Mit dieser Compileroption lassen sich Programmbausteine (die als
.PAS-Files auf Diskette vorliegen) beim Compilieren in bereits
bestehende Quelltexte oder Teilstrukturen einbinden und zu lauffähigen Maschinenprogrammen ergänzen. Das Ergebnis ist ein .COM-Fi-
le, also kein ausgebauter Quelltext. Von dieser Option wird in
Kapitel 2 ausgiebig Gebrauch gemacht; allgemeine Bemerkungen dazu
in 2.2, Erörterung spezieller Probleme in 2.2.2. Der allgemeinste
Fall (als ideales Endziel) liegt vor, wenn ein neues Programm ausschließlich aus Modulen aufgebaut wird, die nur über ein Menü verkettet sind (vgl. Toolbox-Beispiel FIRST.ED in der TURBO-EDITOR-
Toolbox, Hinweise in 4.3).*

Informatik

ist die Wissenschaft von der theoretischen Beschäftigung mit Algorithmen (siehe auch dort: logische Strukturen zum Rechnen, Regeln,
Steuern, Gliedern, Übersetzen usw.) und deren Bearbeitung durch
Automaten. Die I. verknüpft Teilgebiete der Logik, Mathematik und
anderer Wissenschaften in ingenieurmäßiger (d.h. vor allem anwen-
dungsorientierter) Weise zur Erlangung neuartiger, bisher unbekannter Kenntnisse von Strukturen und deren Wirkungsweisen. Typisch: die Erstellung eines Compilers oder Interpreters durch einen I.-Ingenieur oder Programmierer (siehe z.B. 3.8).

Installieren und Starten von Turbo

Anhang A bzw. B sowie 1.1 beschreiben die wichtigsten Handgriffe
und führen alle wesentlichen Bezeichnungen ein, z.B. Editor, Workfile, Mainfile, Filetypen und so weiter. Erklärt wird auch der
Umgang mit dem Compiler zur Erstellung von .COM-Programmen.

Kompatibel

("verträglich") sind zwei verschiedene Rechner dann, wenn Programm-
me zumindest im Quelltext unmittelbar übertragbar (wechselseitig
lesbar) sind und nach Übersetzung auf beiden Rechnern laufen.
Eventuelle geringfügige Änderungen werden dabei u.U. noch zugelas-
sen. Die zugehörigen .COM-Files (prozessororientierte Übersetzun-
gen) sind also in der Regel verschieden. Bei den sog. IBM-kompatiblen Rechnern stellt man jedoch wesentlich höhere Ansprüche, da
auf diesen Rechnern auch Maschinenprogramme austauschbar sein müssen.

Lesen von und Schreiben auf Disketten

Die Grundmuster entsprechener Bausteine zum Umgang mit Files findet man in 1.3. Erste Anwendungen in den Programmen ZUFALL bzw.
INHALTSVERZEICHNIS des selben Abschnitts. Umbenennen und Löschen
von Dateien per Programm siehe 1.5. Der Zugriff auf die Directory
wird in 1.7 erläutert.

Maschinenprogramme

sind - als .COM-Files auf Diskette abgespeichert - auch ohne TURBO
vom Betriebssystem aus durch Eingabe des Namens (ohne .COM) lauffähig. Da man solche .COM-Files ohne Quelltext nicht ändern kann
(eine "Rückübersetzung" gibt es trotz anderslautender Gerüchte
prinzipiell nicht!), sind gewisse Schutzmaßnahmen einfach, siehe
dazu Programm GEHEIM in 1.2. Ein Beispiel zum Starten von
Maschinenprogrammen aus TURBO-Programmen heraus findet sich in
Anhang D (Programm START).

Programmabsturz

ist die Bezeichnung für den Vorgang, daß ein (zumeist fehlerhaf-
tes) Programm entweder "hängen" bleibt, d.h. auf keine Eingabe
mehr reagiert (Totalausfall mit Neustart), oder aber das System
mit einer Run-Time-Fehlermeldung auf eine Rechnerebene (TURBO oder
gar MS-DOS bzw. CP/M) zurückkehrt. Häufigste Ursachen: "Tote
Schleifen", nicht typengerechte Eingaben nach READ(LN) und Be-
reichsüberschreitungen bzw. Division durch Null. Siehe dazu Hin-

weise bei den Programmen WANDLER bzw. COMPILERBEFEHLE in 1.2 bzw.
1.3. Allgemein: In der Erprobungsphase eines Programms sind überflüssige WRITE('Hinweis wo gerade')-Anweisungen insbesondere in
Schleifen sehr nützlich ...

Programmbibliothek

thematisch geordnete Sammlung von Quelltextbausteinen (Modulen)
mit möglichst "schnittstellenfreundlichen" Variablen zur einfachen
Erstellung größerer Anwenderprogramme, etwa mit der INCLUDE - Option. Allgemeine Hinweise unter 2.2. Ökonomisches Programmieren
beruht entscheidend auf dem Einsatz von Bibliotheken.

Programmierumgebung

ist jene Menge von Programmen, die beim Programmieren unterstüt-
zend wirkt. In jedem Fall gehört das Betriebssystem (also die Menge der Systemprogramme zum Rechnerstart, zum Formatieren usw.)
dazu, in unserem Falle aber auch das Sprachsystem TURBO samt Editor, Compiler usw.

Rekursion

nennt man den "Selbstaufruf" von Programmen oder Programmteilen.
In Pascal ist das relativ einfach und ungefährlich, wird aber je
nach Betriebssystem (CP/M - MS-DOS/PC-DOS) unterschiedlich gehand-
habt. Rekursiver Code benötigt viel Platz im Arbeitsspeicher. An-
wendungsbeispiele in COMPILERBEFEHLE (1.3), HILBERT (3.2) und vor
allem in DENKGRAFIK (3.8), einem fast professionellen Turtle-Gra-
fikprogramm. Grundsätzliche Bemerkungen zur R. in 2.5 und 3.2,
dort auch zu dem Begriffspaar Compiler/Interpreter.

Schnittstellen

sind genormte Übergangsstellen zwischen Systemkomponenten der
Hardware (z.B. vom Rechner zum Drucker beliebiger Hersteller) oder
zwischen Modulen der Software (siehe INCLUDE). Das Betriebssystem
CP/M beispielsweise besteht aus rechnerorientierten Bausteinen,
die je nach Rechner (Prozessor) verschieden sein müssen, und be-
nutzerorientieren Bausteinen auf der "Benutzerseite" von CP/M,
erkennbar an der gleichartigen Kommandoebene verschiedener Rechner. Diese Module sind an einer Softwareschnittstelle verbunden. -
Module aus einer Programmbibliothek sollen so gestaltet sein, daß
sie möglichst universell einsetzbar sind, d.h. eine möglichst
breite S. (wo im wesentlichen die Variablen übergeben werden) aufweisen. Siehe die Programmbeispiele im Kapitel 2.

Simulation

nennt man die Nachbildung eines (meist auch vom Zufall gesteuer-
ten) Vorgangs, der in der Realität aus verschiedensten Gründen
(z.B. Kosten, Risiko, Zeitdauer, Komplexität der Systemvariablen)
nicht oder nur schwer durchgespielt werden kann. Simulationen in
großem Umfang sind erst durch Rechner möglich geworden und dienen
vor allem Übungszwecken (z.B. Flugsimulator) oder prognostischen
Aussagen über ein (un-) erwartetes Verhalten (Bevölkerungsprogno-
se). Ein einfaches Beispiel mit überschaubaren Parametern findet
man im Programm UTOPIA in 3.2., weitere Beispiele folgen im Anhang
D (Programme ROULETTE, WETTE, SCHLANGE).

Sortieren von Daten, Suchen in Listen

Abschnitt 1.6 bringt allgemeine Überlegungen samt Beispielen zu Bubblesort, Quicksort und anderen Algorithmen. Weiter ist ein binäres Suchverfahren in einer bereits geordneten Datei vorgestellt. Hinweise zum Sortieren mit Umlauten und "ß" gibt Abschnitt 2.4.4.

Stringverarbeitung und Zeichenketten

Beispielprogramme mit den wesentlichen Prozeduren finden sich in 1.2 und nachfolgenden Abschnitten, vor allem auch in 1.9, wo mit Strings "gerechnet" wird. Zur Verhinderung von Programmabstürzen infolge nicht typengerechter Eingaben bei READ(LN) siehe WANDLER in 1.2.

Struktogramme

nach NASSI-SHNEIDERMAN sind grafische Darstellungen der Programmstruktur. Erläuterungen in 1.8, Beispiele auf den Seiten 77, 78, 79, 80, 123, 129, 130 und 131.

Suchen

BINAERSUCHE in 1.6 zeigt ein Beispiel für ein schnelles Suchverfahren in einer geordneten Datei. Ausführliche Erläuterungen zum Suchen in verketteten Listen (sowie ein Programmbeispiel) findet man in 2.3.

Textverarbeitung, Listing von Programmen

In 1.5 wird ein einfaches LIST-Programm im Quelltext angegeben; das dortige Programm TURBOTEXT ist Vorstufe von SUPERTEXT in 1.8, einem brauchbaren Textverarbeitungsprogramm unter Einbeziehung des TURBO-Editors.

Top-Down-Technik

Programmplanungsmethode, bei der zunächst die Grobstruktur eines Programms festgelegt wird. Es folgt dann eine stufenweise Verfeinerung (stepwise refinement). Der umgekehrte Weg (Bottom-Up-Technik) ist ebenfalls möglich, bei PASCAL aber nicht gebräuchlich (und auch nicht vorteilhaft). Erläuterung der Vorgehensweise und Ausführungsbeispiel in 2.1.

Typfreie Variable

sind Variable, denen kein Typ zugewiesen wird (TURBO-Spezialität). Anwendungsbeispiel in 2.2.2.

Zufallsgenerator

Einführung mit Programm ZUFALL in 1.3, dann Anwendungen in diversen Grafik-Programmen, so u.a. in UTOPIA (3.2), bei sog. Fraktal-Flächen unter 3.3 und in 3.7 in den Programmen IRRWEG und BABEL. Zufallszahlen werden auf kleineren Rechnern mit einem Algorithmus (endlich, folglich periodisch und damit nicht echt zufällig!) erzeugt, der für den Anwender allerdings unerkannt bleibt oder bleiben sollte. Das Programm ROULETTE im Anhang D zeigt, wie man einen Zufallsgenerator selbst programmieren kann.

Leitfäden der angewandten Informatik

Leitfäden der angewandten Informatik

Singer: **Programmieren in der Praxis**
2. Aufl. 176 Seiten. Kart. DM 28,80

Specht: **APL-Praxis**
192 Seiten. Kart. DM 24,80

Vetter: **Aufbau betrieblicher Informationssysteme
mittels konzeptioneller Datenmodellierung**
3. Aufl. 400 Seiten. Kart. DM 42,—

Weck: **Datensicherheit**
326 Seiten. Geb. DM 44,—

Wingert: **Medizinische Informatik**
272 Seiten. Kart. DM 25,80

Wißkirchen et al.: **Informationstechnik und Bürosysteme**
255 Seiten. Kart. DM 28,80

Wolf/Unkelbach: **Informationsmanagement in Chemie und Pharma**
244 Seiten. Kart. DM 34,—

Zehnder: **Informationssysteme und Datenbanken**
255 Seiten. Kart. DM 32,—

Zehnder: **Informatik-Projektentwicklung**
223 Seiten. Kart. DM 32,—

Leitfäden und Monographien der Informatik

Brauer: **Automatentheorie**
493 Seiten. Geb. DM 58,—

Loeckx/Mehlhorn/Wilhelm: **Grundlagen der Programmiersprachen**
448 Seiten. Kart. DM 42,—

Mehlhorn: **Datenstrukturen und effiziente Algorithmen**
Band 1: Sortieren und Suchen
324 Seiten. Kart. DM 42,—

Messerschmidt: **Linguistische Datenverarbeitung mit Comskee**
207 Seiten. Kart. DM 36,—

Pflug: **Stochastische Modelle in der Informatik**
272 Seiten. Kart. DM 36,—

Richter: **Betriebssysteme**
2., neubearbeitete und erweiterte Auflage
303 Seiten. Kart. DM 36,—

Wirth: **Algorithmen und Datenstrukturen**
Pascal-Version
3., überarbeitete Auflage
320 Seiten. Kart. DM 38,—

Wirth: **Algorithmen und Datenstrukturen mit Modula - 2**
4., überarbeitete und erweiterte Auflage
299 Seiten. Kart. DM 38,—

Preisänderungen vorbehalten

 B. G. Teubner Stuttgart

MikroComputer–Praxis

Die Teubner Buch- und Diskettenreihe für
Schule, Ausbildung, Beruf, Freizeit, Hobby

MikroComputer–Praxis

Die Teubner Buch- und Diskettenreihe für
Schule, Ausbildung, Beruf, Freizeit, Hobby

Fortsetzung

Mehl/Stolz: **Erste Anwendungen mit dem IBM-PC**
284 Seiten. DM 26,80

Menzel: **BASIC in 100 Beispielen**
4. Aufl. 244 Seiten. DM 25,80

Menzel: **Dateiverarbeitung mit BASIC**
237 Seiten. DM 28.80

Menzel: **LOGO in 100 Beispielen**
234 Seiten. DM 25,80

Mittelbach: **Simulationen in BASIC**
182 Seiten. DM 24,80

Mittelbach/Wermuth: **TURBO-PASCAL aus der Praxis**
219 Seiten. DM 24,80

Nievergelt/Ventura: **Die Gestaltung interaktiver Programme**
124 Seiten. DM 24,80

Ottmann/Schrapp/Widmayer: **PASCAL in 100 Beispielen**
258 Seiten. DM 26,80

Otto: **Analysis mit dem Computer**
239 Seiten. DM 24,80

v. Puttkamer/Rissberger: **Informatik für technische Berufe**
Ein Lehr- und Arbeitsbuch zur programmierbaren Mikroelektronik
284 Seiten. DM 24,80

Weber: **PASCAL in Übungsaufgaben**
Fragen, Fallen, Fehlerquellen
152 Seiten. ca. DM 23,80

Preisänderungen vorbehalten

ComputerPraxis im Unterricht

Die Metzler + Teubner Buch- und Diskettenreihe
für die allgemeine und berufliche
Lehrer- und Erwachsenenbildung

Baumann: **Computereinsatz in Sozialkunde, Geographie und Ökologie**
212 Seiten. DM 28,80

Fleischhauer/Schindler: **Schüler führen ein Bankkonto**
288 Seiten. DM 28,80

Franze/Menzel: **AppleWorks-Praxis**
207 Seiten. DM 28,80

Käberich/Steigerwald: **Schüler arbeiten mit einer Datenbank**
272 Seiten. DM 28,80

Klingen/Otto: **Computereinsatz im Unterricht**
260 Seiten. DM 28,80

Lehmann/Madincea/Pannek: **Materialien zur ITG**
Band 1: Unterrichtseinheiten
306 Seiten. DM 28,80
Band 2: **Didaktisch-methodische Hinweise**
77 Seiten. DM 14,80

Menzel/Probst/Werner: **Computereinsatz im Mathematikunterricht**
Band 1: Materialien für die Klassenstufen 5 bis 8
In Vorbereitung
Band 2: Materialien für die Klassentufen 9 und 10
254 Seiten. DM 28,80

Werner u. a.: **Schüler arbeiten mit dem Computer**
Materialien für die Sekundarstufe I
272 Seiten. DM 28,80

Die Reihe wird durch weitere Bände fortgesetzt

MikroComputer–Praxis Fortsetzung
DISKETTEN

Menzel: **Dateiverarbeitung mit BASIC**
> Diskette für Apple II; DOS 3.3 bzw. CP/M   Empf. Preis DM 48,–
> Diskette für C 64 / VC 1541; CBM-Floppy 2031, 4040; bzw. für CBM 8032,
> CBM-Floppy 8050, 8250   Empf. Preis DM 48,–

Menzel: **LOGO in 100 Beispielen**
> Diskette für Apple II; MIT-Logo, dt. IWT-Version   Empf. Preis DM 42,–
> Diskette für C 64 / VC 1541; CBM-Floppy 2031, 4040   Empf. Preis DM 42,–

Mittelbach: **Simulationen in BASIC**
> Diskette für Apple II; DOS 3.3   Empf. Preis DM 46,–
> Diskette für C 64 / VC 1541; CBM-Floppy 2031, 4040   Empf. Preis DM 46,–
> Diskette für CBM 8032, CBM-Floppy 8050, 8250   Empf. Preis DM 46,–

Mittelbach/Wermuth: **TURBO-PASCAL aus der Praxis**
> Diskette für IBM-PC; MS-DOS; TURBO-PASCAL   Empf. Preis DM 42,–

Nievergelt/Ventura: **Die Gestaltung interaktiver Programme**
> Buch mit Beilage Diskette für Apple II; UCSD-PASCAL   DM 62,–

Ottmann/Schrapp/Widmayer: **PASCAL in 100 Beispielen**
> Diskette für Apple II; UCSD-PASCAL   Empf. Preis DM 48,–

ComputerPraxis im Unterricht
DISKETTEN

Die nachstehenden Disketten enthalten die Programm- bzw. Beispielsammlungen
der gleichnamigen zugehörigen Bücher, wobei Verbesserungen oder vergleichbare
Änderungen vorbehalten sind.

Baumann: **Computereinsatz in Sozialkunde, Geographie und Ökologie**
> Diskette für IBM-PC und kompatible; MS-DOS, Framework 1.1
> Empf.Preis DM 38,–

Fleischhauer/Schindler: **Schüler führen ein Bankkonto**
> Diskette für Apple II; CP/M   Empf. Preis DM 38,–
> Diskette für C 128   Empf. Preis DM 38,–
> Diskette für IBM-PC und kompatible; MS-DOS   Empf. Preis DM 38,–
> Diskette für Alphatronic-PC 8; CP/M   Empf. Preis DM 38,–

Franze/Menzel: **AppleWorks-Praxis**
> Diskette für Apple II e, II c; AppleWorks   Empf.Preis DM 38,–

Käberich/Steigerwald: **Schüler arbeiten mit einer Datenbank**
> Diskette für Apple II; CP/M, dBASE II   Empf. Preis DM 38,–
> Diskette für IBM-PC und kompatible; MS-DOS, dBASE III   Empf. Preis DM 38,–
> Diskette für Alphatronic-PC 8; CP/M, dBASE II   Empf. Preis DM 38,–

Lehmann/Madincea/Pannek: **Materialien zur ITG**
> Band 1: Unterrichtseinheiten
> Diskette für IBM-PC; DOS, TURBO-PASCAL   Empf. Preis DM 38,–

Menzel/Probst/Werner: **Computereinsatz im Mathematikunterricht**
> Band 2: Materialien für die Klassenstufen 9 und 10
> Diskette für Apple II e, II c; IWT-Logo, Multiplan, AppleWorks
> Empf. Preis DM 38,–
> Diskette für C 64/VC 1541; CBM-Floppy 4040/2030; IWT-Logo, Multiplan
> Empf. Preis DM 38,–

Werner u. a.: **Schüler arbeiten mit dem Computer**
> Diskette für Apple II e, II c; IWT-Logo, Quickfile, AppleWorks
> Empf. Preis DM 38,–
> Diskette für C 64/VC 1541; CBM-Floppy 4040/2030; Textomat plus, Datamat
> Empf. Preis DM 38,–

Preisänderungen vorbehalten

Made in United States
Orlando, FL
22 March 2026

79538827R00129